과학해서
행복한 사람들

'세계의 여성 과학자를 만나다' 프로젝트

과학해서 행복한 사람들

안여림, 윤지영, 윤미진, 안은실, 손혜주가 인터뷰하고 정리하다 **APCTP** 기획

사이언스북스
SCIENCE BOOKS

책머리에

과학 앞에서는 여성도 남성도 없습니다. 그러나 현실은 그렇지 않습니다. 대학에서는 남학생들과 동등한 교육을 받으며 과학자의 꿈을 키우던 여학생들이 대학원과 사회 진출이라는 체를 거치고 나면 하나둘씩 사라지고 맙니다. 지금 과학 기술의 많은 영역에서 여성 과학 기술자들이 활약하고 있습니다. 하지만 그들은 처음에 다같이 출발했던 이공계 여학생들 중 살아남은 소수일 뿐입니다. 그들과 함께 출발선에 서 있던 그 많던 이공계 여학생들은 다 어디로 갔을까요?

사람들은 남성 중심적인 사회 이데올로기를 탓하고 또 어떤 사람은 정부 지원책의 미흡함을 따집니다. 그러나 무엇보다도 여성 과학도들에게 '과학해서 행복해질 수 있다.'는 것을 제대로 보여 주지 못한 우리 과학계 선배들의 잘못이 아닐까요?

저는 아시아 태평양 권역의 이론 물리 분야 발전을 위해 설립된 아시아태평양 이론물리센터(APCTP)의 사무총장을 맡고 있습니다. APCTP는 한국, 몽골, 라오스, 대만, 말레이시아, 베트남, 싱가포르, 일본, 중국, 태국, 필리핀, 오스트레일리아로 구성된 아시아 태평양 지역 12개국 회원 및 PIMS(캐나다), MPI-PKS(독일) 같은 세계의 9개 저명 연구소와의 협력을 통한 국제 협력의 허브로서 다자간 학술 공동 연구와 협력 증진

및 과학자 네트워크 구축에 노력해 온 국제 기구입니다. APCTP는 무엇보다 아시아 태평양 지역의 젊은 과학자들을 지원하고 이 지역의 과학 문화 발전을 도모해 왔습니다. 과학 문화 발전의 기초가 되는 것은 과학 도서와 과학 저널 같은 과학 커뮤니케이션의 발전이라고 생각합니다. 그래서 2005년부터 뛰어난 연구자이자 베스트셀러 과학 저술가인 정재승 카이스트 교수를 팀장으로 한 과학 커뮤니케이션팀을 특별히 만들고 과학 웹진《크로스로드》발간을 비롯해 다양한 과학 문화 사업, 과학 도서 기획 및 출간 사업 등을 추진해 오고 있습니다.

이『과학해서 행복한 사람들: '세계의 여성 과학자를 만나다' 프로젝트』는 APCTP 과학 커뮤니케이션팀이 기획한 첫 책입니다. '대학의 문을 나서면, 인생의 나침반으로 삼을 역할 모델도 없이, 선택의 기로에서 힌트를 줄 조언자도 없이 과학계라고 하는 거친 세계에 내던져지는 이공계 여학생들에게 역할 모델이자 조언자가 되어 줄 성공한 여성 과학자를 만나게 해 주자. 그렇게 해 주면 여학생들은 그동안 쏟아내지 못하고 가슴 속에 묻어 두기만 했던 수많은 질문과 세상에 대한 아쉬움을 털어 놓지 않을까? 그 만남을 통해 학생들은 자신의 길을 발견할 수 있는 용기와 지혜를 가지게 되지 않을까? 그리고 그 학생들의 모험담이 책을 통해 다른 사람들에게 전파된다면 우리나라의 여성 과학도들이 좀 더 좋은 여건에서 과학에 대한 꿈을 키워 갈 수 있지 않을까?' 이런 생각에서 이 책을 기획했습니다.

'성공한 여성 과학자를 인터뷰해서 그 내용을 묶어 책으로 만든다!' 겉보기로는 간단한 기획입니다. 그러나 실제 진행 과정은 말 그대로 '모험담'에 가까웠습니다. 서울, 대전, 포항에 흩어져 있는 학생들이 모여 인터뷰할 여성 과학자를 고르고, 인터뷰를 섭외하고, 서로의 일정을 맞추며, 인터뷰 질문들을 준비하는 과정은 학생들의 땀과 열정이 없었다면 불가능했을 것입니다. 어떤 학생은 취직 준비와 함께 인터뷰를 준비해야 했고, 어떤 학생은 유학을 위한 영어 시험과 인터뷰 일정이 겹치기도 했습니다. 또 어떤 학생은 인터뷰 질문을 준비하기 위해 며칠 밤을 새어야 했고, 그리고 어떤 학생은 세 대륙을 넘나들다가 국제 미아가 될 뻔도 했습니다. 이 프로젝트가 진행되는 과정에서 수많은 에피소드들이 만들어졌고 그 경험들은 인터뷰에 녹아 있습니다. 그리고 그 모두는 이 프로젝트에 참여한 학생들의 피와 살이 될 것입니다.

이 책은 '과학해서 행복한 사람들'로 일곱 분의 여성 과학자를 소개합니다. 이분들 중에는 학계에 계시지 않는 분도 있습니다. 그러나 학계에 있지 않다고 해서 '과학자'가 아닌 걸까요? 저는 과학으로 세상과 자신의 길을 만들어 가는 분들도 '과학자'라고 생각합니다.

일본을 대표하는 여성 과학자인 가와이 마키 도쿄 대학교 교수, 서울 대학교 화학과 교수를 거쳐 환경부 장관을 지낸 김명자 의원, 과학 저널리스트로 세계적 명성을 쌓은 지나 콜라타 《뉴욕 타임스》 기자, 세계적인 천체 물리학자로 NASA 크림 프로젝트의 총책임자인 서은숙 메릴랜드 대학교 교수, 세계 최대의 입자 물리학 연구소인 미국 페르미 연구소에서 힉스 입자를 찾는 프로젝트를 총지휘하고 있는 김영기 시카고 대학교 교수, 황우석 쇼크로 사회가 시끌벅적할 때 공정하고 과학적인 검증으로 해결의 구심점에 섰던 노정혜 서울 대학교 교수, 세계적인 디스플레이 생산 기업이자 전지 사업체인 삼성 SDI의 첫 여성 임원으로 과학계와 산업계를 흥분시킨 김유미 상무보 등 인터뷰에 응한 이들 모두는 세계가 주목하는 여성 과학자임에 틀림없습니다.

이 책은 '과학해서 행복한' 선배 여성 과학자들과 '행복을 꿈꾸는' 여학생들의 합작품입니다. 선배 여성 과학자들은 여학생들에게 자신의 삶과 학문 그리고 인생관을 들려줍니다. 어떤 과학사 교과서에도, 어떤 언론 기사에도 실리지 않았던 내밀한 이야기에서 자신이 지금 몰두하고 있는 분야에 대해 알기 쉽게 들려줍니다. 자신들의 말 한 마디, 한 마디가 인터뷰를 하러 온 여학생들의 미래뿐만 아니라 세상에 나가기 전 두려움과 초조함에 짓눌리고 있을 여성 과학도들에게 도움이 되었으면 하는 마음에서 성심성의껏 이야기합니다.

여학생들 역시 선배 여성 과학자들의 말씀 한 마디, 한 마디를 가슴에 새기듯 듣습니다. 자신이 지금 고민하고 있는 문제의 힌트를 발견하기 위해, 여성 과학자들의 이야기 뒤에 숨어 있는 큰 줄기를 발견하기 위해 노력합니다. 때로는 여성 과학자들의 행복감이 진짜인지 따져 묻기도 하고, 선배들의 내면을 밝혀내려고 거친 질문을 던지기도 합니다. 이 책은 여성 과학자들의 따뜻한 배려와 여학생들의 열정이 하나로 어우러져 만들어진 것입니다.

여학생들은 이 프로젝트를 마치고 '과학해서 행복해질 수 있구나.'라는 깨달음을 얻었다고 합니다. 과연 그것이 사실일까요? 그리고 그 깨달음의 효과를 언제까지 유지할 수 있을까요? 우선 이 책 안에는 그 답의 일부가 담겨 있을 것입니다. 그러나 완전한 답을 얻을 수 있는지는 이 프로젝트에 참여한 여학생들이 자신의 삶을 어떻게 개척해 나갈 것인가와 우리 사회가 여성 과학도뿐만 아니라 모든 과학도가 '과학해서 행복한 사람들'이 될 수 있는 환경을 만드는 데에 달려 있을 것입니다.

연구와 저술 활동으로 바쁘신 와중에도 저희가 기획한 프로젝트의 의의를 이해해 주시고 인터뷰에 흔쾌히 응해 주신 모든 여성 과학자들에게 깊은 감사를 드립니다. 그리고 이 프로젝트를 책의 형태로 만들어 주신 ㈜사이언스북스의 박상준 대표와 직원 모두에게 사의를 표하는 바입니다.

김승환
아시아태평양 이론물리센터 사무총장
포항 공과 대학교 물리학과 교수

차례

그리고 세상을 믿어라

7전 8기의 여성 과학자, 가와이 마키 선생님

2005년 8월 27~28일 | 장소 — 일본 도쿄 이케부쿠로, 와코 시 리켄 나노 사이언스 합동 연구실

진행 — 손혜주, 안은실 | 정리 — 안은실

'세계의 여성 과학자를 만나다' 프로젝트의 첫 번째 인터뷰 대상자는 일본에서 표면 화학 분야의 대가로 명성을 얻고 있는 가와이 마키(川合眞紀) 선생님이었다. 고체 표면에서 분자들이 어떻게 활동하는지를 연구하는 표면 화학 분야에서 가와이 마키 선생님을 모르는 이는 거의 없다. 그러나 국내에 알려진 바는 『이공계 살리기』(사이언스북스, 2004)에 나와 있는 정도가 전부이다.

가와이 마키 선생님은 남편이자 일본 나노 과학의 권위자인 가와이 도모지(川合知二) 오사카 대학교 교수와 함께 일본을 대표하는 과학자이다. 일본의 "여성 과학자에게 밝은 미래를 주는 모임"에서 주는 사루하시(猿橋)상의 열여섯 번째 수상자이기도 하고 물질 표면에서의 화학 반응 등을 연구하는 표면 화학의 연구자로 이름 높다.

그러나 선생님의 이력에서 우리의 눈길을 끈 것은 1977년 결혼 이후 30년 동안 부부가 한집에서 생활한 기간이 불과 2년이라는 이야기였다. 오사카 대학교에 먼저 자리를 잡은 남편과 달리 가와이 마키 선생님은 비정규직 연구자로서 이 연구실에서 저 연구실로 다양한 자리를 오가야 했기 때문에 가와이 선생님 부부는 항상 떨어져 살아야 했다고 한다. 1985년 일본 이화학 연구소(RIKEN, 이하 리켄)[1]의 연구원이 되기 전까지 가와이 마키 선생님이 옮겨 다닌 직장만 일곱 군데가 넘는다.

그러나 지금은 1988년 도쿄 공업 대학 공업 재료 연구소의 객원 교수를 거쳐 일본을 대표하는 연구 기관인 리켄 표면 화학 연구실의 주임 연구원(1991년 이후)이자 도쿄 대학교 응용 화학과 교수(2004년 이후)로 재직하고 있다.

흔히 여성 연구자에 대한 보이지 않는 차별을 '유리 천장'에 비유한다. 그 위가 보이기는 하지만 올라갈 수 없는 천장. 가와이 마키 선생님은 어떻게 이 유리 천장을 뚫을 수 있었을까? 어떻게 수많은 연구 기관을 전전하는 과정 속에서도 흔들리지 않고 자신의 연구 줄기를 잡을 수 있었던 것일까? 남편과의 관계는 어떻게 유지하고 있는 것일까? 아이도 둘이나 된다고 하는데, 어떻게 키워 냈을까? 가와이 선생님을 인터뷰하려고 조사하는 과정에서 수많은 물음이 따라나오기 시작했다.

한 번도 뵌 적이 없는 분을 뵙기 위해, 그 분에 대해 공부하며 알아가고, 그 분과 만나 어떤 이야기를 할지 준비를 한다는 것, '인터뷰'라는 것이 사람을 참으로 설레게 한다. 한 발짝 앞으로 나서게 하기도 하고, 두려움에 뒤로 물러서게 만들기도 하는 것 같다.

인터뷰 전에 실험실 선배로부터 가와이 선생님에 대해 이야기를 들은 적이 있다. 선배는 몇 년 전 한일 교류 연구 사업을 통해 겨울 방학 동안 가와이 선생님의 연구실에서 연구할 기회가 있었다고 했다. 선배는 선생님을 표면 화학 분야에서 세계적으로 저명한 학자이면서, 동시에 거대한 연구실을 꾸려 가고 계시는 여장부라 칭했다. 물론 인터뷰 중에는 그 선배의 말에 고개가 끄덕여졌지만 여려 보이는 첫인상에 놀라지 않을 수 없었다.

가와이 선생님과의 인터뷰는 이틀에 걸쳐 이루어질 예정이었다. 우리는 선생님의 연구 활동 모습도 보고 싶었지만 일상적인 모습도 엿보고 싶었다. 그래서 연구실에서 인터뷰 한 번, 연구실 밖에서 인터뷰 한 번을 제안드렸는데, 흔쾌히 응해 주셨다. 첫 번째 인터뷰는 일본 도차 당일 도쿄 이케부쿠로 근처에서 저녁 식사를 함께하며 이루어질 것이었고, 두 번째 날 인터뷰는 도쿄 근교 와코 시에 있는 리켄 연구실에서 이루어질 거였다.

2박 3일 일정은 새벽부터 시작되었다. 첫 전철을 타고 김포 공항으로 갔고, 김포 공항에서 인터뷰 과정을 도와주실 출판사 분들을 만나 일본행 비행기에 올랐다. 하네다 공항을 거쳐 이케부쿠로 역에 도착했다. 호텔에 짐을 정리하고 저녁 약속 장소로 괜찮을 만한 레스토랑을 예약하고 유학 준비차 미리 일본에 와 있던 혜주와 합류했다.

오후 5시경, 최종 리허설과 장비 점검을 마치고 나니 1시간 정도 여유가 있어 꽃집에 들러 꽃다발을 샀다. 여성 과학자 인터뷰인데 꽃 한 송이 없으면 안 될 듯싶었다. 약속 장소인 호텔 로비에서 꽃다발을 들고 기다리며 꽃다발을 받고 환하게 웃으실 가와이 선생님을 상상했다. 마치 데이트하는 것처럼 가슴이 두근두근거렸다.

누군가가 우리 쪽으로 다가오면 혹시 가와이 선생님이 아닐까 그분의 표정을 살피기도 했다. 그러다가 엉뚱한 분께 말을 걸기도 했다. 남성적 카리스마를 가진 분일 거라는 편견이 나의 눈을 흐린 걸까? 결국 진짜 가와이 선생님을 만났다. 꽃다발을 받고 환하게 웃으시는 선생님은 소녀 같았다. 서로 인사와 소개를 하고 우리는 인사를 나누며 식당으로 향했다.

첫날 저녁, 이케부쿠로 거리에서 →

자리에 앉으면서 우리는 준비한 질문을 꺼냈다. 성공한 사람들에게 항상 하는 첫 번째 질문. "선생님은 어린 시절 어떤 꿈을 꾸셨나요?"

Blue Light Yokohama, 학창 시절 그리고 사랑

언제 처음 과학자로 성공할 수 있는 잠재력이 있다는 걸 느끼셨나요?

가와이 마키 많은 사람들이 나에게 어릴 때부터 어떤 꿈이 있었냐고 질문을 하죠. 사실 꿈을 처음 갖게 된 것이 정확히 언제, 어디서라고 말할 수는 없군요. 일본 문학, 역사, 지리 등 인문학 과목에는 소질이 없었어요. 책 읽는 건 좋아했지만 고등학교 때 별로 모범생이 아니었거든요. 물리와 수학이 흥미롭기에 열심히 공부했어요. 기본적인 개념만 알면 쉽게 응용할 수 있잖아요? 어릴 때부터 복잡한 현상에서 단순한 규칙성(simplicity)을 찾는 것을 좋아했지요.

처음에는 화학을 그다지 좋아하지 않았어요. 일관된 논리를 파악하기까지 외울 것이 너무 많았거든요. 그래서 물리학을 전공하고 싶어했죠. 하지만 그 시절의 물리학과는 여학생들을 환영하는 분위기가 아니었어요. 고민 끝에 평소 친분이 있는 화학과 교수님께 상담을 하러 갔지요. 교수님께서 보여 주신 굉장히 긴 명단에는 대학, 연구소, 회사 등 다양한 현장에서 활약하고 있는 여자 선배들의 이름이 적혀 있었어요. 화학을 공부하면 나도 저 선배들처럼 성장할 수 있겠구나 싶었죠. 그래서 정말 간단하게 물리학에서 화학으로 진로를 바꿨지요.

그렇게 좋아하시던 물리학을 포기하고 화학을 선택하시게 된 이유가 정말 의외였다. 만약 그때 용기를 내어서 물리학과로 진학하셨다면 어땠을까? 현실과 타협하는 결정을 하신 걸까? 혹시 후회는 없으실까?

가와이 마키 아뇨, 후회할 것은 아무것도 없어요. 내가 지금 가는 길을 다른 길과 비교할 수 없죠. 내가 그때 화학을 선택하지 않았더라면 무슨 일이 있었을지는 아무도 모르는 거죠. 세상 일은 되돌릴 수 없는 법이지요. 지금은 물리 화학을 하면서 물리학과 화학을 모두 다룰 수 있다는 것을 기쁘게 생각해요.

학부 시절 남편 분을 처음 만나셨다던데, 첫 만남은 어떠셨어요?
가와이 마키 학부 4학년 때부터 실험실에서 연구를 하기 시작했어요. 이공계 전공 학생들은 4학년쯤 되면 실험실에 들어가잖아요? 거기서 실험, 엄밀히 말해서 실험 비슷한 것을 하죠. (웃음) 남편은 당시 박사 후 과정(Post Doctoral training, post-doc)에 있었어요. 친절한 선배였지만 처음부터 연애감정이 생긴 건 아니었어요. 그 이는 절대 봐주는 일이 없는 깐깐한 선생님이라 내가 유능한 과학자로 성장할 수 있도록 많은 것을 가르쳐 줬어요.
　　그러다가 자기 본가가 있는 요코하마에 같이 가자고 한 적이 있는데 지금 생각해 보니 그게 첫 데이트 신청이었네요.

장난기가 발동해 「Blue Light Yokohama」라는 노래의 한 소절을 불렀더니 가와이 선생님께서 크게 웃으셨다.

가와이 마키 어머, 그 노래를 아는군요. 옛날 생각이 나네요. 그때 남편이 요코하마 항구 옆의 바다가 보이는 레스토랑에 데리고 갔죠. 후후 무척 로맨틱했죠.

이후 선생님은 몇 번의 데이트 후 1977년에 결혼을 했고 두 아이를 낳았다.

일과 가정, 여성 과학자의 갈림길

곧이어 음식이 나오고 즐거운 분위기에서 이야기를 계속했다. 박사 과정 후 어떻게 리켄에 오시게 되었는지 여쭈어 보았다.

가와이 마키 내가 박사 과정을 끝냈을 때, 오일 쇼크가 닥쳤어요. 거품 경제가 수그러지면서 실업자가 쏟아져 나왔죠. 석사 과정을 마칠 무렵에는 그래도 취직할 가능성이 있었지만 박사 과정을 끝냈을 땐 정말 일자리가 없었어요. 성적이 우수한 남자들도 사정은 마찬가지였죠. 그러던 중 박사 과정 지도 교수님께서 리켄에 한번 지원해 보라고 하셨어요. 월급은 적었지만 선택의 여지가 없었기 때문에 고민할 필요가 없었어요. 당시 아이 딸린 여자 대학원생에게 주어진 기회는 많지 않았죠. 아이를 키우기 위해 생활비가 필요했고 연구도 계속하고 싶었으니 좋은 조건이었어요.

"선택의 여지가 없었으니 그렇게 할 수밖에……."라며 웃으시지만, 당시

엔 정말 괴로운 순간이 많았으리라. 선생님께서는 도쿄에서 연구 생활을 하시면서 남편 분과 떨어져 사셨다. 힘든 점도 많으셨을 텐데…… .

가와이 마키 2년 동안 남편이 있는 오사카에서 살았어요. 생각해 보니 결혼 생활을 통틀어, 남편과 함께 산 건 그때가 유일하군요. 물론 남편과 함께 지낼 수 있으니 참 행복했어요. 하지만 오사카엔 만족할 만한 일자리가 없어서 나 혼자 도쿄로 돌아왔어요.

지금도 한 달에 한두 번씩, 대개 남편이 도쿄로 와요. 물론 아이들이 어릴 때에는 가족들이 생활을 공유해야 하는 경우가 많지요. 하지만 아이들이 어른이 되면 굳이 함께 살아야 할 이유가 줄어들더군요. 오히려 따로 살기 때문에 부담 없이 각자의 삶에 더 충실할 수 있어요. 몇 년 후 은퇴를 하면 남편과 함께 살 계획인데 사실 어떻게 적응을 할지 걱정입니다. 우리 부부한테는 굉장히 큰 집이 필요할 것 같아요. 작은 집에서 산다면 남편하고 부딪칠 때마다 생판 모르는 타인처럼 "Excuse me." 하면서 미안해 할 것 같은데요? (웃음)

일과 가사 모두를 성공적으로 병행하기, 현대 여성이라면 누구나 고민하는 문제가 아닐까? 슈퍼우먼이 되기 위해 무리하기보다 소신껏 '선택과 집중' 전략을 택하신 박사님. 하지만 아직도 함께 유학을 떠나는 많은 부부 중 양육 문제로 여자가 공부를 포기하는 경우가 많지 않은가?

가와이 마키 안타까운 일이죠. 아기가 건강하다면 계속 커리어를 유지할 방법을 찾아야죠. 단, 아기가 아파서 엄마가 계속 보살펴 줘야 한다면 아이를 우선으로 해야 된다고 생각해요. 하지만 다행히도, 내 아이들은 무척 건강했죠. 그런 점에선 나는 운이 좋았죠.

여성 과학자였기 때문에 더 좋은 점은 없었나요? 같은 분야에서 일하는 과학자끼리 결혼을 할 경우 여성이 더 쉽게 일에 전념할 수 있을까요?

가와이 마키 사람 나름이에요. 아내가 밖에서 일하는 것을 이해 못하는 남자 과학자들도 많아요. 우리 실험실의 지도 학생들이 "왜 너는 아내에게 일을 그만두고 집에 있으라고 말하지 않느냐?"라고 이야기하는 것을 들은 적이 있어요. 물론 그 학생들도 여자 보스 밑에서 일을 하고 있고, 여자가 일을 훌륭하게 할 수 있다는 것을 아는데도 그래요. 자신의 문제에 대해서는 다른 거죠.

선생님의 아이들 역시 부모님과 같은 분야에서 공부하고 있다. 선생님은 어떤 어머니였을까 문득 궁금해진다.

가와이 마키 사실 아이들에게 별로 해 준 게 없어요. 그다지 모범적인 엄마가 아니었거든요. 하지만 플라네타륨엔 자주 데리고 갔죠. 아들이 어렸을 때부터 공룡과 벌레, 별자리에 관심이 많았어요. 플라네타륨의 의자에 누워서 천장을 보면서 "엄마! 저건 사자자리야. 와, 너무 예쁘다. 저건 북극성이야!"라고 소리치곤 했죠. 그럴 때마다 별자리 해설을 해 주시던 박사님이 "오, 저기 꼬마 천문학 박사님이 앉아 계시네요. 근데 조용히 해 주시겠어요?"라고 말했어요. (웃음) 하지만 나는 항상 자느라고 정신이 없었어요. 거기 여름엔 꽤 에어컨이 잘 돼 있거든요. (웃음)

여가 시간은 주로 어떻게 보내시나요?

가와이 마키 쇼핑을 좋아해요. 항상 스케줄이 빠듯하기 때문에 원하는 걸 신속하게 바로 집어 들죠. 최대한 짧은 시간에 돈을 많이 쓰는 걸 목표로 하다 보니까요. (웃음) 이 카메라도 어제 샀는데 예쁘죠? 원하는 걸 사서 뿌듯해요. 학회 일로 한국에 종종 가는데, 한국에서의 쇼핑도 즐거운 일이죠. 남대문 시장을 좋아해요. 맛있는 김치나 장아찌, 김이 많거든요. 거기에 가는 날엔 다른 사람들과 저녁 식사를 같이 하지 않고 사 온 음식을 차려 놓고 호텔방에서 혼자만의 만찬을 즐겨요. 학회가 있어서 전 세계를 여행할 기회가 많은데, 여유 시간이 생기면 오페라나 고전 음악 공연을 보거나 그 나라의 유명한 재래 시장으로 달려가죠.

학생들과 줄넘기 내기를 하는 교수님

연구를 하면서 어려운 점은 무엇이셨는지 말씀해 주세요.

가와이 마키 정말 많은 시간과 노력을 들여서 실험을 했는데, 이미 다른 사람이 논문을 발표해 버린 경우가 있죠. 몇 년 전 한 학술지에 논문을 제출했는데 우연히 똑같은 실험을 한 독일인 연구 그룹이 다른 학술지에 우리와 같은 결과를 발표했죠. 그들이 논문을 제출한 학술지가 좀 더 권위 있는 잡지라고 알려졌기 때문에, 사람들은 독일인 연구 그룹이 우리보다 더 나은 논문을 썼다고 생각했죠. 하지만 두 그룹 모두 동일한 방법으로 실험을 했기 때문에 연구를 평행하게 진행했고 같은 결론에 도달했어요. 논문을 다 쓰고 나서야 그 사실을 깨달았죠. 그 논문을 쓰고 난 후 학술 회의에 참가했어요. 그 당시 우리 연구 그룹은 별로 유명하지 않았죠. 거기에 온 사람들에게 우리의 연구 결과를 설명하는데, 갑자기 무척 키가 큰 독일인 교수가 내 머리 위에서 소리치는 거예요. 그는 굉장히 꼼꼼하게 우리 연구 그룹의 실험 방법에 대해서 질문했죠. 바로 그 독일 연구 그룹의 책임자였어요. 지금은 나의 가장 친한 친구 중 하나예요.

박사님은 실험실에서 연구를 하실 뿐만 아니라 도쿄 대학교에서 학부생들을 가르치시기도 하잖아요. 선생님 입장에서 어떤 학생이 가장 예뻐 보이나요?

가와이 마키 작년부터 학부 학생들을 가르치기 시작했어요. 여러 가지 유형의 학생들이 있죠. 어떤 학생은 굉장히 영리한 데다가 공부도 열심히 해요. 다른 학생은 일을 정말 성실하게 해서 좋은 결과를 내죠. 또 다른 유형의 학생은 내가 그랬던 것처럼 딱 자기가 해야 하는 일만 하죠. (웃음)

16년 전 다른 대학에 교환 교수로 갈 기회가 있었죠. 그때 만난 한 학생이 가장 기억에 남네요. 굉장히 호기심이 많은 학생이었어요. 그는 석사 과정을 마치고 니콘 사에 들어갔다가 3~4년 후 우리 실험실에서 박사 과정을 마치고 회사로 돌아갔어요. 정말 창의적이고 우수한 학생이었어요, 한자리에 진득하게 앉아서 공부만 하는 학생은 아니었지만 뚜렷한 동기가 생기면 누구보다도 집중적으로 연구를 했죠. 석사 시절에도 영향력 있는 논문을 네 편이나 썼어요. 한마디로 호기심과 열정이 넘치는 시간이었어요. 단지 그는 학문을 하는 과학자가 되기보다 실용적인 엔지니어로 성공하기를 원했어요.

과학자로서 성공하는 것과 엔지니어로 성공하는 것이 다른 것일까? 잘 구분이 되지 않는데 박사님께서 보충 설명을 해 주셨다.

가와이 마키 Academic scientist는 말 그대로 academia, 다시 말해 학문 세계를 창조할 의무가 있죠. 그들은 기존의 관념에 도전하고 새로운 생각의 지평을 열어 가야 해요. 하지만 기업에서는 아무리 창의적인 연구라도 시장에서 성공하지 않으면 소용이 없어요.

아무튼 그 학생을 생각하면 재미있는 추억들이 떠올라요. 하루는 실험실 식구끼리 학교 잔디밭에서 맥주를 마시면서 게임을 했는데 이 학생이 나 보고 이단 줄넘기를 할 수 있느냐고 묻더군요. 할 줄 안다고 하니까, 자기를 이기면 취직하지 않고 연구실에 계속 남겠다고 하기에 약이 올라서 한 판 붙자고 했죠. 제자한테 지면 안 될 것 같아서 전력을 다했지만, 역시 젊은 사람은 다르더군요. 그 학생은 무례하게도 지도 교수와의 대결에서도 최선을 다하더군요. (웃음)

학생들과 줄넘기를 하시는 박사님의 모습을 생각하니 웃음이 나온다. 실제로 학생들을 가르치실 때 어려운 점은 없으신지 여쭈어 보았다.

가와이 마키 나도 한때는 학생이었지만 배우는 게 훨씬 쉬워요. 남을 가르친다는 건 다른 사람을 완전히 이해시키는 데 필요한 모든 배경 지식을 알아야 할 뿐만 아니라, 학생들이 어디까지 알고 있고 어느 부분에서 막히는지도 파악해야 한다는 뜻이죠. 더구나 수백 명을 동시에 가르칠 경우엔 더 힘들어요. 그래서 아직까지 가르치는 일에 자신이 없어요.

학생들 입장에서는 교수님의 설명을 듣는 것 외에도 직접 실험을 하거나 모형을 만들어 스스로 개념을 이해하는 것도 중요할 것 같은데요. 분자 생물학 과목을 들으면서 DNA 삼차원 모델을 직접 만들어 봤던 기억이 납니다. 기말 과제였는데요. 저는 스티로폼과 이쑤시개를 이용해서 만들었는데, DNA를 이루고 있는 염기와 당들을 일일이 구슬로 표현하느라 너무 힘들었답니다.

가와이 마키 당은 같은 평면에 있으니까 그냥 종이로 잘라서 만들었음 간단하게 해결되었을 텐데요. 물론 3차원 모델을 만들어 보는 것은 굉장히 좋은 학습 방법입니다. 책만 봐서는 실제 구조를 알 수 없어요. 물론 요즘은 컴퓨터 그래픽으로 예측하지만 학부생 시절에 밤새워 고생하며 만들어 보면 나중에 연구 생활을 할 때 큰 도움이 되지요. 우리 실험실에서도 분자의 구조를 예측하는 건 중요한 일입니다.

DNA 공간 구조 이야기를 하다 보니, '여자는 남자에 비해 공간 지각 능력이 떨어진다.'라는 말이 생각났다. 이 말에 어느 정도 수긍을 하고 있었지만 선생님은 어떻게 생각하실까 궁금했다.

남자와 여자의 학습 능력에 차이가 있다고 생각하세요? 흔히 남자는 공간 지각 능력, 여자는 언어 능력이 발달되어 있다고 여겨지는데요. 여자들은 선천적으로 지도를 잘 못 읽는다고 들었어요.

가와이 마키 절대 그렇게 생각하지 않아요. 그건 개인 차일 뿐이죠. 3차원 모델을 예측하는 능력은 성별과 상관 없어요.

글쎄, 박사님께서는 뭐든지 다 잘 하셔서 그렇게 생각하지 않으시는 건 아닐까. 박사님 자신의 경험에서뿐만 아니라, 주위 다른 여성분들에게서도 그렇게 느끼셨을까? 개인차가 더 크겠지만, 남녀의 차이도 분명 존재할 것 같다. 물론 그 차이가 한 사람의 갈 길을 결정할 만큼 큰 요인은 아니더라도 말이다.

　이런 저런 이야기를 하며 저녁을 들다 보니 마지막으로 차가 나왔고, 어느 사이 밤 열 시가 훌쩍 넘었다. 처음 뵌 데다가, 식사를 하면서 이야기를 나눠서일까? 오늘은 좀 두서 없이 이야기가 진행된 것 같다. 선생님과 내일을 기약하고 헤어진 다음, 숙소로 돌아와 녹음 파일을 점검하며 인터뷰해야 될 내용 중 빠진 부분을 체크했다. 내일을 위해!

리켄 정문 ↗
나노 사이언스 합동 연구실을 안내해 주신 김유수 박사님(오른쪽 끝) →

아침 일찍 일어나 일본인이 즐겨 먹는다는 낫토를 곁들인 아침 식사를 하고, 리켄으로 가기 위해 와코 시로 가는 전철에 올랐다. 30여 분 지나 와코 시 역에 도착했고, 역으로 마중 나오신 김유수 박사님과 함께 리켄으로 이동했다. 김유수 박사님은 박사 후 과정 시절부터 리켄과 인연을 맺어 연구 생활을 해 오고 계신 한국인 과학자이며, 현재는 가와이 선생님 연구 그룹의 선임 연구원인 동시에 나노 사이언스 리서치 프로그램의 단일 분자 화학 팀 리더를 맡고 계신다.

오전에는 김유수 박사님과 함께 연구소 안을 둘러보았다. 리켄은 '일본답지 않게' 넓고 평온했다. 나지막한 건물들이 넓은 부지 위에 퍼져 있었고, 연구소 곳곳에는 카페테리아나 커피숍, 유아원 등 연구자들을 위한 편의 시설이 잘 갖춰져 있었다. 뜨겁고 화창한 여름날, 캠퍼스 곳곳에 만개해 있던 무궁화도 참 인상적이었다. 학생 식당에서 점심을 먹고 난 후 연구실로 발걸음을 옮겼다. 어제 선생님과 식사를 하며 가족이나 어린 시절 등 일상적인 이야기를 나누었다면, 오늘은 선생님의 전공에 관련된 이야기를 해야 했기에 내심 긴장이 되었고, 그만큼 부담이 컸다.

선생님은 늘 바쁜 스케줄을 따라 움직이는 탓인지 인터뷰에 주어진 시간을 효율적으로 쓰기 위해, 미리 받으셨던 질문 리스트를 보며 예습을 해 오신 것 같았다. 그날 인터뷰는 선생님의 주도 아래 진행되었다고 해도 과언이 아니다. 그만큼 가와이 선생님은 이번 프로젝트에 호의적이셨다.

선생님의 이야기는 자신의 파란만장한 연구 경력에서부터 시작되었다.

← 각 실험실의 가스관들이 연구소 건물 중앙의 전면 유리 너머로 보인다.

파란만장, 가와이 선생님의 커리어 만들기

가와이 마키 내가 학위를 받고 일자리를 구하던 시절에는 대부분의 학생들이 주로 학교 연구소에서 경력을 쌓았습니다. 연구를 열심히 하면서 차츰차츰 더 높은 지위로 올라가는 것이 소위 말하는 '정도(正道)'였는데 내 경우에는 완전히 달랐지요. 5년간의 박사 후 연수 과정 동안 4번이나 일자리를 옮겨 다녔으니까 완전히 아웃사이더였어요. 그 당시 경제 상황이 좋지 못했기 때문에 선택할 수 있는 기회가 없었습니다. 그러다 보니, 나를 받아 주는 곳으로 옮겨 다니면서 연구를 계속할 수밖에 없었지요.

그러나 지금 생각할 때 그것도 나름대로 좋은 기회가 된 것 같습니다. 졸업 후 줄곧 연구 환경이 그다지 좋지 않은 곳에서 연구를 하게 되면서, 오히려 더 이상 잃을 것은 없다는 생각을 하게 되었죠. 그런 마음으로 꾸준히 연구 활동을 하다 보니 새로운 의욕이 생겼습니다. 그리고 일자리를 옮길 때마다 모든 것을 버리고 새로 시작해야 했기 때문에 자신을 다시 돌아보고 지금 내가 하고 있는 연구 주제가 언제까지 할 수 있는 것인지, 어떤 학문적 의미를 가지는지 신중하게 판단해야 했지요. 그래서 언제나 나만의 연구 주제, 그 연구 주제를 관통하는 전체적인 줄기를 잡으려고 애썼습니다.

아마도 그러한 노력이 결실을 맺은 것이겠지요. 아니면 내 경력이 남달리 특이해서일까요? 다른 연구자들처럼 어떤 그룹, 어떤 출신으로 기억되기보다 나만의 연구로 사람들에게 기억되기 시작했습니다. 같은 발표를 하더라도 눈에 띄게 되었죠.

선생님의 경력 이야기를 듣다 보니 절로 숙연해졌다. 7번이나 전직한다는 게 보통 힘든 일이 아니라는 것도 쉽게 짐작할 수 있다. 그리고 그보다 어려운 것은 그 와중에도 자신의 연구 줄기를 놓치지 않는 것일 텐데. 선생님은 늘 긍정적으로 생각하시는 분이었고, 위기를 기회로 만들 줄 아셨던 분임에 틀림없었다.

가와이 마키 도쿄 공업 대학에서 객원 교수로 있어 달라는 요청을 받은 이후부터 본격적인 경력 관리가 시작되었습니다. 하지만 도쿄 공업 대학에 있을 때에도 연구비를 따기 위한 행정 업무를 처리하는 데 굉장히 많은 시간이 들어 연구에 집중하기 힘들더군요. 나는 일자리를 옮기는 것에 이미 익숙해서 다른 직장으로 옮기고 싶었지요.

그러던 중 박사 과정 지도 교수님이 리켄에 지원해 보라고 충고하셨지요. 리켄에서는 내가 보기에 참 좋은 제안을 했습니다. 월급도 이전 상황에 비해 훨씬 나았고 연구비도 주어졌으므로 더 이상 연구비를 받아 내기 위해 서류를 작성하는 일에 시간을 보내지 않아도 되었지요. 그리고 무엇보다 박사 후 과정 학생을 두 사람이나 받을 수 있다는 점이 참 매력적이었습니다. 함께 연구할 수 있는 동료가 있다는 것은 개인적인 연구 분야를 확장시킬 수 있는 아주 좋은 기회거든요.

아마 다른 사람들과 같은 길을 밟아 연구자가 되었다면 지금의 내가 없었을 것 같습니다.

여자로서 공부와 가사를 병행한다는 것이 말처럼 쉬운 일은 아닌 것 같다. 더구나 늘 창의적인 생각을 하며 깨어 있어야 하는 과학자로서는. 그러나 가와이 선생님의 생각은 달랐다.

가와이 마키 내 생각에는 젊었을 때 아이들을 낳은 게 정말 큰 도움이 되었어요. 나는 스물다섯 살 때 결혼을 해서 학위 과정 중인 스물여섯 살에 첫 아이를 낳았습니다. 연구와 가정 생활을 병행하는 것은 분명히 힘든 일이죠. 그렇지만 좀 다르게 생각해 본다면 전혀 다른 두 생활 사이를 오가며 재충전할 수 있는 시간을 가질 수 있었어요.

연구를 마치고 집으로 돌아오면, 식사 준비를 하고 아이들을 돌봐야 하기 때문에 정신이 없습니다. 당연히 연구에 대한 것은 생각조차 할 수가 없지요. 그렇기 때문에 연구에서 완벽하게 빠져 나와 주의를 딴 데로 돌릴 수 있게 됩니다. 그러고는 다시 다음 날 가정 일을 잊고 연구에 몰두하지요. 내게는 그런 생활이 큰 도움이 되었습니다.

사실, 한 문제에 대해 24시간 내내 고민한다고 해서 창의적인 답이 나오는 것은 아니에요. 오히려 너무 오랫동안 매달리게 되면 머리가 굳어 버리지요.

표면에서 DNA까지

이제 본격적으로 과학자로서의 가와이 마키 선생님을 알고 싶어졌다. 선생님께서 몸담고 있는 연구 분야에 대한 질문을 사전에 작성해 보내 두었는데, 선생님께서는 자신의 연구 분야에 대해 자세하게 설명해 주셨다.

　연구실 홈페이지에 소개되어 있는 선생님의 주요 연구 주제는 크게 세 가지이다. 분자 하나하나를 가지고 화학 반응을 연구하는 단일 분자 화학, 고체 표면에서 벌어지는 화학 반응을 탐구하는 표면 화학, 유전자 같은 생물학적 물질의 물리적 성질을 조사하는 생물리학이 그것이다. 어느 분야도 첨단 학문이 아닌 게 없었다.

가와이 마키 첫 번째 연구 분야는 김유수 박사가 맡고 있는, 단일 분자의 화학 반응에 대한 것입니다. 즉 분자 하나에만 집중을 하는 것이지요. 고체 표면의 구조를 보여 주는 주사식 터널 현미경(STM)[2]이나 원자간력 현미경(AFM)[3]과 같은 장치를 사용해서, 분자에 전자를 주거나, 분자로부터 전자를 빼앗아 분자 내에 있는 전자의 에너지를 변화시키는 겁니다. 동시에 분자의 진동 모드를 바꾸는 것도 가능하지요.

　이렇게 하면 일반 화학 실험을 할 때 스포이트로 잉크 방울을 떨어뜨려 용액의 색깔을 바꾸듯이 분자 하나의 상태를 변화시킬 수 있지요. 우리의 연구 주제는 이러한 변화를 감지하는 것, 분자를 우리가 원하는 방향으로 이동시키는 것, 그리고 특정한 분자에 우리가 원하는 특정한 반응 성질을 주는 것이지요. 이런 모든 연구가 단분자 화학 분야에 속한다고 보면 될 것 같군요. 이 분야가 우리 그룹의 주된 연구 분야입니다.

　원래 주사식 터널 현미경(STM)은 양자 역학을 이용한 현미경으로 사람의 눈이나 전자 현미경으로도 볼 수 없는 금속 같은 고체 표면의 미세한 구조를 보여 주는 장치이다. 주사식 터널 현미경은 텅스텐이나 백금으로 만들어진 날카로운 탐침을 이용하는데, 이 탐침을 고체 표면에 갖다대면 양자 역학적 터널 효과 때문에 전자가 표면에서 탐침으로, 탐침에서 표면으로 이동한다. 이렇게 이동하는 전자의 양을 컴퓨터로 시뮬레이션하면 고체 표면의 구조를 우리 눈에 보이게 그려 낼 수 있다. 가와이 선생님이 연구하는 분야는 우리 눈에 보이지 않는, 분자들로 이루어진 나노 세계인 것이다.

이번에는 선생님의 주전공인 표면 화학에 대한 이야기를 들었다.

가와이 마키 또 다른 분야는 어떤 물질의 표면에 존재하는 원자 수준의 결함을 조사하고, 그 특성을 연구하는 것입니다. 특정 원인으로 인해 물질의 표면에 결함이 생기게 되고, 그 결과 결함 주변의 원자가 어떤 영향을 받는지 알아보는 것이지요. 전자의 에너지 상태를 조사하면 확인할 수 있습니다.

화학에서 가장 중요한 물질 중에 하나가 촉매이지요. 화학 반응 속에서 자신은 변하지 않으면서 다른 물질들의 화학 반응을 빠르게 하거나 느리게 하는, 화학 반응의 중매쟁이 같은 물질입니다. 이 촉매 작용은 대개 촉매 물질의 표면에서 일어납니다. 화학 반응을 일으키려는 물질이 촉매에 달라붙으면 그 물질의 에너지 상태가 화학 반응을 일으키기 쉽거나 어려운 상태로 변화하지요. 이 변화하는 에너지 상태에 따라 화학 반응이 빨라지거나 느려지는 것이지요. 그래서 표면 화학은 촉매의 연구, 화학 연구 전체와 아주 밀접한 연관이 있지요.

최근에는, 지금 논문을 준비하고 있는 분야인데요, 이산화티탄(TiO_2)이라는 물질 표면에 나타난 산화적 결함을 연구하고 있어요. 이 물질은 악취나 세균 같은 오염 물질을 제거하는 광촉매로 유명하지만, 표면에 특수한 반응을 잘하는 물질들을 결합시키면 물질 표면에 물이 잘 달라붙는지 아니면 잘 달라붙지 않는지를 조절할 수 있는 것으로도 잘 알려져 있습니다.

이러한 과정에서는 언제나 표면의 구조적 결함이 중요한 역할을 하는데요. 원자적 결함이 생기게 되면, 즉 물질 표면에서 산소 원자를 잃거

↑ 가와이 선생님 실험실의 STM 장비

나 하게 되면, 표면의 구조가 변하게 됩니다. 결함이 나타나면 그를 둘러싸고 있는 주변의 전자 구조가 변하는 것이지요. STM과 AFM과 같은 장치를 이용하면 이런 변화 과정을 시각적으로 볼 수 있습니다.

현대의 표면 화학은 정말 놀라운 가능성을 많이 가진 분야이다. 선생님이 예로 들은 이산화티탄만 해도 표면에 빛이 닿으면 강한 산화력을 가진 활성 산소를 생성시켜 오염 물질을 분해하는 기능을 갖고 있다. 예를 들어 이산화티탄이 함유된 코팅제를 병원이나 식당의 벽이나 지붕에 바르면 항균 효과나 공기 정화 효과를 거둘 수 있다. 최근 이산화티탄의 이러한 광촉매 성질을 배수 정화, 대기 오염 물질 제거 등 환경 정화 기술에 응용하려는 연구를 비롯해 이산화티탄의 광촉매 성능을 더 높이려는 연구가 여러 나라에서 진행되고 있다.

가와이 마키 세 번째 연구 분야는, 이제 막 발을 들여 놓기 시작한 분야인데요. 생물학적 물질의 물리적 특성을 연구하는 것입니다. 이를테면, DNA의 전자 상태를 관찰하는 거죠.

생명 과학 연구자들은 유전학적인 문제와 관련해 DNA에 많은 관심을 보입니다만, 우리는 관점이 좀 다르지요. DNA에 산화가 일어날 경우 가장 먼저 손상을 입는 부분은 구아닌[4] 부분이라는 사실은 잘 알려져 있습니다. 산화가 일어나면(산소가 공격하는 것일 수도 있고, 수소가 떨어져 나가는 것일 수도 있습니다.) 제일 먼저 공격받는 것은 항상 구아닌 부분입니다. 산소의 공격으로 구아닌 부분이 전자를 잃으면 DNA는 전기를 띠게 됩니다.

DNA는 수많은 원자들로 이루어진 복잡한 고분자입니다. 이 거대한 고분자는 구아닌의 경우처럼 위치에 따라 다양한 반응성을 보이지요. 즉 어떤 부분은 산화 반응에서 전자를 더 빨리 잃고 어떤 부분은 더 늦게 잃지요. 이 성질을 잘 이용할 수 있고, 잘 조절할 수 있으면 우리는 DNA를 반도체 같은 전기 소자로 이용할 수 있을지도 모릅니다.

대학원 시절, 연구실 동료가 비슷한 연구를 한 적이 있다. 물론 DNA의 전도성이 밝혀지고 DNA를 반도체와 같은 전기 소자로 이용하는 일이 가능해진다면 정말 흥미로운 일들이 많이 생길 수 있다. 동물 몸 안에 있는 유전자를 이용하여 전기 신호를 전달하거나 DNA 분자로 만들어진 컴퓨터를 설계할 수 있게 될지도 모른다. 그러나 DNA 전도성에 대해서는 연구자들 간에도 의견이 분분하여 아직 결론이 나지 않았던 걸로 알고 있다. 그래서 선생님의 의견을 여쭈어 보았다.

가와이 마키 예, 맞아요. 하지만 우리 그룹의 연구 결과에 따르면, DNA는 넓은 밴드 갭[5](5전자볼트 정도)을 가지는 반도체라고 말할 수 있어요. 재료 과학자의 입장에서 본다면, 도체라고 할 수는 없겠지요. 하지만 만약 전자나 정공을 넣어 주면 도체가 될 겁니다.

생명과학 쪽에서는 아마도 이해하기가 힘들 것 같은데요. 반도체는 기본적으로 각 물질의 페르미 에너지[6]가 상대적으로 다르기 때문에 생기는 현상입니다. 다시 말해 어떤 물질은 원자핵의 인력에 붙들려 있는 전자를 떼어내는 데 에너지가 많이 들고, 또 어떤 물질은 에너지가 많이 들

지 않죠. 그리고 또 어떤 물질은 중간 정도의 에너지가 듭니다. 이것은 원
자핵 주위에 있는 전자들의 구조와 밀접한 관계에 있지요. 우리는 빛과
전자의 상호 작용을 이용한 광전자 분광학[7]을 통해 이러한 전자들의 구
조를 알아낼 수 있죠. 아니면 입자 가속기나 엑스선을 이용해 분석할 수
도 있습니다.

아무튼 전자나 정공을 넣어 주면 전자들의 에너지 구조를 변화시킬
수가 있고 가전도대와 전도대의 에너지 차이인 밴드 갭도 변화시킬 수
있죠. 즉 부도체를 도체로, 혹은 반도체로 변화시킬 수가 있는 거지요. 실
제 우리 그룹에서 비슷한 실험을 했는데요, DNA 필름에 할라이드를 가

하여, 정공을 생성시켜 실험을 했습니다. 요오드와 염소, 브롬, 그리고 음……요오드, 염소, 브롬 그리고…….

불소요?

주기율표를 달달 외우며 공부했던지라, 대답이 불쑥 튀어나왔고, 한동안 조용히 듣고만 있던 우리가 신이 나서 대답을 하자 모두 한바탕 웃을 수 있었다.

^{가와이 마키} 맞아요, 불소를 각각 첨가한 후에 실험을 했습니다. 그리고 페르미 레벨 근처에 다른 전자 상태가 존재하는 것을 발견했습니다. 아마 그 층은 정공의 전도에 관여하는 층으로 보입니다. 이 에너지 상태의 성질을 잘 이해하고 활용할 수 있는 방법을 알아내면 DNA를 전기 소자로 활용할 수 있는 길이 열리겠지요.

지금은 이러한 분광학적 연구를 생화학 물질에 접목하려고 하는 중이지요. 사실 이러한 연구는 논문을 내기에도 참 어려운 주제예요. 그래도 우리는 생물학적 분자의 전자 구조나 진동 모드를 보고 이를 물리적인 특성과 연관시키는 연구를 하고 있습니다.

유전 물질로만 알고 있는 DNA를 전기 소자로 사용하려는 연구라니. 새로운 연구, 자기만의 독자적인 연구를 추구해 온 가와이 선생님에게 어울리는 연구 분야인 것 같다. 그리고 선생님의 연구 속에서 선생님이 추구하는 거대한 줄기 같은 것이 보이기 시작하는 것 같았다.

그런 생각을 하는 사이 선생님의 이야기는 한발 더 나아가 향후 연구 계획에까지 이어지고 있었다.

가와이 마키 STM과 AFM과 같은 분석 장치를 생물학적 물질에 이용하려고 합니다. 특히 분자 막, 즉 세포막에 말이지요. 세포막은 여러 분자들이 반 데르발스의 힘[8]과 수소 결합[9]으로 뭉쳐진 지질층이라고 할 수 있지요.

분자가 서로 얽히고설켜 만들어진 이 물질은 세포가 필요로 하는 이 온만 골라 통과시킬 수 있는 이온 통로를 가지고 있고, 세포 내외부 정보 를 담은 신호를 전달할 수 있으며, 양분을 세포 내부로 옮기고 노폐물을 외부로 내보낼 수 있지요. 누가 설계한 것도 아닌데 이러한 놀라운 과정 이 이 작은 물질 속에서 모두 다 이루어지고 있어요.

이러한 과정이 진행되는 동안 세포막은 구조가 매우 동적으로 변하 는데 우리가 관심을 가지는 부분도 이 미세한 좁은 영역입니다. 세포막 의 구조적 변화에는 분명히 비밀이 있을 것 같습니다. 이 비밀을 푼다면 우리는 신비로운 생명 현상 등을 해명하거나 신소재를 개발하는 데 유용 한 지식과 도구를 가지게 되겠지요. 우리 같은 표면을 연구하는 과학자 들은 평평한 표면에만 익숙합니다. 사실 이러한 생물학적 물질의 표면은 그 상태를 규정하기가 쉽지 않은 상황입니다.

글쎄요, 정말 끌리는 분야인데도 내 인생이 다할 때까지 이 연구를 끝 낼 수 있을지는 모르겠습니다. 사실 십수 년째 마음에 품고 있는 분야이 긴 한데요. 꿈은 꿈일 뿐일지도 모르지요.

선생님의 연구가 진전되면 인공 세포를 만들게 될 수도 있다. 그래서 인공 세포에의 적용 가능성에 대해 여쭈어 보았다.

가와이 마키 그렇지요. 하지만 어떻게 접근해야 할지 아직 자세히는 모르겠습니다. 글쎄요. 일단은 꿈일 뿐입니다. 그 때문에 우리가 열심히 연구를 해야 하는 이유가 되기도 하지요.

정말 놀랍습니다. 대체로 생명 과학자들은 유전적인 변이나 아니면 생물학적 기능에만 관심을 보이는데요.

가와이 마키 그게 전부는 아닙니다. 생물학적 물질을 바라보는 하나의 관점일 뿐입니다. 물론 우리도 생물학적 물질을 다루는 데 있어서 그들과 관점을 공유해야 할 때도 있지만, 최종 목표가 다른 만큼 바라보는 관점도 다른 것이지요.

연구 분야에 대한 열정적인 이야기를 듣다 보니 선생님의 연구 주제가 표면을 연구하는 데 쓰는 주사식 터널 현미경이며, 세포막이며, 단분자 화학이며 모두 근본적으로 물질의 '표면'과 연관되어 있는 것을 알게 되었다. 선생님은 대체 왜 '표면'에 관심을 가지게 되신 걸까?

여지껏 설명해 주신 대부분의 연구가 표면의 특성에 관련된 것이라고 볼 수 있는데요. 수많은 분야 중에서 특히 표면 연구에 관심을 가지게 된 이유가 있나요?

가와이 마키 일단은 이 분야에 그냥 발을 들여 놓았기 때문에 계속 연구해 오고 있는 것이라고 볼 수 있어요. 그러나 앞에서 이야기했듯이 나는 오랫동안 다양한 연구를 해 왔습니다. 그러다 보니 때로는 물질이 무더기로 쌓여 있는 벌크 상태를 연구하고 논문을 낸 적도 많죠. 그런데 이런 벌크 상태의 물질의 특성에 대해 연구할 때마다, 정작 그러한 물질을 전자 소자처럼 실용적으로 응용하려고 할 경우에는 늘 물질 표면이나 계면의 상태가 큰 영향을 준다는 것을 깨달았습니다. 물질 표면이 정말 중요하고 또한 이해하기 어렵다는 것을 알았지요. 그렇기 때문에 표면 과학에 더 관심을 가지게 되었지요.

"어렵기 때문에 더 관심을 가지게 되었다." 과학자의 열정을 이것보다 더 정확하게 요약할 수 있을까? 모든 열정적인 과학자들의 마음속에 있는 도전 정신. 많은 과학도들, 특히 젊은 여성 과학도들은 자신의 마음속에 있는 이 도전 정신을 살리는 데, 자신의 평생 연구와 연결하는 데 실패하고 만다. 가와이 선생님은 이 도전 정신을 자신의 연구 활동 속에서 적극적으로 살리는 데 성공한 분이었다. 무엇이 그것을 가능케 했을까? 단순히 환경 덕분만도 아닐 것이고 개인적 능력 덕분만도 아닐 것이다. 환경과 개인의 능력을 조화시키는 삶, 그 안에 답이 있을지도 모른다.

　그래서 이제 이야기를 연구실의 환경을 만들고, 연구실에 속한 학생들과 연구원들을 묶어 내는 리더로서의 가와이 마키에 대한 것으로 돌려 보았다.

리더로서의 가와이 마키

오전에 김유수 박사님으로부터 IBM 연구소에서 오신 연구원과 몇 년이 걸릴지 모르는 장기적인 프로젝트를 진행 중이시라는 말씀을 들었습니다.

가와이 마키 여전히 그 일은 진행 중에 있습니다. 그러나 가시적인 결과는 아직 나타나지 않았죠. 간단히 말해 STM과 NMR을 결합한 장치를 만드는 프로젝트로서, 시작할 때만 해도 그런 연구를 하는 그룹이 거의 없었습니다. 지금 현재는 몇몇 연구실이 비슷한 일을 하고 있지요.

실험 장비들은 대체로 상용화된 게 있을 경우에는 구입해서 사용합니다. 때로는 구입한 기계를 어느 정도 보완하기도 하지요. 그렇지만 기존에는 개발되지 않은 기계이고, 또 아이디어가 있다면 자체적으로 개발할 만한 가치가 있지요. 그리고 그 파급 효과는 엄청날 것이고요.

그가 처음 우리 그룹에 왔을 때, 정규직 자리가 하나 남아 있었습니다. 그의 연구 제안을 들어 보니 박사 후 과정 동안에는 완성할 수 없는 프로젝트가 될 거라는 것을 예감했습니다. 그래도 선뜻 그에게 정규직 자리를 주었고, 지금도 그 프로젝트는 끝나지 않았습니다.

정말 똑똑한 분이고 또 상당히 열심히 하고 있지요. 그리고 아주 고집이 센 사람이에요. 나는 아주 기대가 큽니다.

학문을 할 때 명심해야 하는 것은 절대 현실과 타협하지 말아야 한다는 것입니다. 한번 목표를 정하면, 여러 가지 문제에 부딪히더라도 목표에서 멀어지거나 목표를 낮추지 않으면서 끝까지 가야 하는 게 중요할 때가 있지요. 이 프로젝트는 그런 태도로 임해야 할 필요가 있는 것이고 나는 그가 아주 적합하다고 믿고 있습니다. 물론 상용화된 기계와 비슷하게 대충 마무리지을 수도 있습니다.

우리는 아주 심각하게 다투기도 하지요. 도대체 언제까지 기다려야 하냐는 문제를 가지고요. 눈에 보이는 결과가 나타나지를 않으니까 관리자 역할을 해야 하는 나로서는 답답한 거죠. 글쎄요. 내 정년이 다하기 전에 끝이 날지 모르겠습니다. 만약 성공한다면, 정말 큰 파급 효과를 가져올 겁니다. 희망사항이지요. 그렇지만 정말 가치 있는 일이고 누군가는 반드시 해야 하는 일이기에 연구실에서 여건이 되는 만큼 지원을 하는 겁니다.

정말 감동적인 이야기였다. 연구 책임자로서 펀드를 따내고, 그에 맞게끔 프로젝트를 완성해 가시적인 결과를 보여야만 하는 분으로서 그렇게 하기가 정말 쉽지 않다는 것을 잘 알고 있었기 때문이다.

가와이 마키 그만큼 가치가 있는 일이고, 또 지원할 수 있는 여유가 있었기 때문입니다. 하지만 돌이켜 보면, 만약 그때 정규직 자리가 남아 있지 않았다면 기존의 자리를 하나 빼서라도 그에게 기회를 주었을 겁니다.

눈에 보이는 결과가 없고 시간이 너무 많이 걸린다고 연구자를 재촉할 수는 없죠. 정말 열심히 하고 있거든요. 어쩌면 그러다가 누군가에게 러브 콜을 받을 수도 있겠지요. 그것은 또 그 사람 개인에겐 좋은 기회가 될지도 모릅니다. 한 사람이 어떤 그룹에 속해 있다고 해서 그 사람의 능력을 제한할 수는 없겠죠. 지금 나도 능력 있는 사람들과 함께하지 못했다면 이런 자리에까지 올 수 없었겠지요.

가와이 선생님은, 연구 책임자로서의 욕심을 내세우기보다, 개인의 관점에서 연구원의 인생을 존중할 줄 아는 분이셨다. 아마도 이러한 마음은 본인의 경험에서 자연스레 우러나왔으리라.

여성이라는 것은 양날의 칼

연구실의 리더는 기본적으로 무수한 사람들과 의사소통을 해야 한다. 실험실에 틀어박혀 실험 도구하고만 대화하는 모습은 더 이상 과학자의 이상이 아니다. 현대의 과학 연구는 경제 발전과 밀접하게 맞물려 돌아가고 있다. 기업에 속해 있는 과학자나 기술자뿐만 아니라 학계에 있는 과학자들도 이러한 거대한 수레바퀴에서 자유롭지 않다. 이 수레바퀴에서 조금이라도 자유로우려면, 앞에 이야기한 IBM 연구원의 경우처럼 연구실의 리더는 자신과 자신의 연구원들에게 더 많은 시간과 기회를 주기 위해서 연구비를 쥐고 있는 사람들, 혹은 과학 연구를 근본적으로 지지하고 있는 시민들을 설득할 수 있어야 한다. 이 과정에서 가장 중요한 것이 의사소통이리라. 가와이 선생님은 과학자의 의사소통에 대해 어떤 생각을 하고 계실까?

nt Laboratory

연구를 하다 보면 연구 결과를 일반인들에게 쉬운 말로 이해시켜야 할 일도 많을 것 같습니다. 특히나 연구비를 받아내야 할 때에는 아주 결정적일 수도 있지요. 발표 실력이 뛰어나시다고 들었는데 어떻게 어려운 내용을 쉽게 잘 표현하시는지요?

가와이 마키 아니에요. 내가 충분히 똑똑하지 못하기 때문에 쉬운 말로 잘 하는 거겠지요.

김유수 박사님께서 언젠가 학회에서 발표를 하고 나선 의기소침해져서 정말 연기 학원에라도 다녀야겠다는 생각을 하신 적도 있다고 하시더라고요.

가와이 마키 예, 김유수 박사 말이 맞습니다. 발표자는 청중에 따라 일종의 연기를 할 수 있어야 합니다. 나는 학부 시절에 많이 배웠습니다. 사실 남편에게 많은 것을 배웠죠. 그는 누가 청중이 될지에 따라 눈높이를 맞춰서 발표를 했지요.

우리 과학자들은 발표 기술을 배우기는 하지만, 충분한 연습을 하지 못하는 것 같아요. 대체로 발표를 하고 나면, 질문도 나오지 않고 조용하지요. 대체로 청중들은 발표자가 무슨 말을 했는지도 모르고, 무엇을 물어 봐야 할지도 모르기 때문에 꿀 먹은 벙어리가 되는 것이지요. 발표자가 특이한 방법으로 발표를 했기 때문일까요? 아닙니다. 발표를 하는 것은 연기와 같은 것입니다. 자신을 어떻게 표현하여 재창조해 낼 것인가 하는 것의 문제입니다.

주로 도입 부분에서는 청중의 관심사와 연관지어 이야기를 시작하는 게 좋겠지요. 늘 청중의 수준과 관심에 눈을 맞춰야 합니다. 청중이 중학생이냐 고등학생이냐, 학자냐 주부냐 등에 따라 당연히 달라져야 하지요. 그러나 언제나 연구 결과의 핵심은 절대 빠뜨리지 말아야 해요. 청중이 이해하지 못하더라도 말입니다. 그게 제일 중요한 부분이니까요. 청중이 비록 연구 결과의 가장 결정적인 부분을 이해하지 못한다 하더라도 다른 부분에서 관심을 가지고 재미있게 들었다면 좋은 발표라고 평하기 때문입니다.

학회나 세미나 등을 통해 다른 사람이 발표하는 것을 보면서 많이 배우는 편입니다. 예를 들면, 미국 벨 연구소에서 일하고 있는 중국 여성 과학자에게서 좋은 걸 배웠습니다. 그는 먼저 결론부터 말하고 발표를 진행하더군요. 결론을 먼저 알려 주게 되면 청중은 그 다음 어떤 이야기가 나오게 될지 궁금해 하면서 예측을 하게 되어 이해가 훨씬 명확해지게 됩니다.

이런 식의 구성은 참 훌륭한 것 같습니다. 한 가지 경우만 제외하면 말이지요. 청중을 깜짝 놀라게 할 필요가 있고, 결론이 간단한 단어로 표현 가능한 경우에는 결론을 제일 나중에 이야기하는 것이 좋겠지요. 청중의 궁금증을 유발하면서 말이지요.

연구 제안서를 써야 할 때도 참 많은데요. 글로 쓸 때는 또 어떨까요? 독자가 학자일 수도 있지만, 때로는 과학에 문외한이 독자가 될 수도 있지요. 특히 정부 관료들에게 보고서를 써야 할 일도 많을 테고요.

가와이 마키 글도 마찬가지입니다. 발표랑 같지요. 정부 관료를 상대하는 것은,

글쎄요, 어쩌면 전 그런 일들을 잘 못하는 것 같기도 합니다. 그런데 우리가 일종의 트릭을 부릴 필요가 있다는 것은 확실합니다. 연구는 주제에 따라 긴 시간과 노력이 걸리는 꿈 같은 이야기가 될 수도 있습니다. 그럴 때 연구비를 따내야 하는 상황에서 언제 끝이 날지도 모르는 연구라고 털어놓는다면 관료를 설득할 수 없겠죠. 연구의 파급 효과와 그 연구 주제에 대한 열정으로 호소하는 게 중요합니다.

혹시 여성 과학자이시기에 유리하시진 않았나요?

_{가와이 마키} 여성이란 것이 도움이 됩니다. 일단 수많은 남성 과학자들 중 몇 명 없는 여성 과학자이기에 발표를 하게 되면 사람들이 참 잘 기억합니다. 발표를 잘하고 연구 결과가 좋으면 여성이라는 것은 아주 장점이 되지요. 하지만 그 반대일 경우, 즉 발표도 엉터리고 하는 일도 시원찮으면 또 절대 잊혀지지 않아요. 기회를 잘 이용해야 하지요.

선생님이 풍부한 표정으로 말씀을 너무 재미있게 하셔서 우리는 듣는 내내 웃음을 참지 못했다.

그렇다! 사람들에게 잘 기억된다면, 좋은 쪽일 수도 있고, 그렇지 못할 수도 있다! 한쪽 면만을 보시는 게 아니라 늘 다른 관점에서도 항상 생각하시는 선생님 말씀에 절로 고개가 끄덕여졌다.

그런데 이러한 선생님의 긍정적인 에너지는 어디에서 나오는 것일까? 모두 선생님 안에서만 나오는 것일까? 혹시 남다른 멘토가 있었던 것은 아닐까 궁금해졌다. 어찌 보면 좀 짓궂은 질문일지도 모르지만 말이다.

절대 포기하지 마라. 그리고 세상을 믿어라

왠지 남다른 멘토가 계실 것 같아요.

가와이 마키 글쎄요, 특별한 분은 없는 것 같고, 제 주위의 모든 사람, 한 분 한 분 모두가 내게 다양한 영향을 주었습니다. 부모님께서 물리학자이시긴 했지만, 따로 과학 이야기를 많이 나누진 않았습니다. 그렇지만 우리가 어떤 특정 분야의 일을 하는 사람과 함께 지낼 때 전혀 영향을 받지 않는다고는 말하지 못하겠지요. 내 고등학교 친구 말로는 내가 과학을 하도록 조부모님께서 격려하셨다지만, 꼭 그런 것 같지는 않아요.

하지만 내가 젊은 과학도들에게 충고를 할 수 있는 기회가 있어 충고를 한다면, 언제든 절대 포기하지 말라고 말하고 싶습니다. 포기하지 않고 계속 노력하다 보면 기회가 알아서 찾아오게 마련이니까요. 물론 좋은 기회가 오면 그때에는 꽉 잡아야겠지요.

어떤 일이든 그 일을 지속할 수 있게 해 줄 수 있는 기회는 참으로 많습니다. 자신의 삶에 대해 만족하는 게 제일 중요합니다. 물론 어느 정도의 돈은 필요하겠지요, 그렇지만 많은 돈이 정말 필요할까요? 물론 돈이 많으면 세계 일주를 할 수도 있겠죠. 그렇지만 그 정도의 경제력은 과학자가 되더라도 가질 수 있습니다. 사람들이 어떤 길을 가는 것은 단순히 돈 때문이 아닙니다. 그 길 위에 그들을 만족시키는 또 다른 무언가가 분명히 있을 겁니다. 그렇기 때문에 그런 삶을 택하고 지속하는 것일 테지요.

정말 중요한 것은 인생, 혹은 자신을 만족시킬 만한 일을 하는 것입니다. 만약 내가 의사가 된다면, 글쎄요. 인생을 이만큼 즐기면서 살 수 있

었을까 하는 의문이 드는군요. 물론 의사라는 직업은 훌륭한 일입니다
만, 글쎄요. 나는 끌리지 않네요.

멘토가 있었냐는 질문에 가와이 선생님께서는 훌륭한 멘토로서 대답을
해 주셨다. 여성 연구자를 가로막고 있는 유리 천장이 어디 있느냐는 듯
이 뛰어넘어 버리고 자신의 연구를 하나하나 개척해 오신 가와이 선생
님. 선생님의 재미나고 감동적인 말씀들 속에서는 자신 안의 열정과 꿈
을 실현하기 위해 끊임없이 노력해 온 사람만이 알고 있는 즐거움과 충
족감이 가득 차 있었다. 아마 그것이 남편이나 부모님의 지원보다 더 강

력한 선생님의 에너지였을 것이다. 그것은 우리가 이 인터뷰의 마무리로 학생들을 위한 조언을 요청했을 때 해 주신 마지막 말씀에서도 확인할 수 있다.

가와이 마키 절대 포기하지 마라. 그리고 세상을 믿어라. 언제나 격려할 사람이 주위에 있을 것이며, 포기하더라도, 늘 주위에 재미난 관심거리가 많을 것 이라는 말을 하고 싶습니다. 인생을 즐기세요. 인생을 즐겁게 하는 것은 남편이 될 수도 있고, 가족이 될 수도 있고 어떤 것이든 다 될 수 있습니다.

실험실 식구들과 함께 기념 촬영을 하며, 작별 인사를 나눴다. 그리고 몇 번씩이나 사양했지만, 극구 정문까지만이라도 바래다 주시겠다던 김유수 박사님의 배웅을 받으며 전철역으로 향하는 차에 올랐다.

내가 대학원 생활을 전기 화학 연구실에서 하게 된 계기도 표면 화학에 대한 관심에서 출발했다. 자연 현상을 느껴 보고 싶어 화학을 택한 나였지만, 공부에 깊이를 더할수록 규칙적인 듯 보여도 복잡하게 얽혀 돌아가는 자연 현상에 대해 자신감을 잃어 가고 있었다. 과연 제대로 할 수 있을까? 그러던 중 영국 단기 유학 시절 표면 화학이라는 과목을 수강하면서 고체 상태와 계면에 매력을 느끼기 시작했다. 기체나 액체에 비해 안정감이 있으면서, 모든 원인의 출발이 될 수 있는 대상 같았다. 그래서 더 깊게 공부하고 싶었고, 그 첫 대상이 전극이 되었던 것이다.

가와이 선생님도 표면 화학에서 그런 매력을 느끼셨을까? 비록 나는 전문 연구가의 길에서 떠나 회사 생활을 하고 있기는 하지만, 한때 비슷한 연구를 했던 후배로서 궁금했다. 그리고 어떻게 보면 그 분과 나의 출발이 크게 다르지 않다고 볼 수 있을 텐데, 어떤 차이가 그 분과 나의 길을 다르게 만들었을까. 인터뷰를 하면서, 가와이 선생님의 말씀을 들으면서 난 스스로를 들여다보게 되었다.

NOTE

1. 리켄(일본 이화학 연구소, RIKEN, The Institute of Physical and Chemical Research)은 일본이 자랑하는 세계적인 기초 과학 연구 기관이다. 1917년 몇몇 과학자들에 의해 민간 연구소로 설립되었으

나, 1958년 이후 과학기술청 소관이 되면서 규모가 점차 커졌다. 2003년 단행한 독립 행정 법인화로 인해 기존의 정년제 연구실 제도와 병행하여 연구자들이 직접 주제를 찾고 팀을 조직하여 운영할 수 있는 능동적 연구 체제를 마련하게 되었다. 한시적(주로 5년) 팀을 조직하여 운영하는 경우 프로젝트가 끝나면 그 팀은 바로 없어지게 되고 해당 연구자들은 성과에 대한 엄격한 평가에 근거하여 다른 연구팀을 만들 수 있는 방식이다.(《사이언스 타임즈》, 2005년 8월 기사 참조)

2. 3. **주사식 프로브 현미경**(Scanning Probe Microscope)은 **주사식 터널 현미경**(STM, Scanning Tunneling Microscope)과 **원자간력 현미경**(AFM, Atomic Force Microscope)을 묶어 부르는 이름이다. 주사식 터널 현미경은 텅스텐이나 백금 등 단단하고 안정된 금속으로 만들어진 바늘(탐침)로 고체 표면을 주사하는 현미경이다. 탐침과 시료의 거리가 몇 나노미터 이하가 되면, 양자 역학적 터널 효과에 의하여 바늘로부터 터널 전류가 흐르게 되는데, 터널 전류는 바늘과 시료의 미묘한 거리에 따라 크게 변화하므로, 이 터널 전류의 변화를 기록하거나, 터널 전류가 일정하게 되도록 탐침을 상하로 움직여 시료의 요철을 검출하고 이를 화상화하는 것이 주사식 터널 현미경의 주요 원리이다. 주사식 터널 현미경은 전기가 통하는 도체 시료에 사용되고, 전기가 통하지 않는 부도체 시료의 경우에는 탐침과 시료 사이에 작용하는 원자끼리의 인력을 이용하는 **원자간력 현미경**을 사용한다. 이 두 가지 현미경 및 이들의 원리를 응용한 현미경을 통틀어 '주사식 프로브(probe) 현미경'이라 한다.

4. DNA를 구성하는 기본 단위인 **뉴클레오티드**는 당, 인산, 염기로 되어 있으며 염기로는 구아닌, 시토신, 아데닌, 티민이 있다.

5. 현대 물리학에 따르면, 진공 속에서 전자가 취할 수 있는 에너지는 0(정지 상태)에서 무한대에 이르는 연속적인 값일 수 있으나 원자 껍질 속에 있는 전자는 불연속적으로 띄엄띄엄한 값들만을 취할 수 있다. 이런 원자 속 전자는 빛을 흡수하거나 열을 받으면 그 에너지 상태가 변하게 된다. 그때 역시 에너지값이 연속적으로 변하지 않고 정해져 있는 불연속적인 값으로 변하게 된다. 고체 물질의 전도성 역시 전자가 가진 에너지의 변화로 설명할 수 있다. 전자가 에너지를 받아 이동하기 전의 상태를 **가전자대**(valence band)에 있다고 하며, 전자가 이동할 수 있는 상태를 **전도대**(conduction band)에 있다고 한다. 그리고 가전도대와 전도대의 에너지 차이가 **밴드 갭**(band gap)이다. 전자가 이 밴드 갭을 뛰어넘어 가전도대에서 전도대로 이동하면 이 물체에서 전류가 흐르게 된다.

6. **페르미 에너지**는 고체 내 전자의 에너지 분포가 급격히 변화하는 에너지 준위로, 열평형 상태에서 전자를 찾을 수 있는 확률이 2분의 1이 되는 에너지 준위를 말한다.

7. **광전자 분광학**은 빛 에너지를 이용하여 전자의 에너지 상태를 변화시키면서 물질의 구조적 변화를 분석하는 방법이다.

8. **반데르발스의 힘**은 전기적으로 중성인 원자와 분자 사이에서 극히 근거리에서만 작용하는 약한 인력을 가리킨다.

9. **수소 결합**은 2개의 원자 사이에 수소 원자가 들어감으로써 생기는 약한 화학 결합으로 일반적으로 수소 결합은 O · N · F 같은 전기 음성도가 강한 원자 사이에 수소 원자가 들어갈 때 생긴다.

'멘토'를 찾아서

대학원 졸업을 한 학기 남겨둔 2005년 봄, 진로에 대한 고민과 일어나지도 않은 일들에 대한 걱정 때문에 꽤 많은 에너지를 소모하고 있었다. 언제부터인가 나는 늘 같은 고민을 해 왔고, 명확한 답을 찾지 못한 채 제자리에 머물렀다. 삶의 '구조 조정'이 절실하

리켄이 있는 와코 시 역에서
혜주와 함께

게 필요했다. 그때마다 아쉬웠던 것은 훌륭한 멘토(mentor, 조언자)였다.

'세계의 여성 과학자를 만나다'라는 프로젝트를 알게 된 것도 이런 고민을 할 때였다. 학과 사무실의 소개로 알게 된 이 프로젝트를 통해 좋은 멘토를 만날 수 있지 않을까, 미래에 대한 간접 경험을 해 볼 수 있지 않을까 하는 기대가 생겼다. 그리고 이렇게 값진 경험을 내 또래의 이공계 여학생들에게 생생하게 전달할 메신저가 되어야겠다는 사명감마저 느꼈다. 물론 졸업 기념 여행 삼을 수 있겠다는 사사로운 욕심도 없지는 않았지만 말이다.

인터뷰할 선생님들을 선정하고 일정을 맞추고 그분들에 대해 점점 더 알아 가면서, 과학이라는 백그라운드가 참으로 다양한 분야에서 빛을 발할 수 있음을 알고 놀랐다. 현재 자리에 이르기까지 7번이나 자리를 옮겨야 했던 가와이 마키 선생님. 과학자에서 정치인으로 파란만장하게 변신한 김명자

선생님. 선생님들을 만날 때마다 "꿈을 이룬 사람들"의 행복감과 자신감에 나도 감염되는 것 같았다.

설렘 반, 두려움 반으로 시작한 직장 생활에서 선생님들로부터 옮은 행복감과 자신감은 내게 희망이 되어 주었다. 삶의 '구조 조정'으로 괴로워하는 사회 초년생에게 이것보다 값진 선물이 어디 있을까? 사정이 허락지 않아 여러 선생님들을 직접 다 뵙지 못해 많이 아쉽지만, 이 책은 언제나 꿈을 상기시켜 주는 좋은 길잡이가 될 것이다. 이공계 여학생, 이 책을 읽는 사람, 모두 파이팅!

안은실

정말 친절했던 연구실 사람들

61

한국 정치에 향기를 불어넣는 여성 과학자,
김명자 선생님

2005년 11월 5일 | 장소 — 여의도 의원 회관 | 진행 — 손혜주, 안은실 | 정리 — 손혜주

가와이 마키 선생님의 연구 경력은 여성 연구자가 겪을 수 있는 모든 일들, 비정규직을 전전해야 하는 열악한 처우, 결혼 생활과 육아가 주는 부담, 여성에 대한 사회적 편견 등을 어떻게 풀어 나갈 수 있을지를 전형적으로 보여 준다. 과학에 대한 열정과 자신에 대한 애정 그리고 섬세한 여성성으로 하나하나 풀어 나간 그 모습은 여성 과학도의 귀감이지 않을까?

그러나 과학자의 길은 연구소나 대학 강단에만 있지 않다. 과학이 정치, 경제, 사회, 문화 모든 분야와 얽히고설켜 돌아가는 현대 사회는 여성 과학도에게 다양한 분야로 진출하기를 요구하고 있다. 다양한 분야로 진출한 여성 과학도 선배를 만나는 것이 이번 프로젝트에서 우리의 임무였다.

상아탑 안에서 연구를 하고 있는 분들뿐만 아니라 경제 분야에서 CEO 급의 경영인으로 활동하는 분, 예술 분야에서 새로운 경지를 개척한 분, 과학 저술에서 두각을 나타내는 분 등 과학에서 출발하여 세상으로 나가는 여러 길을 개척하신 분들을 만나고 싶었다. 그러나 현실은 호락호락하지 않았다. 가와이 선생님을 인터뷰하고 일본에서 돌아오자 여름 방학은 순식간에 끝났고 우리는 졸업과 취업, 유학 준비라는 현실적인 문제에 봉착했다. 인터뷰 대상자 섭외도 쉽지 않았다. 워낙 바쁘신 분들이라 일정을 잡기가 너무 어려웠다. 더구나 우리나라 여성 과학도의 사회 진출은 아직 제한적이었다. 일정을 제대로 잡지 못해 어려움에 처해 있을 때 무척이나 고마운 연락이 왔다. 열린우리당 국회 의원이자 전 환경부 장관인 김명자 선생님으로부터였다.

이공계 교수 출신 여성 정치인으로 알려져 있는 김명자 선생님이

2002년에 과학 문화 재단에 의해 '닮고 싶고 되고 싶은 과학자'로 선정되기도 했다는 것을 모르는 이들이 많다. 김명자 선생님은 1970년대 후반부터 1980년대 후반까지 연구와 정부 과학 정책 자문 일을 하는 한편, 『동서양의 과학 전통과 환경 운동』, 『현대 사회와 과학』, 『과학 기술의 세계』 등 다양한 대중 과학서를 저술하고, 과학 철학의 영원한 고전인 토머스 쿤의 『과학 혁명의 구조』와 같은 책을 번역 소개한 우리나라 제1세대 과학 저술가이기도 하다. '닮고 싶고 되고 싶은 과학자'에 김명자 선생님이 선정된 것은 아마도 선생님의 이런 노력에 대한 인정일 것이다.

김명자 선생님은 과학에서 시작된 길을 어떻게 정치라는 길과 연결할 수 있었을까? 과학과 정치 사이에 놓여 있을 높은 벽을 김명자 선생님은 어떻게 넘었던 것일까? 한 가지 일을 진득하게 하기를 강요하는 학자 사회와 한 사람이 수많은 역할을 수행할 수 있는 멀티플레이어가 되기를 바라는 현실 사회에 끼어 있는 여성 과학도들에게 연구자, 교수, 번역가, 행정가, 정치가로 변신을 거듭한 김명자 선생님의 경험은 도움이 될 수 있지 않을까?

김명자 선생님을 만나는 일은 이른 아침부터 시작되었다. 수많은 민원인과 정부 관계자를 만나야 하는 국회 의원의 일정은 의원 자신만의 것은 아니다. 30분 만의 짧은 만남 속에서도 우리나라의 미래를 좌우하는 정책이 결정되기도 한다. 김명자 선생님은 그런 귀한 시간 중 1시간을 내주셨다. 그것에 맞춰 우리도 아침 일찍 모여 질문 사항과 이야깃거리 등을 정리했다.

매일 뉴스와 신문에 나와 익숙하지만 실제로 와 본 적은 없어 낯설기

만 한 묘한 공간인 국회 의사당. 우리는 국회 정문을 통과해 의사당 옆에 자리 잡고 있는 의원 회관으로 향했다. 입구에서 신분증을 내고 출입증을 받은 후 의원실로 올라갔다. 절전 차원인지 널찍한 복도의 전등은 꺼져 있었다. 복도 옆 각 방에는 신문이나 텔레비전에서 보던 이름들이 붙어 있었고 어두운 복도와 굳게 닫힌 각 의원실의 문과 명패가 우리의 가슴을 살짝 죄었다.

우선 우리는 정치인과 만난 모든 사람이 그러하듯이 사진부터 찍기 시작했다. 사진 찍기는 정치인과 만날 때 모든 사람이 거쳐야 하는 통과의례일까?

일단 사진을 찍느라고 어수선해진 분위기를 정리하고 이야기를 시작했다. 시간은 많지 않았지만 우리가 미리 보냈던 질문지를 참고해 아침 최종 모임에서 준비한 대로 선생님의 삶을 따라가며 인터뷰를 풀어 나가기로 했다.

아버지는 나의 나침반

김명자 선생님에게는 홈페이지가 있다. 선생님의 이력에서부터 현재 활동, 그리고 미래 전망까지 정말 '김명자의 모든 것'이 들어 있다. 소설가, 정치가, 학자, 시민 운동가, 그리고 시민들이 쓴 '내가 본 김명자'라는 코너도 있고 심지어는 '100문 100답'까지 있다. 대중에게 이미지로 어필

← 선생님의 책장을 들어가 보았다.

해야 하는 현대 정치인으로서는 어쩔 수 없는 일일 것이다. 그러나 우리가 알고 싶은 것은 김명자 선생님의 속살이었다. 공식적 이력서, 대중에게 보여 주는 이미지 뒤에 숨어 있는 선생님은 어떤 모습일까? 그 모습 속에서 선생님께서 개척해 나간 길의 출발점을 찾을 수 있지 않을까? 그리고 여성 과학도로서 밟아갈 길을 발견할 수 있지 않을까?

어릴 때 어떤 성격이셨나요?

김명자 모범적인 편이었습니다. 요즘 표현대로 하면 튀지 않으면서 할 일은 잘하는 쪽이었어요. 이런 성격이 하루아침에 만들어진 것은 아니겠지요. 지금 기억해 보면 초등학교 5학년 때 전학했던 일이 성격에 많은 영향을 주었던 것 같아요. 그전 학교에서는 늘 반장을 도맡아 했지요. 그래서 자존심이 굉장히 센 편이었습니다. 그러나 전학 후 몇 달 만에 출마한 전교 어린이 회장 선거에서 꼴찌로 떨어졌죠. 내 인생에서 가장 뼈아픈 기억이지만, 다시 생각해 보면 그것을 계기로 자신이 최고라는 자존심을 죽이고 처신을 조심하는 쪽으로 성격이 바뀌게 되었지요.

이 이야기는 선생님이 《신동아》에 '나의 삶, 나의 아버지'라는 주제로 기고한 글에도 나온다. 우리가 인터뷰할 때에는 시간이 많지 않아 짧게 말씀하셨지만, 선생님은 그 글에서 이때의 일화를 인생의 쓴맛을 본 계기였다고 이야기하신다. 당시 서울 외곽이었던 신당동에서 을지로의 서울대학교 사범 대학 부속 국민학교로의 전학을 통해 선생님은 "공주병" 환자에서 "시녀"로 전락하는 수모를 겪었다고 한다. 그리고 회장 선거에서

꼴찌를 했을 때 집으로 돌아오면서 느낀 "참담"함을 선생님은 아직도 기억하고 계셨다.

김명자 선생님은 경기 여자 고등학교를 졸업하고 서울 대학교 화학과에 진학하셨다. 당시의 명문 여고 출신 학생들은 나중에 결혼하게 되었을 때 무난한 간판이 되어 줄 수 있는 학교나 학과로 진학하는 경우가 많았다. 게다가 여성 과학도와 관련된 역할 모델도 없는 시절이었다. 그렇다면 김명자 선생님은 무엇 때문에 과학이라는 길을 선택하신 걸까?

어려서부터 과학을 좋아하셨나요? 대학을 진학하면서 화학과를 택하신

이유가 무엇입니까?

김명자 나는 유치원 때부터 막연히 공부를 많이 하고 싶었어요. 국어, 영어 등 문과 과목의 성적이 더 좋았고요. 내가 학과 선택을 할 당시, 예일 대학교에 교환 교수로 계셨던 아버지께서 자연 과학 분야가 유망하리라고 조언을 해 주셨지요. 당시는 향후 어떤 직업을 가질 것인가 하는 생각까지는 없었고, 대학을 마치고 유학을 가는 것 정도를 생각하고 있었죠. 대학 입학 후 교수님들께서 매우 성실하게 학문하는 자세를 보여 주셨기 때문에 진지한 분위기에서 대학을 다닐 수 있었습니다. 나는 몇 명 없는 자연계 여학생으로서 실험 등 학과 공부에 많은 시간을 투자했기 때문에 동아리 활동은 열심히 하지 않았죠.

아버지의 조언이 큰 영향을 끼친 것 같군요. 선생님 아버지는 왜 그렇게 판단을 하셨을지 알고 싶습니다. 아버지와 어머니에 대해서 말씀해 주시겠어요?

김명자 아버지는 교수셨어요. 정말 착하고 선하신 분이라 법 없이도 사실 분이란 이야기를 들었지요. 또한 자식에 대해서도 굉장히 큰 기대를 걸고 계셨지요. 그것이 내게 긍정적인 영향을 미쳤던 것 같습니다. 나는 아버지의 기대를 만족시켜야겠다는 생각을 했어요. 그래서 내가 어렸을 때부터 커서 공부를 많이 했으면 좋겠다는 생각을 했고, 그 생각이 지금의 나를 만드는 데 상당한 영향을 미쳤죠. 그런 면에서 보자면 아버지로부터 영향을 많이 받은 거지요. 아버지께서는 항상 성실하게 살아야 한다고 하셨어요.

어머니는 생활력이 강한 주부셨어요. 가사를 꾸려 간다는 것은 정말 중요한 일이잖아요. 열심히 자식들을 뒷바라지하는 것도 포함해서요. 어머니는 가정과를 나오셨는데, 중·고등학교 때 친구들이 어머니께서 해 주시는 음식이 참 맛있다는 말을 한 기억이 나네요. 자식들 옷도 직접 만들어서 입히셨고요. 그때는 그런 분이 많이 계셨죠. 아버지와 마찬가지로 자식들에 대해서 기대가 참 많으셨어요.

김명자 선생님의 아버지는 성균관 대학교 영문학과 교수와 성균관 대학교 대학원 원장을 지내신 김재근 선생님이다. 김명자 선생님은 1남 5녀의 맏딸로 태어나 아버지의 사랑을 많이 받으며 자랐다고 회고한다. 그리고 그러한 아버지의 사랑이 자신을 만들었다고 이야기한다. 다음은 선생님께서《신동아》에 기고하신 글에서 인용한 것이다.

"아버지는 6·25전쟁으로 피난 갈 때 가재도구는 다 내버려두면서도 책만은 김장독 안에 고이 감추고 떠나셨다. 그런 아버지 밑에서 나는 학문의 세계에 대한 동경을 키웠고 아버지의 기대에 어긋나지 않으려 모범생으로 성장했다. 인생의 풍파를 거치고 나온 지금 나는 아버지에게 배운 정직과 성실과 선량함이 내 삶을 바르게 이끌어 준 나침반이었음을 깨닫는다." ─《신동아》 2003년 9월호

서울 대학교 문리과 대학 화학과에서 실험실과 집을 오가는 생활을 했다는 김명자 선생님은 졸업 후 유학을 결심하게 된다. 해외 여행은커

녕 기업인들의 해외 출장도 자유롭지 않던 1960년대 후반, 그리고 유학을 하고 돌아온다고 국내에서 직장을 잡을 수 있을지 알 수 없던 상황에서 유학은 김명자 선생님께 어떤 의미가 있었을까?

실제로 나 자신이 유학을 준비하고 있었기 때문에 우리나라 이공계에서 미국 유학 1세대에 속하는 사람이라고 할 수 있는 김명자 선생님의 유학에 대한 생각은 꼭 듣고 싶었다.

한국에서도 학업을 계속할 수도 있었는데, 굳이 유학을 택한 이유는 무엇인가요? 공부를 계속하고자 하는 학생이라면 반드시 유학을 가야 한다고 생각하시는지요?

_{김명자} 먼저 당시에는, 특히 자연계의 경우, 국내의 연구 환경과 해외 연구 환경의 질적 차이가 컸습니다. 그리고 외국에서는 장학금을 받으며 대학원을 다닐 수 있었지요. 그무렵 미국에서는 아시아에서 온 학생들에게 더 많은 장학금을 주고 있었죠. 그것은 아이러니컬하게도 미국과 소련 사이의 냉전 덕이었어요.

1957년에 소련이 인공 위성 스푸트니크 호[1]를 미국보다 먼저 쏘아 올렸어요. 사회주의 소련과 체제 경쟁을 벌이고 있던 미국은 크게 당황했지요. 과학 기술 개발에서 자본주의가 뒤진다는 것을 보여 주는 것 같았으니까요. 스푸트니크 호 발사 후 미국에서는 과학 교육 혁명이라고 할 정도의 여러 가지 제도 혁신이 있었어요. 그 가운데 하나는 시험에만 합격하면 석사 과정 없이 곧바로 박사 과정으로 진학해서 집중적인 교육을 받고 일반적인 경우보다 빨리 박사 학위를 딸 수 있는 제도였죠.

내가 그 혜택을 받아서 박사 학위를 4년 만에 받았죠. 대신 석사 학위가 없지요. 빨리 끝낸다는 게 꼭 좋다는 것은 아니지만, 나의 경우 유학은 할 만한 것이었죠.

내가 유학을 떠난 게 1967년입니다. 거의 40년이 흘러 지금과는 유학 문화도 다르죠. 나는 판에 박힌 듯 연구실과 아파트를 오가는 생활을 했습니다. 지금 생각해 보면 매우 단조로웠다는 점에서는 아쉬움도 있지만 당시 버지니아 대학교의 여건은 그랬습니다.

아무튼 유학이란 본인이 연구하고 있는 분야와 처한 여건에 따라서 선택할 문제예요. 필수 사항은 아니지요. 다만 국제화하는 세상에서 다른 문화를 이해하고 학문의 기회를 넓힌다는 뜻에서 유학은 여전히 유효한 선택이라고 봅니다.

결혼을 어느 쪽이 손해 보는 관계로 보는 게 바람직할까요?

유학 생활 시 동양계 여성으로서 미국에서 겪었던 문화적 충격이 있었는지요?

김명자 문화적 충격을 특별히 느끼지는 않았어요. 유학을 준비할 때부터 특별한 환경에 가서 적응을 해야 한다는 긴장감과 각오가 상당히 컸어요. 즉 미국이라는 새로운 환경 속에서 문화적 충격을 느낄 수도 있다는 것을 염두에 두고 있었던 셈이죠. 그리고 다른 무엇보다 공부를 끝낸다는 단순한 목표에 집중했어요.

이렇게 공부에 집중했기 때문에 미국이라는 공동체 일원으로서 다양한 문화를 누리며 지낼 수는 없었습니다. 상당히 제한된 공간, 즉 캠퍼스, 연구실 그리고 대학원생 아파트 속에서 학위 취득이라는 특수한 목표를 실현하기 위해 생활했기 때문에 미국 문화를 깊이 접하지는 못했지요. 사람들과 어울리는 것은 고사하고 텔레비전도 자주 보지 못했지요.

언어, 풍습 등 모든 것이 다르다는 점에서 그 짧은 기간 동안 미국 문화와 사회에 완전히 동화된다는 것은 거의 불가능한 일이었죠. 특히 언어의 장벽 때문에 그들과 일체감을 느끼기는 어려웠죠. 아무튼 유학 생활 중 공부에만 매진했고, 앞에 이야기한 것처럼 미국 교육 제도의 도움을 받은 덕분에 학위도 4년 만에 받을 수 있었던 것 같아요.

내가 다니고 있는 카이스트에도 외국에서 온 많은 유학생들이 머물고 있다. 가끔 추석이나 설날 같은 명절에 텅 빈 매점에서 식사를 하는 그들의 모습을 보면 안쓰러울 때가 있다. 하지만 그들이 생각보다 빨리 유학 생활에 적응하는 것은 아마 김명자 선생님과 같은 이유 때문일지도 모른다. 아는 사람도 없고, 말도 잘 통하지 않아 제대로 사람을 사귀지도 못하기 때문에 한국 사회 전체를 경험하는 것이 아니라, 대학이라는 한정된 사회만을 경험하니 큰 문화적 혼란 없이 공부에만 전념할 수 있는 것이리라.

그래도 사람인데, 외롭지 않을까? 김명자 선생님은 유학을 떠나기 전 결혼을 했다. 결혼을 해서 가족을 이룬 것이 유학 생활을 버티는 데 도움을 주지 않았을까? 아니면 오히려 공부하는 데 방해가 되었을까?

공부를 하러 떠나는 상황에서 굳이 결혼을 결정하신 이유가 궁금합니다. 학생 때 결혼하는 것이 여자에게는 손해라고 하는 사람도 있습니다. 선생님의 경험에 비춰 볼 때 어떤지요?

김명자 내가 유학을 갈 당시에는 결혼을 생각하는 커플이 같은 대학에 함께 유학 가는 경우 결혼을 하고 떠나는 게 더 자연스러운 일이었지요. 그리고 내 경우 결혼 생활이 객지 생활에 안정감을 주었다고 생각합니다. 글쎄요, 일반적으로는 여성이 손해 본다고 생각하기 쉽겠지요. 그러나 배우자에 따라서 다 다르지 않겠어요. 손해 보지 않는 관계도 있겠지요. 그러나 근본적으로 결혼 관계를 어느 쪽이 더 손해 보느냐의 관점에서 보는 게 바람직한 것인지는 모르겠군요.

이미 세 아이를 다 키우시고 이순의 나이에 드신 선생님의 입장에서야 결혼 관계를 통 크게 보실 수 있을 것이다. 하지만 현실적으로 출산과 육아는 여성 연구자에게 큰 짐이 되고 있지 않은가? 내친 김에 좀 더 깊이 따져물었다.

유학 기간 중 출산이 학업에 어떤 영향을 주지는 않았는지요? 혹시 공부를 그만두고 싶었던 적은 없으셨나요?

김명자 첫아이를 낳아 일곱 달 동안 데리고 있다가 서울로 보낸 후 정서적으로 매우 힘들었어요. 과연 무엇을 위해서 이렇게까지 공부하는가 하고 자문하기도 했고요. 그러나 포기할 생각은 결코 하지 않았습니다.

유학 중에 포기하지 않고 공부를 계속하신 데에는 남 다른 비법을 가지고 계셨을 것 같습니다. 혹시 공부 스타일이나 노하우가 있으시다면 말씀해 주세요.

김명자 학창 시절을 돌이켜 보면 지금 학생들한테 꼭 해 주고 싶은 이야기가 있어요. 시험 기간에는 시험을 잘 보기 위해서 공부를 하게 되는데, 단지 몇 시간 공부를 해야 된다는 생각 때문에 집중을 하지 못하고 책상에 앉아 있다가, 졸거나 딴 생각을 했죠. 제대로 이해하려고, 재미를 가지고 공부했던 것이 아니고 의무감에 그냥 책상 앞에 앉아 있었죠. 이것이 어떤 법칙이구나, 이것은 왜 그렇게 될까 하는 관심 그리고 무엇인가를 알아내려고 하는 노력이 상당히 부족했던 것 같아요. 공부할 때 열의와 집중도가 다소 떨어졌던 것을 지금은 상당히 아쉽게 생각하고 있어요.

박사 학위 연구 주제에 대해 쉽게 설명해 주실 수 있을까요? 연구에 깊이를 더할수록 혹시 외곬수가 되어 가고 있지는 않나 하는 생각을 한 적은 없으세요?

김명자 나의 전공 분야는 물리 화학의 동역학 분야였는데, 전이 금속의 산화 반응 메커니즘을 연구하는 것이었죠. 지금 생각하면 꽤 고전적인 연구를 한 것 같네요. 실험 결과를 얻는 데 어떤 방법을 써야 하는지 알아내기 위해 오랫동안 헤매기도 했고, 메커니즘을 밝혀 주는 근거를 찾기 위해 많은 노력을 했지요. 일종의 퍼즐 풀기였지요.

자연계 실험을 하다 보면 외곬으로 빠지는 것은 불가피한데 실제 연구를 하는 당사자는 그것을 잘 못 느끼지요. 결과를 얻어야 한다는 목표

에 몰두하기 때문이겠지요. 전반적으로 자연 과학자들의 이런 속성은 실험실 연구에서는 강점이 되지만 실제 사회적 활동에서는 한계이자 약점으로 작용하는 경우가 많다는 것을 지적하고 싶네요. 인문 사회 분야와 자연 과학 분야에 몸담은 사람들의 차이라고 할 수 있겠지요.

그렇다면 유학 생활 동안에 연구 활동을 할 때에는 만족이나 재미를 느끼셨나요?

김명자 내가 이것을 해야 된다는 생각에 사로잡혔던 것 같아요. 물론 연구 결과가 잘 나오면 아주 보람이 있고 신났죠. 하지만 4년 동안 삶이 굉장히 단순했기 때문에 특별히 체험담을 이야기할 만한 것이 없어요. 연구 결과가 잘 나왔을 때에는 성취감을 느끼고, 성적이 잘 나오면 내가 이렇게 보상을 받는구나, 할 수 있구나 하고 생각하는 정도였지, 그 분야 자체가 아주 재미있다는 생각을 하지는 않았어요.

내가 양자 화학 과목에서 성적을 아주 잘 받았어요. 그런데 그때 내가 양자 역학(Quantum Mechanics)처럼 어려운 것을 배운 것이 몇 십 년 지난 후 나에게 무슨 영향을 주었을까요? 그 지식 자체를 이용하는 게 아니라 지식을 공부하는 과정이 훈련이 된 거죠. 지금 보기에는 별 관계없는 것 같지만 문제를 보고 해답을 찾을 때 영향을 미친다고 봐요.

내가 행정 쪽으로 진출하게 된 것은 10년 동안 과학 정책과 관련해 위원회 활동을 했기 때문이에요. 그것이 바탕이 되어서 환경부 장관으로 발탁되었어요. 환경부 장관이 된 이후에도 과학적 지식이 상당히 도움이 되었고, 과학적인 사고 방식과 방법론이 도움이 되었어요. 행정 업무를 보고 또 국회에 들어와서 의정 활동을 하는 데에도 도움을 주었다고 확신해요.

과학자가 실험실에서 연구를 해서 새로운 지식을 창출하는 것은 중요해요. 그러나 우리나라 대학생의 반 정도가 자연계인데 그 인력이 모두 실험실에 들어갈 필요는 없어요. 과학 인력이 다른 분야에서도 일을 하는 것이 필요하기 때문이죠. 행정가가 되어 과학적인 방식으로 사회 현상을 풀어 가는 것이 훨씬 더 큰 도움이 될 수 있어요. 그래서 나는 자연계 학생이 다양한 분야에서 활동하는 게 바람직하다는 확신을 가지고 있어요. 물론 인문 · 사회 · 과학 분야에서 정통 교육과 훈련을 받은 사람도 강점이 있어요. 그러나 다른 분야에서 온 사람들과 같이 문제를 풀다 보면 못 보던 것을 볼 수가 있죠. 자연은 우리에게 참신한 관점을 주지요. 나는 과학 분야로 시작해서 장관과 국회 의원을 한 것에 대해서 굉장한 자부심을 느끼고 있어요.

1971년 김명자 선생님은 미국 버지니아 대학교 박사 학위를 받고 귀국 하신다. 분명 연구 환경은 외국이 좋았을 텐데, 국내로 돌아온 이유는 무 엇일까?

김명자 학위는 무사히 다 마쳤어요. 그러나 유학이 끝난 뒤 외국에서 살 생 각을 할 상황이 아니었습니다. 한 살도 안 된 맏딸을 서울 시댁에 맡겨 놓 고 2년이 지났으니 서울로 돌아올 생각밖에는 없었고, 미국 체류는 고려 대상이 안 되었지요. 또 유학 갈 때부터 당연히 고국으로 돌아와야 한다 고 생각했어요. 지금이라면 아마 약간 다르게 생각했을지도 모르지만, 1960년대 후반이라는 때가 사실상 한국 유학생이 거의 초창기였어요. 그 이전에는 유학생들이 배를 타고 미국에 가기도 했거든요.

그러면 한국에 돌아오신 후 대학에서 어떤 연구를 하셨나요?
김명자 돌아온 후에는 연구를 제대로 하지 못했어요. 서울 대학교 강의를 1972년부터 시작했고. 1974년부터는 숙명 여자 대학교에서 전임 교수로 일하게 되었죠. 당시 숙명 여자 대학교에는 실험 시설이 제대로 갖춰져 있지 않았어요. 산성도를 재는 pH 미터, 화학 천칭, 전위차계 같은 기본적인 장치들만 있었죠. 그래서 강의 위주로 했어요. 연구를 하기에는 개인 상황을 보나 전반적인 대학의 실험 여건을 보나 상당히 어려웠어요.

그리고 서울 대학교에서 강사 생활을 하면서 두 아이를 낳았습니다. 두 아이를 출산한 것이 방학 기간 때였고 나로서는 출산과 강사 노릇을 양립시킬 수 있었던 기회였으니 지금도 감사할 따름이에요. 그 시절 문리대에서 가르쳤던 학생들을 사회 생활하면서 어엿한 전문인으로 만나게 될 때 보람이 크죠. 이제용 전 환경부 장관도 치의예과 시절 내 강의를 들었는데 그때 내가 F 학점을 주어서 재수강을 했어요. 지금 생각하면 어찌나 미안한지요. (웃음)

국비까지 주며 공부시킨 인재에게 제대로 연구할 수 있는 환경을 제공할 수 없었다니 이런 낭비가 어디 있을까? 선생님은 그러한 상황을 어떻게 극복해 나갔을까?

당시 사회적 여건이 연구 활동에 매진하기에는 힘들었다고 하셨는데요. _{김명자} 참 미흡했어요. 유교 전통이 아직도 엄연히 존재하는 사회에서 시집에서는 며느리 노릇, 아내 노릇을 해야 하고 직장에서는 전문인 역할을 해야 해서 짐이 많았던 것은 부정할 수가 없어요. 특히 임신·출산·육아가 가장 큰 짐이었어요. 1970년대에는 학문, 특히 여자 대학에서 자연과학 분야는 아주 열악했어요. 그런 환경에서는 연구 중심이 아니라 강의 중심이 되죠. 그러다가 내 마음이 굉장히 불편해지기 시작했어요. 갈등도 느끼게 되었고. 그래서 책을 손에 쥐고 번역을 했죠. 그리고 1980년대부터 매스컴도 타게 되었지요. 그래서 결국은 책으로 많이 알려지게 되었고, 정책 보고 연구서도 많이 만들었어요.

그 시절 연구 환경이 열악했다는 것은 충분히 이해가 간다. 하지만 선생님의 경우 좀 더 적극적으로 위기를 돌파하실 수는 없으셨을까? 이런 의문을 가질 즈음 선생님께서 경력의 전환점이 되었던 저술 활동에 대한 이야기가 계속되었다.

삶의 돌파구였던 저술 활동

연구를 할 여건이 안 되니, 돌파구로 책을 쓰신 것이라고 볼 수 있을까요?
김명자 그런 측면이 있어요. 군사 독재에 대한 저항으로 사회가 어지러웠고, 대학 또한 마찬가지였습니다. 그리고 가정과 전문직을 양립하면서 연구 활동이 미흡하다는 한계를 느끼고 있었기 때문에 무엇인가에 매달릴 게 필요했던 거지요. 이렇게 시간이 가서는 안 되는데, 중요한 자리에서 그 몫을 해야 되는데, 그러지 못하고 있다는 생각도 많이 했어요.

나중에 내가 공무원들과 일할 때 가장 강조한 것이, 자리에 있는 동안에는 그 일을 가장 잘 할 수 있다는 자부심을 가지고 일을 해야 한다는 것이었어요. 자릿값을 해야 한다는 거였지요. 그 자리에서 그 일을 가장 잘 할 수 있는 사람이 그 자리에 앉아 있다는 평가를 받아야 하고 스스로도 만족할 만한 수준으로 자신의 실력을 끌어 올려야 된다고 강조했어요. 나 자신이 그랬고 내가 리더의 자리에 올랐을 때에는 다른 사람들한 테도 그런 요구를 했던 거죠.

또 내가 대학교 전공을 자연계로 택했지만, 소양은 또 인문 사회 소질 이 있다 보니 책을 쓰게 된 거죠. 또 자연 과학 배경 때문에 순수 인문 사 회 전공자와도 차별화되는 점이 있지요.

손가락 인대가 늘어날 정도로 집필(『엔트로피』, 『과학 혁명의 구조』, 『동서양의 과학전통과 환경운동』)에 몰두하신 것으로 알고 있습니다. 무엇이 그토록 열 정을 쏟게 했습니까? 그리고 그중 가장 애착이 가는 책은 무엇인가요?

김명자 중요한 자리를 차지하고 있으면서 제 몫을 못 한다는 생각이 어깨를 짓눌렀습니다. 그 마음 때문에 참으로 무리하게 번역 작업에 몰두했습니 다. 그 결과 신체적으로 무리가 와서 병원을 찾기도 했죠. 인내력으로 참 아내면 된다고 생각했는데 그게 아니었다는 걸 세월이 지난 후에야 깨닫 게 되었지요.

가장 애착이 가는 책은 25년 넘게 읽히고 있는 『과학 혁명의 구조』이 고, 그 다음으로는 『동서양의 과학 전통과 환경운동』, 『현대 사회와 과 학』을 꼽고 싶어요. 1980년, 1985년에 쓴 화장품 책이 두 권 있는데 그때 에는 일반 교양서 수준의 화장품 책이 없었어요. 화장품이 어떻게 만들 어지고 성분이 뭐고 기능이 무엇인가 하는 과학적인 내용에 역사적인 내 용을 조금 넣어서 일반인들이 읽을 수 있는 수준으로 쓴다고 썼는데 아 무래도 조금 전문적이었던 것 같아요.

특별히 그런 분야의 주제에 관심을 가지게 된 계기가 있나요?

김명자 화학은 다른 분야와 연계가 될 수 있는 성격이 강해요. 응용성도 굉장히 넓지요. 화학과 관련되지 않은 게 없을 정도에요. 우리나라의 경제가 좋아져, 여성의 사회 진출이 늘어나고 건강미에 대한 관심이 많아지면 화장품 시장이 계속 커질 것이 확실하지요. 산업에 중요한 부분인데, 화장품을 다룬 책이 전혀 없다 보니 책을 써야겠다는 생각을 했죠. 1995년에 세 번째 책을 준비하고 있었는데 자료만 모아놓고 쓰지 못했어요.

상아탑에서 세상 속으로

1980년대 후반 이후 김명자 선생님은 이렇게 교육과 저술·번역 활동을 하는 한편 다양한 사회 활동에 참여하신다. 아마 저술 활동을 통해 환경 문제, 생태 문제에 대해 발언을 한 것이 징검다리가 되었을 것이다. 그리고 선생님의 그러한 노력은 1999년 환경부 장관 발탁이라는 놀라운 형태로 결실을 맺게 된다.

환경부 장관이 되기 전에도 환경 문제에 특별한 관심을 가지고 계셨나요? 그 당시 환경 문제는 얼마나 심각했는지요?

김명자 화학 전공이라 실생활에서는 물론 학문적으로도 환경에 관심을 갖고 있었지요. 결국 화학 물질이 오염원이니까요. 그래서 관심은 있었지만 전문가 또는 운동가로서 왕성한 활동을 한 편은 아니었지요. 어머니의 관점에서 환경에 관한 수필과 논평 같은 글을 쓰고, 강단에서 환경 화학을 강의하고, 시민 운동의 자문 역할을 하는 등 교수로서 단체 활동에 자문을 하는 정도였지요.

얼마전 미국에 갔다가 친구 남동생을 오랜만에 만났어요. 그런데 그 동생 말이, 누나가 어렸을 때 자기 집에 와서 했던 말이 기억난다는 거예요. 그때 내가 중학교 1학년이었는데 밥을 먹으면서 남기지 말고 다 먹으라는 말을 했다고 하더군요. 나는 그런 말을 한 기억도 없었지만 그 말을 듣고 내가 옛날부터 환경부 장관이 될 준비가 되어 있었구나 하는 생각이 들었죠.

내가 환경부에서 일하면서 제일 어려웠던 일이 음식물 쓰레기 줄이기였어요. 식당 사장들을 만나기도 하고 편지도 쓰면서 어떻게 음식물을 덜 남기게 하고, 남으면 어떻게 처리를 할까 생각을 많이 했는데 쉽게 해결되지 않더군요. 일본은 음식물 쓰레기를 줄이기 위해서, 음식을 간단하게 쟁반에 넣어서 1인분으로 해서 팔고 있잖아요? 사실 그것도 50년이나 걸렸다고 해요. 그러니까 장기적인 세월을 거쳐서 시민 사회 운동으로 바꾸어 나가야 하는 거예요. 음식물 쓰레기가 발생하면, 처리 비용도 들고, 처리 과정에서 오염이 발생하고, 자원 낭비로는 말할 것도 없죠. 이런 낭비를 합치면 몇 조 단위일 거예요.

김명자 선생님이 김대중 정부의 환경부 장관 제의를 수락했을 당시는 정치적으로 상당히 어수선했다. 당시의 언론과 야당은 손숙 전 장관의 연극인 시절의 행동[2]과 (사)환경운동연합의 공동 대표를 역임한 손 전 장관

의 환경 문제 관련 전문성과 조직 장악력을 집중 공격했다. 하지만 지금
시점에서 볼 때에는 당시 한국 사회에 짙게 드리워져 있던 여성 차별주
의적 그림자가 손 전 장관에 대한 비판적 여론을 증폭시켰던 것 같다는
느낌이 든다.

아무튼 김명자 선생님은 이렇게 정치적으로 어수선한 상황 속에서
환경부 장관 직무를 수행해야 했다. 김명자 선생님은 이런 상황 속에서
여성으로서 전문성과 조직 장악력을 갖추고 있음을 증명해야 했다. 게다
가 환경부는 온갖 이해관계와 정치적 관계가 얽힌 기관이 아닌가.

↑ 환경부 장관 시절 중고 장터에서

바로 전 장관이 30일 동안 재직한 손숙 씨였어요. 나는 환경부로 가리라고는 생각을 못하다가 그 날 갑자기 연락을 받게 되었어요. 손숙 씨가 낸 사표가 즉각 수리되고, 두세 시간 뒤에 내가 그 일을 맡게 된 것이죠. 그러니까 환경부 직원들 태도가 이 사람은 얼마나 있을까 하는 분위기더군요.

사실 교수란 직업은 비교적 자유롭죠. 강의실에서 마음대로 수업하고 글 쓰고, 눈치 안 보고 하고 싶은 말 다 하잖아요. 그러다가 장관이 되니 굉장히 조심스럽더군요. 특히 그 시절은 환경 단체의 목소리가 가장 컸던 시기에요. 사회가 민주화되고 난 후 갑자기 여러 사회 단체들의 목소리가 강해졌습니다. 그동안 많이 덮어 놓았던 문제들이 이슈화되던 복잡한 상황이었죠. 하지만 일을 잘 해낼 자신이 있었고 성과도 꽤 좋았죠.

내가 장관이 된 다음에 정부 국무총리실 산하에 민간 위원회를 구성하고, 19억 원의 예산을 들여서 부처 평가를 하기 시작했어요. 그 결과 환경부가 1회, 2회, 나 있는 동안에 두 번 다 연속 최우수 부처가 되었어요. 그 전에는 최하위권이었다고 그러더군요. 퇴임할 때 직원들에게 빛나는 졸업장에 우등상까지 받았다고 말을 했어요. 지금 하고 있는 업무들이 실은 그때 골격이 잡힌 것이죠.

지금도 환경부에서는 행사가 있으면 나를 꼭 초청하고, 한중일 3국 환경 장관 회의가 있으면 옵저버로 참가해요. 몇 달 전 관계 기관에서 공무원들에게 여론 조사를 했더니, 환경부 직원들이 나와 다시 일했으면 좋겠다고 했대요. 그래서 그 기관 남자분들이 꽃다발을 들고 나를 인터뷰하러 왔어요. (웃음) 나간 사람 다시 왔으면 좋겠다고 생각하는 일은 상당히 드물다고 하더라고요. 그런 면에선 참 보람을 느끼죠.

남성 공무원들에게 꽃다발을 받은 장관. 아마 건국 이래 처음이지 않을까? 김명자 선생님은 여성 장관으로서는 건국 이래 가장 오랫동안인 44개월간 환경부 장관을 지냈다. 이 전무후무한 재임 기간 동안 김명자 선생님은 김대중 정부, 현 정부까지의 환경 정책의 큰 틀을 세웠다. 그리고 1994년 환경처에서 환경부로 승격한 이래 정부 부처에서 가장 힘 없던 환경부를 가장 내실 있고 힘 있는 기관으로 키워 내는 데 큰 공헌을 했다.

　김명자 선생님이 장관으로 재임하는 동안 환경부는 4대강(한강, 낙동강, 금강, 영산강)의 수질을 1~2급수로 획기적으로 개선하기 위해 오염 총량제, 수변 구역 제도, 물 이용 부담금제, 상수원 지역 지원 및 토지 매수제 같은 환경 정책적으로 상당히 선진적인 제도들을 포함한 4대강 물 관리 종합 대책을 완성했고, 천연가스차 도입, 폐기물 감량과 재활용 정책 등의 체계화 같은 다양한 환경 정책을 체계화했다. 실제로 이때 입안, 집행된 정책들 덕분에 더 이상 낙동강 페놀 오염 사건 같은 4대강의 수질 오염 문제가 언론의 1면을 장식하지 않게 되었고, 도심을 오가는 대중 버스의 매연도 줄어들었다.

　입각 당시만 해도 손숙 전 장관 파동이 가라앉지 않았고, 비판적인 여론은 김명자 선생님의 이혼 경력을 물고 늘어졌지만 선생님은 이러한 난관들을 과감하게 돌파해 냈다. 이후 선생님의 장관 재임 기간이 1년, 2년, 3년 넘어가면서 새로운 기록을 세울 때마다 언론에서는 선생님과의 인터뷰로 지면을 장식했고, 그때마다 뛰어난 업무 파악 능력, 정재계의 청탁을 배제하는 뚝심, 환경부 주요 행사에 대통령 내외를 꼭 참석시키는 정치력 등에 찬사를 보냈다.

실제로 인터뷰를 진행하면서 김명자 선생님 파워와 카리스마를 느낄 수 있었다. 선생님의 이러한 파워와 카리스마는 어디에서 온 것일까?

아직도 한국 관료 사회는 많은 부분 남성 중심으로 돌아간다고 생각합니다. 환경부 장관으로 재직하실 때 남성들 위에서 일하면서 어려운 점은 없으셨나요?

김명자 리더십 강연을 많이 했었어요. 장관 퇴임 이후에 책을 쓰라는 제의도 받았을 정도였지요. 하지만 내 성격상 드러내서 뭘 말하는 것을 별로 좋아하지 않았어요. 국민의 정부 최장수 장관으로서 성공 스토리에 대한 책을 써 달라는 이야기인데, 거절했어요. 나는 잘했고 누구누구는 못한 것처럼 들리는 이야기가 들어갈 것 같아서요.

그래도 리더십에 대해 말하라고 한다면 나는 여성만의 리더십, 남성만의 리더십이 있어야 되는 것도 아니고, 둘이 서로 조화를 이루어야 한다는 이야기를 하고 싶군요. 그래서 늘 강조하는 것이 합리성과 감성이에요. 둘이 서로 이질적인 것 같잖아요. 논리성, 합리성, 과학성과 감성이라는 것이 서로 다른 것 같은데, 그 둘이 실제로 조화가 되어야만 리더로서 조직을 훌륭하게 이끌어 갈 수 있다고 믿어요. 그런 점에서 본다면 남녀가 같이 일하는 데에 있어서 어떠냐 하는 문제는 별 문제가 아닌 거죠. 상호 보완적인 거예요. 나는 남녀 공학 대학을 다녔고, 과학 분야에서 계속 일을 했기 때문에, 남녀에 대한 구분이 없어요. 성격이 다른 두 가지가

하나로 합쳐지고 조화와 균형을 이루는 리더십이 가장 강한 리더십이라고 생각해요.

그래도 의견이 맞지 않아 사사건건 부딪히는 사람도 있을 텐데 어떻게 해야 하나요?

김명자 설득을 해야죠. 마음을 움직이는 기술이 제일 중요한 기술이에요. 방식보다 사람됨의 문제라고 봐요. 사람은 어떤 테크닉이나 기법대로 설득이 되는 것은 아니거든요. 작은 일이나 큰일이나 같이 하면서 오랜 시간

↑ 하·중·일 3국 환경 장관 회의에서 발표 중이신 김명자 선생님

함께 지내다 보면 그 사람의 됨됨이를 느끼게 되잖아요? 머리가 좋거나, 특정한 능력이 뛰어난 것도 좋지만 조직 생활에서는 동료들에게 사람됨으로 인정받는 게 가장 중요하다고 봐요.

환경 문제로 사회적인 갈등이 생길 경우에도 마찬가지예요. 이해 관계가 다른 이익 집단들이 자신들의 주장만을 내세우며 싸움만 벌이죠. 서로 만나지 못하는 평행선처럼 서로의 이야기를 들으려고 하지 않아요. 협상 능력이 없는 거지요.

모든 환경 문제는 여러 측면을 가지고 있어요. 각각의 이익 집단이나 관계 기관은 그중 한 가지 측면만 보는 경우가 많지요. 협상이라는 것은 서로 제한된 측면만 본다는 것을 인정하고 모든 것을 아우를 수 있는 길을 찾는 것이에요. 처음에는 서로 싸우겠지만 끝까지 인내를 갖고 대화와 타협을 하다 보면 접점이 생길 수 있습니다.

여성 과학자는 슈퍼우먼이 되어야만 하는가?

어느새 약속했던 1시간은 훌쩍 넘어 오후 1시가 다 되어 가고 있었다. 선생님은 식사도 못 하시고 우리의 질문에 하나하나 꼼꼼하게 답해 주고 계셨다. 하지만 시간이 많지 않았기 때문에 후배 여성 과학도로서 묻고 싶었던 질문들을 서둘렀다.

1970년대부터 교단에서 여대생들을 접해 오면서 그들에게 어떤 점들을 느끼셨나요? 안타까웠던 점들과 또 대견했던 점들을 든다면 어떤 게 있을까요?

김명자 발랄하고 참신하다는 게 장점이지요. 한편 동기가 그리 강하지 않다는 느낌이 들 때면 아쉬워요. 나는 항상 지적인 호기심을 가지면서 살라고 우리 여대생들에게 강조하곤 했어요. 요즈음은 학교는 물론 모든 분야에서 여학생과 여성 인력이 두각을 나타내고 있다는 이야기를 많이 들어요. 똑똑하다는 건데 대견한 일이지요. 자유분방하고 자의식이 강해지고 관심 영역이 넓어지는 등 과거와는 다른 모습을 보이고 있어요.

많은 학생들이 졸업을 앞두고 진로에 대한 고민을 하고 있는데 도움이 될 만한 이야기를 부탁드릴게요.

김명자 우리나라의 경제 규모가 전 세계 10위권까지 성장했다 하지요? 지구상에 200여 국가 중에서 열 번째라는 것은 대단한 것이거든요. 부존 자원도 없는 상황에서 이렇게 성공할 수 있었던 건 무역에서 성공했기 때문이죠.

특히, 한반도 분단 상황을 극복하지 못한 상황에서 국제 관계는 매우 중요해요. 그런데 국민들 의식에서 가장 부족한 부분이 국제화가 아닌가 싶어요. 어려운 나라를 도와야 되는 의무를 지고 있다는 걸 잊어서는 안 됩니다. 국제 기구에 대한 정부의 낮은 기여도와 국민들의 미흡한 국제화 의식이 우리나라 인재의 진출을 힘들게 하는 중요한 요인인 거 같아요. 남북이 통일된다고 해도 나라 안에서만 머물러서는 경제 선진국을 지향하기 어렵죠.

뿐만 아니라 한국이라는 나라의 전반적인 이미지를 개선할 필요가 있죠. 내가 하나 좀 걸리는 게 있어요. 한국인은 너무 적극적이고, 경쟁에서 이기는 것은 뛰어나요. 그런데 봉사하고, 남을 배려하고, 매너를 갖추는 데 대해서는 참 거칠어요. 국제적 에티켓을 준수하는 것도 참 중요한데.

한류가 국가 이미지 제고에 상당히 기여하고 있는데, 일방통행을 할 생각을 하면 안 돼요. 나만 챙기겠다는 마음을 가지고는 국제 사회의 일원으로 받아들여질 수 없어요. 주고받는 관계라야 오래 지속될 수 있고, 바람직한 관계인 거죠. 한류에서도, 우리 문화를 내보내려면 남의 문화도 존중하고, 중요성을 인정해 주고, 받아들이는 노력이 필요한 거지요. 우리 학생들도 어학, 마인드, 자신의 지적 관심의 영역을 자꾸 넓히고 소양과 품위를 갖추면 기회는 자꾸 열리는 것이니까요. 국가 차원의, 개인 차원의 준비를 거치면 잘 되는 날이 오겠죠.

학과 선택 시 꼭 유념해야 할 점이 있다면 어떤 게 있을까요?

김명자 자신이 평생 보람을 느끼면서 일할 수 있는가의 여부가 중요하죠. 내 경우에는 오히려 분야의 전망을 보고 선택했다고 봐야 하니 내가 특별히 조언을 할 만한 입장이 아닌 것 같네요. 내가 서울 대학교 문리 대학을 선택할 당시도 깊은 분석을 했다기보다는 성적에 맞게 간 셈이지요. 그리고 내가 학자 생활을 한 것도 자연스럽게 학자의 길로 연결된 거죠.

여성 과학자, 며느리, 아내로서의 1인 3역을 잘 소화해 내셨다고 생각하시는지요? 어떤 점이 제일 어려웠나요? 어떤 협조가 절실했나요?

김명자 내가 더 이상 할 수가 없다고 생각하는 점에서 잘했다고 자부합니다. 나로서는 더 이상 노력할 여지가 없다고 할 만큼 최선을 다했으니까요. 아이들 키우고 시어른 병구완하면서 강의 준비하고 실험 연구까지 하는 게 쉬울 수는 없죠. 하지만 모든 것이 중요한 일인 만큼 실수하지 않도록 노력했지요.

실제로 아이들 양육하시면서 연구 생활을 병행하신 경험을 바탕으로 저출산 문제에 대한 선생님의 생각을 간단히 소개해 주시겠어요?

김명자 내가 아이들 키울 때는 1970년대였어요. 지금과는 여건이 너무 많이 달랐지요. 지금은 아이 셋 낳는 사람이 아주 드물고 특히 전문직을 가진 어머니가 아이 셋 낳는 경우는 더 드물지요. 30년 전 여자가 일을 할 때에는, 사회가 육아를 맡아야 한다는 생각보다는 개인이 맡아야 한다는 생각이 일반적이었죠. 물론 그때는 친척이나 부모님께 아이를 맡길 수도 있었고, 인건비가 쌌기 때문에 식모를 둘 수도 있었지요. 대신 사회적인 육아 보육 시스템은 거의 없었고 육아 휴가도 없었죠. 당시의 전문직 여성은 슈퍼우먼이 될 수밖에 없었어요.

하지만 최근에 여성의 사회 진출 확대와 민주화로 인한 여성의 권위 신장으로 아이를 가졌을 때 유급 출산 휴가를 누릴 수 있게 되었죠. 그리고 여성이 더 쉽게 아이를 키울 수 있는 사회적인 장치가 많이 마련되어 있어요. 전문직에 종사하는 여성이 슈퍼우먼이 아니라 여성으로 살 수 있도록 사회가 보장을 해 줘야 된다는 개념이 생긴 거예요. 일하는 여성에게 "당신의 일은 부차적인 것이다. 다 책임지고 일을 해야 한다."에서

"남녀 동등한 조건에서 일을 할 수 있도록 배려해야 한다."라고 이야기 할 수 있게 된 것이죠.

그런데 핵가족화가 되고 여성의 사회 진출이 많아지면서 아이를 덜 낳게 되었죠. 무엇보다 중요한 원인은 공교육이 사회의 변화를 따라가지 못해 사교육비가 급증했다는 거예요. 아이를 키우는 데 너무 많은 돈이 드니까 적게 낳는 거죠. 그 결과 우리나라는 합계 출산율[3]이 세상에서 가장 빨리 낮아진 나라가 되었죠.

이것은 보통 문제가 아니에요. 국가의 경쟁력이 약화되는 것이기 때문이죠. 따라서 우선 모성 보호 정책을 펴고, 공교육의 질을 높이면서 여러 가지 인센티브를 제공하는 쪽으로 정부 시책이 바뀌고 있어요.

하지만 남자들은 오히려 역차별이 아니냐고 문제 제기를 할 수도 있는데요.

김명자 요즘 시대는 아이를 낳아 키우는 일을 여성만의 책무로 보지 않아요. 출산 휴가를 남자한테도 주고 있잖아요. 남녀가 함께 가정을 운영하고 또한 육아도 함께해야 한다는 것이죠. 즉 남녀에게 같은 책임을 주는 거예요.

그럼 여성도 군대에 가야 된다는 말인가요?

김명자 그렇게까지 보지는 않아요. 여성이 군에 가야만 국방의 의무를 하는 것은 아니거든요. 국방의 의무를 이행하는 방법은 여러 가지가 있거든요. 납세도 있고, 다른 방법도 있죠. 여성이 반드시 군에 가야만 남성하고 평등하게 된다고 생각하지 않아요.

과학은 사회와 함께 가야 합니다

미래 사회에서 성공하기 위해서는 개인의 뛰어난 능력 못지않게 사회적 네트워크를 만드는 능력이 중요하다고 합니다. 순수한 연구 능력 외에 과학자에게 필요한 능력에는 어떤 것이 있을까요?

김명자 지금 우리가 살고 있는 조직 중심의 사회에서는 내가 잘난 것만 가지고는 잘 살 수가 없어요. 오히려 그것이 해가 될 때가 있죠. 같이 일하는 사람들의 능력을 어떻게 끌어내서 일하느냐가 관건이죠. 나는 남의 능력을 빌려오는 능력이 정말 능력이라고 환경부 장관 재직 시절에 강조했어요. 그러려면 상대방이 진심으로 내가 하는 일을 돕고 싶다는 생각이 들도록 만들어야 하죠. 리더의 가장 중요한 덕목이 그거예요. 상명하달이 아니라 사람들의 힘을 내가 원하는 방향으로 이끌어 낼 수 있어야 하죠. 그리고 숨어 있는 능력을 끌어내는 것은 더 보람 있는 일이죠. 그래서 네트워크 구축 능력이 중요합니다.

과학자들은 그런 면에서 좀 부족한 점이 있죠. 특히 실험 연구는 혼자서 하는 일이 많고 고도의 집중이 필요한 일이니까요. 하지만 다른 분야로 가서 일을 하는 경우에는 다른 능력을 추가로 가지고 있어야 해요. 게다가 현대의 연구자는 정책 결정자, 국민, 국제 사회의 전문가들을 설득해야 하는 일이 많기 때문에 현재 진행되고 있는 과학 연구를 대중의 눈

높이에서 설득력 있게 홍보할 수 있는 과학자도 필요합니다.

과학은 사회와 함께 가야 합니다. 지금은 혼자 실험실에 갇혀 연구한다고 해서 결과가 나오는 경우는 거의 없잖아요. 연구 규모가 상당히 커져서, 그룹으로 연구를 하죠. 그러니까 연구 책임자는 자동적으로 조직 관리 능력이 있어야 하는 거예요. 과학자는 이제 경영자예요.

또 자신의 연구 분야에 관련된 윤리 문제에 대해 나름대로 확고한 기준을 세우는 게 필요하죠. 그렇지 않으면 시민 단체, 전문가 그룹, 종교 단체를 설득할 수 없으니까요. 결국 문제 제기를 한 그룹들과 함께 지속적으로 협력하면서 역할 분담을 하는 게 중요합니다.

미래 사회에는 한 사람의 직업이 평생에 걸쳐서 세 번 정도 바뀐다고 한다. 그 변화가 굉장히 신선하고 긍정적인 영향을 줄 수도 있겠지만, 정체성에 혼란을 가져올 가능성도 있을 것이다. 다양한 커리어를 가지고 계신 의원님의 생각을 듣고 싶었다.

김명자 현대의 다원화된 사회에서는 새로운 직업이 많이 생기는 특징이 있죠. 옛날의 직업이 없어지기도 하고 분야 간에 장벽이 허물어지기도 하죠. 하나 예를 들어 볼까요? 10여 년 전만 해도, 대학 교수를 채용할 때 학부 과정과 대학원 과정 전공이 다르면 전문성이 떨어진다고 해서 탈락시켰어요. 지금은 오히려 그런 점이 강점이 되죠. 학문도 계속 분화되면서 또 융합되고 있어요. 생물학과 화학이 접목되어 생화학이 되고 물리와 화학이 물리 화학이 되었잖아요. 그런 것이 이 시대의 특징이에요. 따

라서 이 시대는 전공 공부로 평생을 가는 시대가 아닌 거죠. 자신의 전공을 바탕으로 해서 다른 분야와 접목을 시켜 더 새로운 전문 분야, 새로운 전문인을 만들어 낼 수 있는 것이고, 그렇게 함으로써 그 분야가 발전할 수 있는 기회가 오는 거예요.

그런 이유에서, 직업이 세 번 정도 바뀐다고 해도 크게 다를 건 없을 것 같은데요? 내가 살아 보면서 느낀 것은 보람을 찾을 수 있고 좋아하며 적성에 맞는 일을 하는 게 가장 행복하다는 거죠.

김명자 선생님과의 인터뷰가 끝났다. 좀 더 시간이 있었다면, 좀 더 편한 자리였다면 더 많은 이야기를 묻고 듣고 할 수 있었을 텐데 하는 아쉬움을 뒤로하고 의원 회관을 나섰다.

인터뷰를 하기 전 내가 상상했던 선생님의 모습은 '철의 여인'이었다. 한치의 실수도 없이 맡은 일을 똑 부러지게 해내는 당찬 여성. 실제로 만나 뵌 김명자 선생님은 기대했던 그대로 '여장부'셨다. 그러나 선생님의 당찬 모습 뒤에는 부드러운 여성성이 있었다.

김명자 선생님의 섬세한 리더십은 바로 그 부드러운 카리스마에서 나오는 것이다. 여성성을 바탕으로 남성 중심의 관료 사회를 개혁하는 일은 분명 멋진 일이다. 하지만 아이러니컬하게도 그러한 평가를 받을 수 있는 높은 위치에 올라가기까지는 '무식하고 우직하게' 기존 시스템을 따라가 줘야만 한다. 환경부 장관이 되어 자신의 소신을 펴게 되기까지 선생님이 걸으셨던 험난한 길을 보면서 전 과목 올 A+를 받은 친구의 성적표를 구경할 때 느끼는 부러움과 답답함이 뒤섞인 기분이 들었다.

과학과 정치를 연결한 길을 개척해 낸 김명자 선생님의 비밀은 아마도 조화와 균형을 추구하는 마음이 아니었을까. 합리성과 감성이 어우러진 리더십. 그것은 아마도 열악한 연구 환경 속에서 전문적인 자연 과학과 대중의 징검다리가 되고자 노력했던 저술 활동 시기에 싹트기 시작했을 것이고 자연과 인간의 지속 가능한 관계를 모색하던 환경부 장관 재임 시절에 거대한 나무로 자라났을 것이다.

현재 국방 위원회에서 활동하고 계신 김명자 선생님은 개각설이 나돌 때마다 국방 장관을 비롯한 여러 장관의 후보로 거론되고는 한다. 만약 김명자 선생님이 첫 번째 여성 국방 장관이 된다면 어떨까? 남성 중심적인 한국 사회에서도 가장 남성적인 조직의 수장이 된다면 한국 사회의 남과 여의 관계는 크게 바뀌지 않을까? 만약 그렇게 되었을 때 당황해 할 한국 남자들을 상상하며 혼자 웃는다.

NOTE

1. **스푸트니크 호**는 1957년에 소련에서 발사한 세계 최초의 인공 위성이다.
2. **손숙 전 장관**은 장관 취임 전 연극인으로서 기업인으로부터 2만 달러를 격려금조로 받은 것이 문제가 되어 중도하차했다.
3. **합계 출산율**은 출산 가능 연령대(15~49세)의 여성 한 명이 낳는 평균 자녀수를 가리킨다.

꿈은 사람을 가혹하게 다룬다

"꿈은 이뤄지기 전까지는 꿈꾸는 사람을 가혹하게 다룬다." 꿈의 가혹한 담금질을 견뎌 낼 수 있는 사람만이 꿈을 실현한 달콤함을 즐길 수 있다. '세계의 여성 과학자를 만나다' 프로젝트는 내게 나의 꿈과 다른 이들의 꿈을 엿볼 수 있는 작은 창이었다. 2년에 걸친 이 프로젝트를 통해 나는 꿈의 가혹함을 이겨 나갈 수 있는 자신감을 얻었다.

사실 역경을 헤치고 큰 꿈을 이룬 영웅의 이야기는 위인전에서, 언론 기사에서 이미 너무 많이 읽고 들었다. 또 꿈을 이뤘다고 해서 새로운 걱정거리나 고민이 없어지는 것도 아니다. 그러나 내가 인터뷰로 만난 선생님들은 위인전 속의 박제화된 천재 과학자도, 대중 매체의 현란한 찬사에 갇힌 영웅도 아니었다. 꿈을 품고 장벽에 부딪치다 생긴 상처를 안고 있었고, 이왕 시작한 거, 재미있게 해야 하지 않느냐고 미소 짓는 살아 있는 인간이었다. 인터뷰를 하는 동안 그분들의 여유와 활기에 전염되어 버렸다. 특히 처음 만난 타국 여학생의 진로에 대해 진지하게 조언해 주시던 가와이 마키 선

꽃다발을 든 가와이 마키 선생님과 함께

100

생님과 바쁘신 와중에 귀한 시간을 내주신 김명자 선생님이 고마울 뿐이다.

현재 나의 목표는 독창적인 연구를 통해 뇌 의학 분야에 기여하는 것이다. 아울러 뇌과학과 의학의 전문 지식을 알기 쉽게 소개하는 책을 쓰고 싶다. 전문 연구자와 과학 기자. 나는 이 갈림길 앞에서 어떤 길을 선택하게 될까? 이 꿈이 나를 얼마나 가혹하게 다룰지는 아직 미지수지만 무척 기대가 된다. 이제 시작이다!

손혜주

인터뷰 준비 회의 중

101

자기 꿈을
따르라

자연 과학이나 공학을 전공하는 과학도들은 과학책을 얼마나 읽을까? 실제로는 그리 많이 읽지 않는다. 읽어야 하는 영어 논문이 하루에도 수십 개씩 쏟아지는 상황에서 전공자가 아닌 일반인을 타깃으로 해서 씌어진 과학책을 읽을 시간을 낸다는 것은 쉬운 일이 아니다. 그러나 한 분야의 전공자라고 해도 다른 분야에 대해서는 일반인이나 다름없다. 다른 분야를 조감하고 있을 때, 뛰어난 과학 저술가의 책 한 권이 사막의 오아시스처럼, 미로 속의 지름길처럼 큰 도움이 된다.

과학 저술가 혹은 과학 저널리스트, 분명 생경한 직함임에 틀림없다. 그래도 국내외에서는 많은 과학 저술가 혹은 과학 저널리스트들이 활동하며 과학 문화의 폭을 넓히고 있다. 국내에서는 『개미제국의 발견』의 저자인 최재천 이화 여자 대학교 석좌 교수와 『과학 콘서트』의 저자인 정재승 카이스트 교수 등이 활약하고 있고 해외에서는 『코스모스』를 쓴 칼 세이건, 『이타적 유전자』와 『눈먼 시계공』을 쓴 리처드 도킨스, 『엘레건트 유니버스』를 쓴 브라이언 그린 등이 유명하다. 그리고 20년 가까이 《뉴욕 타임스》에서 과학과 의학 관련 기사를 쓰며 《뉴욕 타임스》의 과학 섹션을 좌우하고 있는 지나 콜라타가 있다.

'세계의 여성 과학자를 만나다' 프로젝트가 세 번째로 만날 사람은 바로 세계에서 가장 유명한 여성 과학 기자 지나 콜라타 선생님이다. 유명 과학 저널인 《사이언스》에서 기자 활동을 시작, 《뉴욕 타임스》로 옮겨 현재에 이르기까지 30년 가까이 1000여 편의 과학 기사를 써 왔고, 『복제양 돌리』, 『독감』, 『헬스의 거짓말』 같은 베스트셀러 논픽션도 여럿 쓴 과학 저널리스트.

에이즈 치료제 개발 문제, 유방암과 실리콘 이식체의 관계에 대한 법정 소송, 생명공학의 복제 논란 등을 다룬 콜라타 선생님의 기사는 언제나 《뉴욕 타임스》의 톱기사로 떠오르며 과학계의 핫이슈가 되었고 지난 20년간 미국의 과학 정책에 많은 영향을 끼쳤다. 미국에서 선생님의 이름을 딴 밴드도 결성되었다고 하니 그 유명세를 짐작할 수 있다.[1]

지나 콜라타 선생님에 대한 찬사는 정말 화려하다. 기삿거리를 발굴, 취재원을 개발, 과학자들의 연구 자료 확보 및 분석을 거쳐 생동감 넘치는 기사로 만들어 내는 데에는 지나 콜라타 선생님에 필적할 만한 사람이 없다고, 심지어 콜라타 선생님의 비판자까지도 찬사를 보낸다.[2] 지나 콜라타 선생님의 필력 앞에서는 독감 바이러스의 분자생물학적 메커니즘과 첨단 생명공학의 복제 기술 그리고 과학 관련 기업의 산만한 보고서 역시 난해함의 베일을 벗어 버린다. 선생님의 동료 기자는 "그녀는 모든 것을 갖췄다."라고 말하기도 한다.

인터뷰 준비는 2월부터 시작되었다. 개강 직전에 지나 콜라타 선생님 정보를 검색하고 책과 칼럼 기사를 읽느라 정신이 없었다. 학기 중 미국에 다녀온다는 것은, 더구나 과학자 세 분이나 인터뷰를 해야 한다는 것은 한편으로는 큰 부담이었지만 가슴 설레는 일이기도 했다.

과학에서 출발해 글쓰기로 이어진 길을 개척해 낸 지나 콜라타 선생님. 미국 일정의 첫 인터뷰 상대가 이런 지나 콜라타 선생님이라니 긴장되는 맘을 감출 수 없었다. 그러나 이런 내 마음을 더욱 얼리는 뉴욕의 강바람은 역시 매서웠다. 정장을 차려입고 그들의 바쁜 걸음 속에 합류해서 걸으니 나 역시 뉴욕의 빠른 시계와 같이 흘러가는 기분이었다.

호텔에서 타임스퀘어 방향으로 10분쯤 걸었을까, 아침 8시 30분이라는 이른 시간에도 불구하고 저 앞에 네온사인들이 휘황찬란했다. 바로 브로드웨이! 뉴욕 타임스 본사 빌딩은 브로드웨이에서 멀지 않은 거리에 있었다.

드디어 약속 시간, 호리호리한 몸집에 녹색 블라우스 차림의 세련된 여자 분이 우리 쪽으로 다가왔다. 방문증을 받고 지나 콜라타와 함께 로비를 통과하는 순간 짜릿함마저 느껴졌다. 사무실 내부는 고요했다. "조용하죠? 이렇게 각자 기사를 써요. 분주할 때도 있지요. 저녁 한때요."

세계에서 가장 바쁜 언론 중 하나인 《뉴욕 타임스》, 그중에서 가장 뛰어난 과학 기자인 지나 콜라타 선생님이 우리에게 주신 시간은 단 2시간. 우리는 그 짧은 시간 동안 지나 콜라타 선생님의 거의 모든 것을 뽑아내야 했다. 거두절미하고 바로 인터뷰에 들어갔다.

에스컬레이터 갈아타기

선생님 학력이 참 독특해요. 한국에서는 대학 때 생물학을 전공한 대부분의 사람들은 에스컬레이터를 타는 것처럼 대학원에서도 생물학을 공부하거든요. 그러나 미국에서는 전공을 바꾸는 게 그리 낯선 일은 아니라고 알고 있어요. 그래도 미생물학에서 수학, 그리고 분자생물학으로 바꾸는 것은 흔한 일은 아닌 것 같아요. 왜 전공을 그렇게 바꾸셨나요?

← 뉴욕 타임스 본사 정문 앞에서

지나 콜라타 내 학력이 이상하게 보일 수 있죠. 어릴 때 나는 그냥 과학자가 되고 싶었어요. 미생물학 같은 과학 수업이 무척 재미있었죠. 그리고 나는 글 쓰는 것을 좋아하고 책 읽는 것도 좋아했지만 가르치는 일을 하고 싶지는 않았거든요. 과학에 관련된 것이라면 뭐든 할 일이 있겠다 싶었어요.

일단 대학에서 미생물학을 공부했는데, 학사 학위만으로는 할 수 있는 일이 많지 않아서 대학원에 들어갔습니다. 그러나 실험실에서만 있는 생활은 너무 재미가 없었어요. 그렇다면 실험실에 있지 않으면서 여전히 흥미 있는 분야가 뭐가 있을까 알아보기 시작했지요.

나는 원래 수학을 좋아했기 때문에 수학자가 되는 게 어떨까 싶어서 새로 시작했어요. 그렇지만 정말 뛰어난 수학자가 되는 것은 오페라 가수나 발레리나의 경우처럼 하늘에서 내리는 것이라는 것을 곧 깨달았어요. 몇몇은 정말 재능을 타고 났겠지요. 하지만 대부분은 좌절을 맛보게 되지요. 나도 그중 한 명이었죠. 대학원을 가면 느낄 수 있거든요. 어떤 학생은 정말 놀라운 생각을 가지고 있고 또 다른 이들은 아주 창조적이지요. 하지만 나머지는 평범해요.

아무튼 수학으로 석사 학위를 받았습니다. 지도 교수가 학위를 마치지 않으면 사람들이 안 좋게 생각할 거라고 충고했고 나도 학위 없이 떠도는 사람으로 보이고 싶지 않았거든요. 그래도 마침내 글을 쓰는 직업을 가질 수 있었습니다. 맞아요, 여기서도 대부분의 사람들은 에스컬레이터를 그냥 타고 올라가죠. 다만 나는 에스컬레이터를 갈아탄 것이지요. 그때는 어렸고 무엇을 하고 싶은지 잘 몰랐으니까요.

대학에서 공부하실 때 실험실에서 일하는 사람들이나 과학자들에 대해서는 어떻게 생각하셨나요?

지나 콜라타 그때는 별로 아는 게 없었죠. 내가 대학에 있을 때는 저널이나 논문을 많이 읽지 않았어요. 과학자들이 뭘 하는지도 잘 몰랐고요. 졸업한 다음 내가 모르는 게 이렇게 많았나 싶어서 많이 놀랐죠.

미생물학에서 수학으로 에스컬레이터를 갈아탄 지나 콜라타 선생님은 다시 과학 전문 기자로 에스컬레이터를 갈아탄다. 현재《뉴욕 타임스》를 대표하는 지나 콜라타 선생님의 과학 기자로서의 이력은 1971년부터 세계적인 과학 학술지《사이언스》에서 시작되었다.

그럼 지금의 직업은 언제 결정하신 건가요? 왜 저널리스트가 되고 싶었나요? 그 직업을 선택하게 된 특별한 이유라도 있나요?

지나 콜라타 글쎄요, 나는 과학을 무척 좋아하고 글 쓰는 것도 무척 좋아합니다. 글을 쓰는 직업을 가지기 전에는 항상 언제 퇴근 시간이 되나 시계만 바라봤던 것 같아요. (웃음) 그런데 글을 쓰는 일을 시작하니까 너무 일에 집중해서 시간 가는 줄도 몰라요. 그리고 항상 쓸거리에 대해서 생각해요. 지금도 그래요. 쓰고 싶은 이야기 꿈도 자주 꾼답니다. 내가 생각해도 굉장해요. 언제 어디서나 글에 대해서 생각합니다.

내 첫 번째 일은《사이언스》에 실을 만한 원고의 평론가들을 선정해 원고를 보내고 평을 받는 거였죠. 편집자를 보조하는 자리였고 사실 굉장히 따분한 일이었어요. 언젠가는 작가가 되고 싶었기 때문에 그 일을 했습니다. 하지만 모든 작가가 그렇겠지만 마냥 기다린다고 글을 쓸 수 있는 지면이 주어지지는 않죠. 도전이 필요한 법이지요.

《사이언스》에 새로운 '이야기'를 하는 과학자를 소개하는 섹션이 있었는데 내 여가 시간에 그 기사를 써 보겠다고 편집자에게 제안했어요. 내 기사가 마음에 들면 잡지에 실어 주고 아니면 그냥 던져 버리라고요. 그러나 다행히도 편집자가 내 글을 마음에 들어 했고 결국 내 글이 실린 잡지가 출판되었지요. 그리고 계속 기사를 쓰게 되면서 계약직 기자 자리를 얻었습니다.

나는 그 틈틈이 어떻게 글을 쓰는 것이 좋은가에 대한 책들을 읽었어요. 그때 나와 있던 거의 모든 책을 읽었지요. 분명 글을 쓰기 위해서 배워야 할 기술들이 있거든요. 그러는 과정이 정말 재미가 있더라고요. 왜 이렇게 재미있을까 자문해 볼 정도였어요. 그러면서 자연스럽게 작가, 기자가 되었습니다. 정말 내가 좋아하는 일이기 때문에 가능했던 것 같아요.

《사이언스》에 계실 때 인상 깊던 에피소드는 따로 없었나요?

지나 콜라타 《뉴욕 타임스》에서 근무한 지 18년이나 되니 《사이언스》에 관한 에피소드를 생각하려니 시간이 걸리네요.

정확한 기사를 전달하는 것은 신문사의 책임입니다. 신문사는 신문이 발간되기 전에 다른 사람들에게 기사를 보내 기사의 내용이 맞는지 묻는 작업을 하지 않습니다. 하지만 《사이언스》는 달라요. 잡지를 발간하기 전에 기사의 내용에 대해서 알아보고 때로는 기사에 등장하는 두세 명의 사람을 골라 사실 확인을 합니다. 잡지를 내기 전에 그들에게 기사를 보내서 기사 내용이 맞는지 확인을 하는 거지요. 그 과정이 나에게는 유용한 교육이었어요. '내가 알고 있다.'고 생각했던 많은 정보가 '사실이 아닐 수 있다.'는 것을 배웠거든요. '사실' 확인 절차를 거치는 《사이언스》에서 일하면서 오류의 가능성을 실감할 수 있었어요.

그리고 내가 《사이언스》에서 일할 때 컴퓨터를 처음 사용하게 되었어요. 그 무렵에 언론사에서 기사 원고를 쓰는 데 컴퓨터를 도입하기 시작했지요. 나는 타자를 친다는 건 일선에 있지 않는, 비서와 같은 사람이 하는 일이라고 생각해서 고등학교 때 타자 대신 스페인 어를 배웠죠. 그래서 《사이언스》에서 일하기 시작했을 때 나는 모든 것을 손으로 썼어요. 타자는 비서가 쳤고 인쇄업자에게 원고를 전달하는 사람도 따로 있었어요.

요즘처럼 네트워크 환경이 잘 구축되지는 않았지만 개인별 컴퓨터가 주어졌죠. 그래서 직접 타자를 치고 출력해야 하는 상황이 된 거예요. 결국 타자 교본을 사서 연습을 계속했습니다. 생각하는 것보다 타자가 빠르다는 것이 정말 신기했어요. 혁명과 같았어요. 이후 매년 새로운 워드프로세서 프로그램이 선을 보였어요. 그때는 지금과 얼마나 달랐는지 잘 모를 거예요. 그때는 컴퓨터가 삶의 일부가 아니었던 때였으니까 무언가를 자판으로 쳐서 출력한 원고를 다른 사람에게 전달할 수 있다는 사실 자체만으로도 정말 신기했어요. 세상이 많이 변했죠?

지나 콜라타 선생님은 《사이언스》에서 16년을 보낸 후 《뉴욕 타임스》로 직장을 옮긴다. 《사이언스》라면 세계 과학계에서 인정받는 최고의 학술지가 아닌가? 콜라타 선생님은 왜 《뉴욕 타임스》로 옮기게 되었을까?

《뉴욕 타임스》에서는 어떤 계기로 일을 시작하셨나요?

지나 콜라타 모든 질문이 참 긴 설명을 필요로 하네요. 금방 두 시간이 지나가 겠어요. (웃음)

《사이언스》에서 일을 하다 보니 곧 도전 정신을 잃게 되었어요. 그곳 기자 일이 생각보다 쉬웠거든요. 또 두 아이가 초등학생이 된 후 부수입 을 위해 다른 프로젝트들에 참여했어요. 《사이언스》에서는 별로 상관하 지 않았죠.

그 당시 《뉴욕 타임스》는 내가 생각하는 가장 멋진 직장이었어요. 정 말 좋은 과학 섹션을 가진 세계 최고의 신문이라고 생각했거든요. 그래 서 편집자에게 이력서와 원고들을 보냈어요. 당장 일을 줄 수 없지만 한 번 만나 보고 싶다고 연락이 왔죠. 나는 워싱턴에 살고 있었는데 뉴욕까 지 가서 공항에서 저녁을 먹고 돌아오기로 했어요.

그날 어떤 옷을 입었는지도 기억나요. 정말 신경 많이 썼거든요. 정장 을 갖춰 입어 차려입고 나왔다는 것을 표내고 싶지도 않았고, 평상복을 대충 입고 나간 것처럼 보이고 싶지도 않았거든요. 나중에 워싱턴으로 돌아와 감사 편지를 보냈어요. "저는 무척 《뉴욕 타임스》에서 일하고 싶 고 이렇게 만날 기회를 가지게 돼서 정말 영광이었고, 저녁 식사도 맛있 게 잘 먹었습니다." 하고요. 그런데 아무런 응답이 없었어요. 단 한 마디 도……

그러고 나서 3년 만에 그 편집자에게서 전화가 왔습니다. 전화해서 하는 말이 자기를 기억하느냐는 것이었어요. (웃음) 면접하고 3년 만에 《뉴욕 타임스》에서 일을 시작한 것이지요. 아무런 응답이 없어서 편집자가 나를 좋아하지 않았다고 믿고 있었는데 정말 놀랐지요. 지금 생각해 보면 너무 바빠서 그랬던 것 같아요. 편지로 다시 응답할 만한 일이 아니라고 생각했나 봐요. 타자로 치고 프린트를 하고 봉투에 넣고 우표를 붙여 우체통에 넣어야 했을 테니 말이죠. 지금처럼 이메일이 있었다면 달랐겠지요. 이메일로 답하는 것은 몇 초면 되니까요.

《사이언스》에서 《뉴욕 타임스》로, 내가 모르는 저널리스트의 세계가 화려하게 펼쳐졌다. 그 와중에 내 귀에 쏙 들어오는 단어가 있었다. 그것은 바로 도전 정신. 《사이언스》에서 보조 편집자에서 정식 기자가 될 때에도 《뉴욕 타임스》에 입사하게 될 때에도 지나 콜라타 선생님은 세상에 도전했다. 그리고 기회가 주어지기를 기다리지 않고 만들었고, 자신이 만든 기회를 놓치지 않고 활용했다. 그렇지만 그 과정에서 여성으로서 겪은 어려움은 없었을까?

　한국에서 여성이 기자가 된다는 것은 쉽지 않은 일이다. 신문 방송 영역에 종사하는 여성 언론인은 대략 20퍼센트 정도. 50퍼센트에 가까운 다른 서비스 산업 분야의 평균보다 낮다. 그리고 언론에서도 핵심적인 부분이라고 할 수 있는 기자는 10퍼센트대에 불과하다.[3] 이것은 아직 한국 사회의 언로가 남성 중심임을 보여 준다. 미국은 한국 사회와 다르겠지만 분명 어려움이 있지 않을까?

한국에서는 여성으로 언론 매체에서 자리를 잡는다는 것이 쉬운 일만은 아닙니다. 미국에서의 상황은 어떤가요?

지나 콜라타 아마도 힘들었을지도 모릅니다. 하지만 나는 느끼지 못했어요. 아, 한 가지 있군요. 내가 《사이언스》에서 처음 일을 시작했을 때 나와 같은 일을 하는 남자 직원이 알고 보니 나보다 더 많은 돈을 받더라고요. 그래서 나도 같은 봉급을 달라고 공식적으로 이의를 제기했어요. 몰랐다면 모든 것이 공평했다고 지금까지 믿고 있었겠지요.

어쩌면 남자는 월급에 대해서 더 많이 불평해서 더 많이 받는지도 몰라요. 지금 당장 생각해도 공격적으로 일하는 남자를 참 많이 알아요. 그들은 항상 얼마만큼의 돈을 원하는지 분명히 말해요. 내 생각에 많은 여자들은 돈에 대해서 분명하게 이야기하지 않아요. 아마도 그것 때문에 여성이 금전적 불이익을 당하는 것인지도 모르지요.

내게 여자라서 안 된다고 직접 말했던 사람은 없어요. 내가 인터뷰하는 과학자들도 남성 기자를 더 선호할지도 모르지만 자신들이 하고 싶은 이야기를 《뉴욕 타임스》에서 할 수만 있다면 크게 상관하지 않아요. 지금까지 "여자라서 당신은 모를 거예요."라고 말한 과학자를 만난 적은 없어요. 그들은 그냥 《뉴욕 타임스》에 실린다는 사실만으로도 충분히 기뻐했으니까요. 물론 《뉴욕 타임스》에 실린다는 것을 즐거워하지 않을 사람도 있겠지만 자신들이 직접 해명하지 않으면 더 안 좋은 기사가 실릴지 모른다고 두려워하니까 내게 이야기하지요.

뉴욕 타임스 본사 빌딩 5층에 있는 지나 콜라타 선생님의 자리 →

"여자라서 당신은 모를 거예요." 우리나라 남자들 중 많은 사람들은 이 말을 하고 싶어서 입이 근질거리지 않을까? 하지만 지나 콜라타 선생님의 힘은 남자들의 이 말이 쏙 들어가게끔 하고 있었다. 과학자들로 하여금 선생님과 이야기하고 싶게끔 만드는 힘은 아마도 선생님의 글에서, 글쓰기에서 나오는 것이리라.

이제 본격적으로 글쓰기에 대한 이야기를 나누기 시작했다. 선생님을 세계 최고의 과학 기자로 만든 비결을 얻어듣고 싶었다.

쓰고 고쳐 쓰고 또 고쳐 쓰고

글에 대한 아이디어는 어떻게 찾으시나요? 참 다양한 이야기들에 대해서 쓰셨잖아요.

지나 콜라타 대부분 자연스럽게 찾은 것 같아요. 일을 시작하고 나서 어느 정도의 시간이 지나니까 새로운 이야기들이 계속 이어지더라고요. 같은 소재라도 시간이 지나 상황이 달라지면 취재했던 사람들이 나한테 연락을 먼저 해요.

그러니까 엊그제《네이처》의 직원이 나한테 전화를 걸어서 복제 기술을 이용해 오메가 3 지방산을 체내 생산하는 돼지를 만들어 낼 수 있다는 이야기가 이번 호에 실린다고 하더라고요. 그러면 사람들이 심장 건강에 도움을 주는 오메가 3 지방산을 섭취하기 위해서 돼지를 더 열심히 먹을지도 모른다고 했어요. 나는 그 사실이 정말 흥미로웠어요. 연어 대신에 돼지를 먹어도 된다는 말이니까요. 물론 이번 일요일 《네이처》가 발간되면 어차피 알게 되겠지만 나는 이런 식으로 기삿거리가 될 만한 정보를 먼저 얻지요.

요즘에 쓰고 있는 다른 이야기도 있어요. 이번 주 금요일에 나올 《사이언스》에 실릴 이야기인데 심한 당뇨병에 걸린 생쥐의 췌장에서 일어나는 면역 체계 발작을 멈춤으로써 자가 치료가 가능했다는 연구 결과예요. 주로 어릴 때 생기는 제1형 당뇨병의 경우는 췌장에서 면역 체계 발작이 일어난다는 사실을 알아냈어요. 대부분의 과학자가 이 사실을 인정하고 있어요. 다만 그들의 관심사는 이러한 발작을 어떻게 멈추느냐는 것과 이 사실을 응용해 이미 그 병을 앓고 있는 사람들을 치료할 수 있느냐는 것, 그리고 이미 시작된 발작을 멈추는 것이 실제 가능하냐는 사실이었지요.

몇 년 전에 하버드 의과 대학의 의사가 면역 체계 발작을 멈춤으로써 심한 당뇨병에 걸린 생쥐를 치료했다고 발표했었어요. 아주 심한 경우라도 상황이 호전되었다고 했지요. 그러나 대부분의 사람들은 그녀의 연구 성과를 믿지 않았습니다. 하지만 자동차 업계의 거물인 리 아이오코카는 연구 결과에 무척 흥미 있어 하면서 사람에게도 적용될 수 있는지를 연구하는 프로젝트에 1100만 달러의 연구비를 제공했어요. 그가 직접 내게 전화를 걸었어요. 이번에 출간될 《사이언스》에 실릴 기사는 서로 다른 세 그룹이 각각 그의 연구를 수행했는데 다 의미 있는 결과가 나왔다는 것이었지요. 나는 당연히 재미있는 기삿거리라고 했지요. 이처럼 대부분의 경우 취재원들이 스스로 내게 소식을 먼저 알려 준답니다.

그 외에도 편집장이 기사 아이디어를 주는 경우도 있고요. 예를 들어서 일부 사람들은 조류 독감에 대해서 너무 많은 걱정을 해요. 편집장이 나한테 1998년의 조류 독감과 이번의 조류 독감의 차이에 대해서 기사를 쓸 수 있겠냐고 물어 보았고 나야 당연히 동의했지요. 편집장이 아이디어를 주고 내가 동료들과 함께 질문을 마련하고 답을 한 거죠.

고령화와 같은 경우는 내가 직접 생각한 것입니다. 시간이 된다면 꼭 쓰고 싶은 주제인데, 시간이 지남에 따라, 세대가 달라짐에 따라 사람이 얼마나 많이 변화하는지를 다루는 기사입니다. 이전 세대들의 평균 수명은 참 짧았어요. 지금도 많은 사람들이 앓고 있는 병들이 예전에는 지금보다 훨씬 어린 나이에 발병했지요. 어떻게 생각하면 이전 세대와 현재의 우리 세대는 정말 다른 종인 거 같아요. 이미 병이 걸리는 시점이 많이 달라졌으니까 말이죠. 이것은 병이 걸린 다음에 의학의 도움을 많이 받는다는 사실만으로는 설명하기 힘들잖아요. 이 주제에 대한 기사를 쓸 거예요. 당신 부모와 당신의 경험은 굉장히 다를지도 모르잖아요. 나의 경험과도 다를 것이고요.

정말 흥미롭네요. 경제학자들은 경제 생활이 달라지면서 세대 간의 차이가 생겼다고 이야기했던 것 같은데 세대 차이를 의학과 연결시킨 글은 본 기억이 없어요.

지나 콜라타 나도 그래요. 내가 이 주제에 관심을 가지게 된 것은 한 경제학자 때문이에요. 그는 산업 혁명 이전 세대의 여러 정보를 수집했어요. 18세기 이전의 사람들은 지금보다 키가 작았고, 젊은 나이에 목숨을 잃고는 했대요. 당시에는 건강하다고 여겨졌던 사람들이라도 심장병에 걸리고 했단 말이죠. 그가 내게 직접 전화를 했어요. 그리고 자신의 연구 성과에 대해서 알려 주었어요. 그의 이야기를 듣고 참 재미있는 이야기다 싶었어요. 거기에서 내가 쓰고 싶은 기사의 아이디어를 얻었지요.

그리고 일상 생활에서 짜증을 주는 사소한 일들에 대해 동료들과 이야기를 나누다가 그것을 소재로 기사를 쓴 적도 있어요. 나는 기다리는 것이 싫거든요. 병원에서 기다리는 것은 더욱더 마음에 안 들고요. 그래서 기다림에 대한 기사를 썼어요. 우리는 왜 기다려야 하는 걸까? 그리고 그에 대한 해결 방안은 없는가 하는 기사를 썼지요.

또 한 번은 너무나 마음에 들지 않는 의사를 만난 적이 있었어요. 정말 불친절하면서 사람을 불쾌하게 만드는 의사였지요. 사무실에 돌아와서 그 의사에 대해서 불평불만을 늘어놓으니까 그 동료의 말이 지옥에서 온 의사에 대해서 쓰자고 했어요. 환자에게 너무 무례하고 거만한 의사들은 환자의 기억 속에 평생 남는 법이잖아요. 나의 경험을 너무 나쁘게 쓰지는 않았어요. 다만 그런 의사의 환자가 된다는 것이 어떤 경험이며 과연 그 의사가 자신의 잘못을 알고 있는지에 대해서 썼지요. 다른 사람들도 저와 같지 않을까요? 나는 다시는 그 병원에 가지 않았거든요. 아마 그 의사는 신경 안 쓰겠지요?

기사에 대한 아이디어는 참 다양한 방법을 통해서 얻어요. 누군가가 내게 전화를 해서 기삿거리를 알려 주기도 하고 나나 팀원들이 직접 생각해 내기도 하지요.

글 쓰실 때 버릇으로는 어떤 게 있나요?

지나 콜라타 나는 기사를 쓸 때 상상하기 힘들 정도로 오래 걸려요. 쓰고 고쳐 쓰고 또 고쳐 쓰죠. 초안은 무척 빨리 쓰지만 수정하는 데에는, 내가 느끼기에, 평생을 보내죠. 주위에 사람들이 없으면 큰소리로 원고를 읽어 봐요. 그러면 언제나 이상한 표현들을 찾아낼 수 있거든요. 시간이 있으면 집에 있는 컴퓨터로 이 단어 저 단어를 조금씩 바꿔 보면서 작업하는 것을 좋아해요. 같은 단어가 한 문단 안에 반복되는 것을 못 견디고 다른 표현을 찾는 데 굉장히 많이 고민하죠. 그리고 기사 전체를 대표하는 헤드라인으로 무엇이 좋을까 생각하는 데 많은 시간을 보내요. 화려하면서도 사람들에게 감동을 주는 한 문장을 찾는 거죠.

그리고 무엇보다도 정확한 기사를 쓰려고 노력합니다. 정말 인터넷이 없으면 어떻게 기사를 쓸 수 있을지 모르겠어요. 예를 들어서 대학 교수라면 그 대학교의 홈페이지를 검색해서 교수의 이름 철자나 타이틀을 다시 한번 확인해요. 누군가가 'l'이라고 발음한 것을 내가 'n'이라고 착각했을 수 있잖아요. 그래서 내가 생각할 수 있는 모든 공식적인 매체를 확인하고 또 합니다. 숫자도 마찬가지예요. 생쥐의 당뇨병 수치가 어땠는지 보고 또 봅니다. 기사로 나가는 순간까지 확인과 수정을 멈추지 않아요. 기사를 다시 읽고 또 읽는 것도 마찬가지예요.

내 아들은 항상, 어떻게 1000단어밖에 안 되는 기사를 쓰는 데 이틀 이상을 보내느냐고 이해하기 힘들다고도 해요. 나도 모르겠어요. 어쩌면 너무 지나치게 조사하는 경향이 있는 걸지도 모르지요. 그리고 너무 많은 사람들에게 전화를 해요. 나는 매일 "정말로 그 사람과 통화를 해야 해요."라는 말을 반복하지요.

글을 쓰는 데 필요한 교육을 어떻게 받으셨나요? 대학에서 배우셨나요?
지나 콜라타 아니요, 단 한 번도 작문 수업을 수강한 적이 없어요. 정말이에요.
대신 나는 참 많이 읽어요. 소설 읽는 것을 좋아하는데 한두 쪽 읽고 문체
가 마음에 들지 않으면 견딜 수가 없어요. 항상 나의 손에는 책이 있어요.
나는 내가 많이 읽는 편이라는 것도 몰랐지만요.

어릴 때 읽는 것에 관해서는 신동이었어요. 그때 그 어려운 책들을 읽
었다는 것을 지금 생각해도 믿기 힘들어요. 항상 읽고 있었어요. 나는 다
들 그런 줄 알았어요. 그런데 내 아들이 하는 말은 모든 사람들이 글을 읽
을 줄 알지만 나처럼 항상 손에 책을 들고 다니는 사람은 본 적이 없다고
그러는 거예요. 내 아이조차 그래요. 엄마는 항상 읽는다고. 그제야 나는
내가 얼마나 많이 읽는지 실감했어요. 정말 항상 읽어요. 그리고 내가 생
각하기에 작가가 되기 위해서는 여러 단어가 모여서 내는 소리를 좋아해
야 하고, 어떻게 그들이 모여서 이야기가 되는지를 알아야 해요.

작문에 관련된 수업을 들은 적이 없지만 항상 글을 읽었기 때문에 스
스로 배운 것 같아요. 나는 그냥 잘 씌어진 글이 좋아요. 내가 좋아하는
책의 글귀나 문장은 다시 읽는 것도 좋아요. 밀란 쿤데라의 『농담』이라
는 책을 처음 읽었을 때부터 정말 좋아했어요. 그런데 나중에 알고 보니
내가 처음 읽었던 책은 완역본이 아니라 축약본이었어요. 그래서 원본을
읽어야겠다 싶어서 원본을 읽었어요. 그러고는 원본과 내가 처음 읽었던
책이 얼마나 다른지 알기 위해서 처음 읽었던 것을 다시 읽었죠. 세 번을

읽은 거예요. 사실 처음에 읽었던 책이 더 마음에 들지만 세 번 읽은 것이 전혀 아깝지 않아요. 어떻게 바뀌었는지를 찾는 것도 또 다른 재미니까요. 결론적으로 말해서 나는 글쓰기를 혼자서 배웠어요.

제 친구 중 한 명은 과학 작가가 되고 싶어 하는데 공대에서는 고급 작문 수업이 부족하다고 불평을 하곤 했어요. 반대로 선생님들이나 다른 분야의 사람들은 이공 계열 대학생들은 글쓰기엔 소질이 없다고들 해요. 이러한 현상에 대해서 어떻게 생각하시나요?

지나 콜라타 글쓰기 기술은 배울 수 있어요. 작문 수업을 많이 듣는다면 학생들의 글 쓰는 솜씨는 많이 나아질 거예요. 학생들에게 충분한 시간이 있고 관련 학과에서 의지가 있다면 글 쓰는 것을 가르치는 것은 괜찮은 시도라고 생각해요. 나도 한 번은 대학에서 약 스무 명의 학생들을 상대로 글 쓰는 법을 가르친 적이 있어요. 글 쓰는 게 왜 힘든지 그때까지는 잘 몰랐죠. 나야 평생 글 쓰는 것이 너무 당연하다고, 정말 쉬운 일이라고 생각했던 사람이었으니까요.

과학 관련 글쓰기를 가르치는 그 수업에는 과학을 전공하는 학생들은 물론, 영어나 역사 전공하는 다양한 학생들이 모여 있었는데 나는 쉽게만 생각하고 있었지요. 그런데 실제로 가서 보니까 정말 많은 것들을 가르쳐야 했어요. 개중에는 원래부터 뛰어난 학생들도 있었지요. 아무튼 학기가 끝날 때쯤에는 모든 학생들이 참 많이 발전해서 처음과 끝의 차이가 정말 엄청났어요. 나는 글 쓰는 것을 일하면서 배웠지만 작문에 관련된 훈련을 받으면 더 빨리, 더 많이 배울 수 있다는 것을 확신합니다.

이공 계열 학과 혹은 대학에서 글쓰기를 가르친다는 것은 좋은 아이디어라고 생각해요.

말씀하시는 것을 듣다 보니까 책에서 글쓰기의 길을 찾으신 것 같군요. 지금은 어떤 종류의 책을 좋아하시나요?

지나 콜라타 소설이요. 소설만 읽어요. 이미 과학에 대한 글은 너무 많이 읽었어요. 물론《사이언스》,《네이처》같은 학술지는 종종 살펴보면서 기삿거리가 될 만한 것들을 찾죠. 다른 기사들도 많이 읽지만 과학 관련 책을 읽어야겠다는 생각을 한 적은 별로 없어요. 다른 신문이든 잡지든 과학 관련 기사도 잘 안 읽죠. 다시 말하지만 이미 너무 많이 읽었어요. (웃음)

내게 재미있다면 독자에게도 재미있을 것이라고 믿어요

18년 동안 《뉴욕 타임스》에서 기사를 써 오셨는데 그동안 콜라타 선생님의 칼럼에 변화가 있었나요?

지나 콜라타 그랬을까요? 그랬을 거예요. 알 것 같네요. 내가 처음 일을 할 때만 해도 주로《사이언스》에서 나온 조그만 사실들에 대해서 썼어요. 아까 말했던 오메가 3 지방산을 체내 생산하는 돼지처럼 단편적인 지식에 대해서 썼지요. 하지만 지금은 고령화처럼 장기적으로 연구해야 하는 지식에 대해서 쓰려고 해요.

이렇게 기사 작성하는 데 시간이 오래 걸리는 사건들에 대해서 쓰려다 보니까 참 많은 프로젝트를 동시에 진행하게 돼요. 물론 그 중간 중간에 예전처럼 작은 이야기들을 쓰기도 하지요. 아마 그게 《뉴욕 타임스》에서 처음 글을 쓸 때와 다른 점일 거예요.

선생님의 글을 기다리며 읽는 독자들도 꽤 많을 텐데, 그 독자들의 반응에도 변화가 있었나요?

지나 콜라타 아무래도 가장 큰 변화는 이메일이겠지요. 이메일이라는 게 나오기 전에는 전화를 했어야 했지요. 많은 사람들이 나와 통화하려고 신문사로 전화를 걸었을 것이고 나와 통화하기까지 수많은 과정을 거친 사람들 중에서도 내가 자리에 있어 전화를 받을 수 있었던 운 좋은 사람들만 나하고 통화를 했을 겁니다. 대부분의 사람들은 그것을 미리 알고 지레 포기하고 아무 일도 안 했을지 몰라요. 아니면 편지를 써야 했지요. 그것 또한 번잡한 일이잖아요. 나 또한 사람들이 보낸 편지에 답장을 쓰는 경우가 많지 않았어요. 너무 시간이 많이 걸리니까요.

하지만 이메일이 등장하고 모든 것이 달라졌어요. 이메일을 통해서 독자들과 대화가 가능해진 것이지요. 내게 궁금한 것이 있으면 바로 질문을 하고 나 또한 바로 대답을 해 줄 수 있게 된 거죠. 답신에 대한 코멘트도 그 즉시 가능하고요. 나는 대부분의 질문에 응답을 해요. 이메일이 생긴 다음에 독자와의 개인적인 관계가 더 깊어진 것 같아요. 기사를 보다가 질문이 생기면 바로 기자에게 물어 볼 수 있도록 온라인 기사에 이메일 주소를 링크해 두는 것은 참 좋은 시도 같아요. 기사를 쓰고 나면 독자들이 어떻게 받아들였는지 궁금할 때가 많았는데 그 답답함이 이제는 많이 해소된 것 같아요.

과학에 관련된 어려운 주제를 다양한 독자들이 쉽게 이해할 수 있도록 하는 선생님만의 방법이 있나요?

지나 콜라타 내 자신에게 글을 쓴다고 생각하고 써요. 그렇다고 나만 알고 다른 사람이 모르는 단어를 쓰지는 않아요. 필요한 경우에는 짧은 설명을 덧붙이지요. 교사처럼 가르치려고는 안 해요. 하지만 쓸 때는 내 자신이 읽고 싶은 글을 쓴답니다. 내게 재미있다면 독자에게도 재미있을 것이라고 믿어요.

　독자들이 모를 만한 기술적인 용어는 안 쓰려고 항상 경계하고 있어요. 그 순간 나는 그들을 위해서 글을 쓰는 것이 되겠지요? 그리고 편집자가 내 기사를 읽고 재확인을 해 주죠. 그들은 "이 문단에서는 너무 비약이 심합니다. 독자들은 이 주제에 대해서 충분히 알지 못할 것입니다."라는 지적과 함께 더 자세하게 설명하거나 더 구체적인 표현을 쓰라는 주문을 하지요. 나와 함께 일하는 편집자들의 능력이 참 뛰어나요. 그들 역시 독자들이 이해하기 쉬운 기사를 만들기 위해서 노력하지요.

과학을 공부하지 않은 사람들은 선생님의 칼럼 등을 통해 과학적인 정보를 접하는데 이러한 사실이 부담스럽지는 않으신가요?

지나 콜라타 나는 교육자라기보다는 연예인이라고 생각해요. 소설가에 좀 더 가깝죠. 내 직업은 남을 가르치는 일이 아니니까요. 만약 남을 가르친다고 생각하면 정말 부담스러울 거예요. 하지만 그건 내 의무가 아니니까

나는 무엇이든 이야기할 수 있어요. 과학적 데이터를 독자들에게 전달하는 게 목적은 아니니까요. 나는 논문을 읽거나 그 논문을 쓴 과학자들에게 직접 전화를 하거나 해서 그들의 설명을 들은 후에 칼럼을 쓰기 때문에 좀 더 쓰기 쉽죠.

선생님의 기사를 읽으면 다른 기사들보다 이야기 흐름이 더 시각적이면서 섬세해요. 이러한 이야기 흐름에 얼마나 신경을 쓰시나요?

지나 콜라타 나는 항상 이야기를 만들려고 해요. 독자들은 단순히 사건에만 관심이 갖는 건 아니거든요. 항상 그 사건 뒤에 어떤 이야기가 있었는지 궁금해 하죠. 당장 내일이 되면 사람들은 사건 하나하나는 금방 잊어버려요. 하지만 어떤 일이 어떻게 시작되었고 어떻게 전개되었으며 그래서 어떤 결말이 되었는지, 왜 이러한 사건이 일어났으며 어떠한 의미를 지니고 있는지 하는 이야기는 잘 기억해요. 그래서 나는 항상 작은 이야기를 쓴다는 생각으로 기사를 써요.

책을 쓰는 것과 기사를 쓰는 것 중에 어느 것을 더 좋아하세요?

지나 콜라타 두 가지가 너무 달라서 하나를 고를 수가 없네요. 둘 다 좋아해요. (웃음) 책 쓰는 것은 너무 시간이 오래 걸려서 그것 하나만 하지 못하겠어요. 매 순간 생각나는 것을 바로 쓸 수 있는 것이 필요해요. 기사는 매일 주제를 바꿀 수 있잖아요. 하루는 이것에 대해서 쓰고 다른 날은 그날 쓰고 싶은 것에 대해 쓸 수 있죠. 그러나 책을 쓸 때에는 하나의 주제에 대해서 깊게 알게 되고 관련된 사람들도 잘 알게 되고 평상시에는 할 수 없는 경험을 하게 되지요.

선생님이 쓰신 책을 보면 참 많은 사람들을 인터뷰하셨는데 어떻게 하셨는지 궁금합니다. 어려움은 없으셨나요?

지나 콜라타 그렇게 어렵지 않아요. 많은 사람들은 이야기하는 것을 좋아해요. 나도 그들과 대화하는 것을 즐기고요. 특히 자신이 좋아하는 것에 대해서 사람들은 평생 이야기할 수 있을 거예요. 내가 독감에 대한 책을 썼을 때는 요한 훌틴[4]이라는 사람이 있었어요. 정말 멋진 사람이지요. 그가 했던 말 중에 기억나는 말이 있어요. "나는 너무나 멋진 삶을 살았기 때문에 다시 태어날 수 있다면 같은 삶을 다시 한번 살아 보고 싶습니다." 나도 나이가 들어서 같은 말을 할 수 있었으면 좋겠어요.

정말 여러 번 그에게 전화를 했는데 그때마다 정말 친절히 대답해 주었어요. 내가 그를 괴롭히는 것이 아닐까 걱정이 돼서 한 번은 그 문제를 직접 물어 봤어요. 그랬더니 그는 전혀 그렇지 않다고, 잊어 버렸던 많은 일들을 다시 떠올릴 수 있어 나와의 인터뷰 덕분에 이전의 삶을 다시 사는 것 같다고 했어요. 정말 기뻤죠.

실제로 대부분의 사람들이 이야기하는 것을 싫어하지 않아요. 더구나 이메일이 생기고 나서는 그 인터뷰가 더욱 쉬워진 것 같아요. 이메일을 보내서 "이러이러한 주제에 대해서 관심이 있는데 편한 시간을 알려 주시면 제가 전화 드리겠습니다."라고 하면 그들이 휴가를 갔든 다른 나라로 출장을 갔든 상관없이 이메일을 확인하는 순간 약속을 잡을 수가 있어요. 그래서 인터뷰를 한다는 것이 그렇게 어렵지 않지요.

그렇다고 하더라도 모든 사람이 인터뷰를 하고 싶어 하지 않을 텐데, 상대방이 인터뷰를 거부할 때에는 어떻게 대처하세요?

지나 콜라타 우선 항상 예의 바르게 행동해요. 그리고 왜 그들이 인터뷰를 하기 싫어하는지 알아보지요. 이전에 인터뷰를 했는데 잘못된 기사가 실려서 손해를 본 적이 있는지 등을 알아보고 그런 경우는 내가 쓰려는 기사를 분명히 알려 주고 향후에 예상치 못한 기사가 나오는 일이 없을 것이라고 분명히 약속을 해요. 출간 전에 기사 전체나 책 전체를 보여 줄 수는 없지만 인터뷰 당사자와 관련된 부분은 보여 줄 수 있음을 분명히 알려 주죠. 사람들은 그 사실을 알고 나면 더 편안해 해요. 자신의 이름이 노출되기를 거절하는 경우도 있는데, 대부분 굉장히 단순한 이유 때문에 거절을 해요. 그리고 그런 경우는 이유만 알아내면 인터뷰를 할 수 있게 돼요. 물론 정말 인터뷰를 하기 싫어하는 사람들은 항상 있어요. 내가 강요할 수는 없지요.

지금까지 해 오신 인터뷰 중 어떤 인터뷰가 가장 인상 깊으셨나요?

지나 콜라타 정말 많은 과학자들을 만났고 그들은 모두 다 대단했죠. 그중 한 분이 『독감』을 쓸 때 인터뷰한 제프리 토벤버거[5]예요. 그는 말할 때 매우 조심스러웠고 자기가 아는 범위 내에서만 신중하게 말했죠. 모르는 것은 모른다고 말했고, 매우 명확하고 믿음이 가는 사람이었어요. 그는 진정한 과학자여서 나는 그를 매우 좋아하죠. 언제나 옳은 질문만 했었어요. 과학자라면 신뢰도가 있어야 한다고 생각해요.

기사의 아이디어를 찾는 데에서 시작해 인터뷰의 비결까지 숨 가쁘게 달렸다. 콜라타 선생님은 말 한 마디 한 마디에서 글쓰기 비결을 훔쳐 들으려고 하는 우리의 질문에 친절하게 대답을 해 주셨다. 아이디어를 짜내는 순간, 글을 쓸 때의 개인적인 요령, 인터뷰를 따내기 위한 과학자들과의 밀고 당기기 같은, 다른 어떤 곳에서도 들을 수 없는 이야기들이 쏟아져 나왔다.

　전문가와 전문가 사이에서, 전문가와 일반인 사이를 연결하며 과학의 세계를 넓혀 가는 콜라타 선생님의 이력에서 우리는 여성 과학도에게 주어진 또 하나의 가능성을 발견할 수 있었다.

지나 콜라타 선생님은 신문 기사뿐만 아니라 기사를 작성하기 위해 취재한 자료들을 바탕으로 책으로 쓰기도 한다. 1000여 편의 기사에 비하면 출간된 책은 그렇게 많지 않지만 그중 세 권이 국내에 번역 소개되어 있다.

1996년 7월 5일에 탄생한 세계 최초의 복제양 돌리의 탄생 과정과 사회적 영향 등을 추적한 논픽션『복제양 돌리』, 1918년 전 세계를 휩쓸며 수천만 명의 희생자를 낳은 살인 독감 이야기를 다룬『독감』, 건강과 아름다운 몸매를 가져다준다는 헬스 업계의 정설과 낭설을 과학 기자이자 운동 마니아로서 파헤친『헬스의 거짓말』이 그것이다. 이 모든 책들이 미국에서는 출간되자마자 엄청난 반향을 일으켰고 우리나라에서도 번역될 때마다 화제가 된 바 있다. 글쓰기에 이어 이 책들에 대해 몇 가지 물어 보았다.

『복제양 돌리』

가장 먼저 이야기를 나눈 책은『복제양 돌리(Clone)』이다. 세계 최초의 복제양 돌리가 탄생하기까지 과학계에서 일어났던 사건들과 돌리 탄생을 둘러싸고 제기된 의문들을 소개한 책이다. 복제양 돌리가 가짜라는 풍문에서부터 윌머트의 개인적인 비리까지 그 당시에 과학계를 떠돌아 다녔던 온갖 풍문의 근거를 상세한 자료와 당사자들과의 인터뷰를 통해 들춰냈다. 어떻게 보면 작년부터 올해까지 우리나라를 들쑤셔 놓았던 '황우석 전 교수 사건'을 예감케 하는 책이다.

우리나라에 번역된 선생님의 책들 중 『복제양 돌리』를 읽어 봤어요. 혹시 황우석 전 교수 사건을 알고 계신가요?

지나 콜라타 네 잘 알고 있어요. 아주 안되었어요. 나는 그와 인터뷰한 적도 있죠. 매우 놀라운 결과로 세계를 놀라게 했는데 그게 사실이 아니라니, 정말 아쉬운 일이죠.

한국의 비판자들은 그의 실수가 언론이 가한 압박 때문이라고 이야기하기도 합니다. 선생님께서는 어떻게 생각하시는지요?

지나 콜라타 그는 세계에 직접 이야기했고 과학 저널에 출판했죠. 과학 저널이 그에게 압박을 준 적은 없지 않나요?

이 문제와 관련해서는 지나 콜라타 선생님이 약간 오해한 것 같았다. 아니, 시간이 많지 않아 우리가 한국의 상황을 제대로 설명하지 못한 탓일 것이다.

우리나라의 일부 황우석 전 교수의 비판자들은 우리나라 언론의 과도한 '황우석 영웅 만들기'가 황우석 전 교수에게 엄청난 정신적 스트레스와 경제적 · 정치적 부담을 안겨 주었고, 황우석 전 교수 연구팀을 빨리 국민들 앞에 가시적인 성과를 보이지 않으면 안 되는 궁지로 몰아 넣었다고 주장한다.

그러나 이 문제는 기자 개인 또는 개별 언론만의 책임으로 떠넘길 수는 없다. 과학계, 정부, 언론, 시민 사회 모두가 뒤엉킨 복잡한 문제이다. 지나 콜라타 선생님과 이 문제에 대해 좀 더 깊이 이야기해 보고 싶었지만 시간이 많지 않아 제대로 묻지를 못했다.

대신, 황우석 사태 이후 우리나라는 물론 전 세계적으로 위축되어 있는 복제 연구와 줄기 세포 연구에 대한 전망을 물어 보았다. 최신 과학 정보와 첨예한 과학적 이해 관계의 소용돌이 중심에 있는 콜라타 선생님이라면 좀 더 새로운 이야기를 들려줄 수 있지 않을까?

앞으로 복제 기술의 미래는 어떨 것 같나요?

지나 콜라타 클론을 만들기는 매우 어려워요. 미래를 예측하기도 어렵죠. 과학자들은 매우 놀랍잖아요. 내일 어떤 결과가 나올지도 모르고 말이에요. 황우석 전 교수 사건으로 복제 연구가, 아예 미래가 없어진 건 아니지만 조금 힘들어졌죠. 그래도 많은 사람들이 아직도 흥미를 가지고 있답니다. 과학자들이 흥미를 가지고 있다면 미래는 없어지지 않습니다. 그러니까 미래가 있다고 봐야죠. 그 미래가 언제 올지는 모르겠지만요.

『독감』

지나 콜라타 선생님의 책들 중에서 우리나라에서 두 번째로 출간된 것은 『독감(*Flu*)』이다. 1918년 전 세계를 강타해 최소 2000만 명에서 최대 1억 명의 생명을 앗아간 독감 바이러스. 사람의 면역 구조와 호흡 기관을 잔

인하게 파괴하고 놀라운 전염력으로 순식간에 전 세계로 퍼져 나가 1년 만에 두 차례의 세계 대전과 한국 전쟁의 사망자를 모두 더한 것보다 많은 사람들을 죽음으로 몰고 갔다. 그리고 처음 나타낼 때처럼 순식간에 사라졌다.

이 책은 1918년 살인 독감이 안겨 준 처참한 피해만 다룬 책이 아니다. 1년만에 지상에서 완전히 사라진 독감 바이러스의 정체를 밝혀내기 위해 알래스카, 러시아, 핀란드의 영구 동토에 묻힌 1918년 독감 희생자들의 유해를 파내 허파의 바이러스를 조사하고, 두꺼운 먼지로 덮인 미국 육군 지하 생체 표본 보관소의 자료 더미를 뒤진 제프리 토벤버거 같은 과학자들의 피땀 어린 연구 이야기를 들려준다.

이 책은 살인 독감처럼 수많은 독자를 사로잡아 과학 도서로는 드물게 베스트셀러 상위에 올랐고 미국 대형 인터넷 서점 홈페이지에는 이 책에서 대한 서평이 100개 넘게 달렸다. 그리고《뉴욕 타임스》 '올해의 책'에 선정되었다.

이러한 열화 같은 반응은 아마도 조류 독감과 급성 호흡기 장애 (SARS)의 공포에 시달리고 있는 현대의 시류를 정확하게 읽어 낸 콜라타 선생님의 안목과 수십 년에 걸친 글쓰기 내공이 결합한 결과였을 것이다.

1918년의 독감에 대해서 책을 쓰셨는데 특별히 그 독감에 관심을 가졌던 이유라도 있나요?

지나 콜라타 내가 쓴 책의 대부분은 내 저작권 대리인[6]이 요청을 해서 쓰게 되

지나 콜라타 선생님의 책들, 왼쪽 위에서부터 『복제양 돌리』, 『독감』, 『헬스의 거짓말』 →

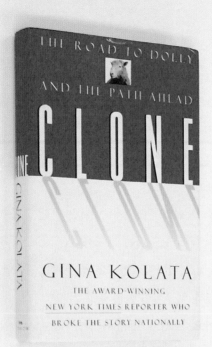

THE ROAD TO DOLLY
AND THE PATH AHEAD

CLONE

GINA KOLATA

THE AWARD-WINNING
NEW YORK TIMES REPORTER WHO
BROKE THE STORY NATIONALLY

GINA KOLATA

'Gripping'
The Times

FLU

The Story
of the Great
Influenza
Pandemic of
1918 and the
Search for
the Virus
that Caused it

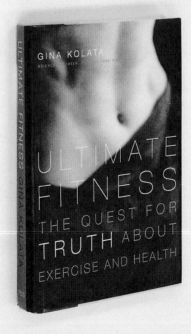

GINA KOLATA
SCIENCE REPORTER THE NEW YORK TIMES

**ULTIMATE
FITNESS**
THE QUEST FOR
TRUTH ABOUT
EXERCISE AND HEALTH

었어요. (웃음) 한 번은 《사이언스》에서 기사를 쓴 적이 있었어요. 제프리 토벤버거가 미국 알래스카에 묻혀 있던 1918년 독감 희생자의 허파 조직에 독감 유전자가 여전히 보존돼 있음을 발견했을 때였죠. 정말 놀라운 사실이라서 《사이언스》에 기사를 실었어요. 그리고 내 기억으로는 아마도 《사이언스 타임스》에 제2, 제3의 보존된 독감 인자를 찾아 나선 요한 홀틴에 대한 기사를 썼었어요.

그때 내 대리인이 내게 전화를 걸었어요. "지나, 이건 정말 흥미로운 주제이에요. 책으로 쓸 만한 주제라고요." 나는 그때까지만 해도 이 독감은 단순히 잡지나 기사에 실릴 짧은 이야깃거리라고 생각하고 있었어요. 처음에는 무슨 말을 할 수 있을까 의구심이 들었지요. 하지만 그는 계속 이야깃거리가 많다고 주장했어요. 그리고 그 말이 맞았어요. 나는 일을 시작하기 전까지 그게 정말 재미있고 이야깃거리가 무궁무진한 주제임을 인지하지 못했을 뿐이에요.

선생님의 책에서는 1918년 독감 바이러스가 독감 사망 환자의 허파에서 발견되었고 연구자들이 다양한 학문 도구를 동원해 분석하기 시작했다는 이야기에서 끝난다. 그러나 바로 작년인 2005년 과학자들은 발견된 바이러스의 유전자를 유전자 증폭 기술로 분석해 염기 서열을 모두 밝혀냈다. 그리고 그 염기 서열을 이용하여 과거에 전멸한 바이러스를 다시 세상에 나오게 하는 데에 성공했다. 《뉴욕 타임스》는 부활한 바이러스를 쥐에 감염시켰더니 사망에 이르렀다는 기사를 소개하기도 했다.[7]

그 기사가 소개된 후 많은 사람들은 이 바이러스가 유출되어 1918년 같은 참극을 다시 일으키지는 않을지, 이 염기 서열을 담은 논문을 공개 출판하면 테러리스트들이 이것을 이용해 생화학 병기를 만들지 않을지 걱정하기 시작했다. 그래서 이에 대한 지나 콜라타 선생님의 의견을 물어 보았다.

1919년 독감 바이러스의 부활에 대해서 썼을 때와 여러 가지가 바뀌었어요. 바이러스의 염기서열이 논문으로 출판되는 것에 대해 어떻게 생각하시나요?

지나 콜라타 나는 비밀을 지키는 것이 매우 어려운 일이라고 생각해요. 그래서 독감 바이러스의 염기 서열 정보를 담은 논문이 출판되는 것을 꼭 막아야 한다고 생각하지도 않지요. 내가 이렇게 말하면 사람들은 당신은 테러리스트들이 어떤 일을 할지 이해하지 못한다고 말하곤 하지요. 나는 이런 이야기를 항상 머릿속에 담고 생각해 봅니다. 그러나 나는 이렇게 대답할 수 있을 것 같아요. 만약 당신이 테러리스트라면 독감 바이러스 같은 것을 만들어 내는 것은 정말 바보 같은 일이라고 말이에요.

왜냐하면 1918년 독감은 세계 거의 모든 사람들에게 감염되었지만 매우 적은 사람들, 감염된 사람들 전체의 절반 내지 3분의 1가량만이 앓았고 또 그중에서 상대적으로 낮은 비율의 사람만이 사망에 이르렀을 뿐이죠. 그리고 또 문제가 있어요. 대부분의 사람들은 그들 자신이 감염되었다는 것을 모르죠. 그들은 어떤 감염 증상도 모를 거예요. 그래서 1919년의 독감으로 테러를 일으킨다는 것은 어려운 일이죠.

선생님의 말씀대로 생화학 테러에 대한 사람들의 우려는 기우일 것이다. 있을지 없을지도 모르는, 혹시나 하는 위험 때문에 과학적 업적의 발표를 막는 것보다 그것을 공개적으로 논의하고 적극적으로 연구하여 현재의 SARS나 조류 독감의 확산을 막고 퇴치하는 데 활용하는 게 과학자들이 해야 할 일이 아닐까? 그리고 새로운 발견에 대한 두려움, 과학에 대한 대중의 막연한 불신과 맞서 싸우는 최전선이 지나 콜라타 선생님이 서 있는 자리일 것이다.

『헬스의 거짓말』

『헬스의 거짓말(*Ultimate Fitness*)』은 지나 콜라타 선생님이 서 있는 자리, 그리고 선생님께 주어진 역할과 밀접한 관계가 있는 책이다. 이 책이 정말로 건강하고 아름다운 몸을 가지기 위해서 구체적으로 어떤 운동을 해야 할지 가르쳐 주는 책은 아니다. 대신 이 책은 건강하고 아름다운 몸을 준다는 운동들이 정말로 과학적인지 검증한다.

본인 스스로가 운동 마니아인 지나 콜라타 선생님의 자신이 헬스 클럽이나 트레이닝 센터를 오가면서 보고 듣고 느낀 경험과 자신이 만날 수 있는 과학자 취재원들을 모두 동원하여 운동, 헬스 혹은 피트니스 사업이 덮어 쓰고 있는 가면을 벗겨 낸다.

운동이 건강과 외모에 도움을 준다는 신앙에 가까운 상식은 얼마나 사실일까? 우리를 지배하는 그 상식은 얼마나 과학적인가? 그리고 운동 산업에 종사하는 수많은 헬스클럽 트레이너와 마케팅 담당자들이 이야기하는 운동법들은 얼마나 진실일까?

『헬스의 거짓말』이란 책에서 혼란스러운 부분이 있어요. '운동'이 무조건 안 좋다고 하신 건가요, 아니면 좋다고 하신 건가요?

지나 콜라타 아니요, 내가 말하고 싶은 것은 20분간 적당히 걷는 최소한의 운동은 몸에 괜찮지만 사람들은 늘 너무 과하게 하려고 한다는 거예요. 좋아하는 만큼 적당히 하는 게 제일 좋다는 걸 말하고 싶었던 거죠.

어떻게 그런 큰 주제를 잡으셨죠? 피트니스는 굉장히 큰 회사나 비즈니스와 연관이 되는 거잖아요.

지나 콜라타 그게 문제였어요. 연구 결과들에는 제대로 된 증거가 없고 거의 다 상업적이었죠. 게다가 대부분 육체의 한계에 도전하는 올림픽 선수들이나 프로 선수들을 위한 것이었고, 단지 좀 더 건강해지기만을 바라는 대다수의 일반인들을 위한 것들은 아니었죠.

선생님의 딸이 트레이너라고 들었고 책에도 그 이야기가 나와 있어요.

지나 콜라타 내 딸은 내가 책을 쓰고 있을 때 개인 트레이너(personal trainer)가 되었는데 헬스 업계 내부에서 무슨 일이 일어나는지 내게 제대로 알려 주었죠.

나는 운동을 무척 좋아해요. 언젠가 4시간 동안 쉬지 않고 사이클을 타는 '에베레스트 등반 스피닝 이벤트'라는 사이클 훈련법이 있다는 걸

들었어요. 자전거로 에베레스트 산을 등반하는 듯한 체험을 하게 해 주는 헬스 프로그램이라는 거지요. 나는 그 프로그램에 참여하면서 편집자에게 이 훈련과 심장 박동수의 관계에 대한 과학적인 책을 쓰는 게 어떠냐고 했죠. 그 사이클 훈련 이벤트에 참여할 만한 독자층이 적기 때문에 좀 더 일반적으로 쓰라고 말에 헬스, 즉 피트니스(fitness)에 대한 책을 쓰게 되었어요.

내 딸은 우연히 그때 트레이너가 된 거고요. 내 딸은 지금은 금융 기관에서 일하지만 정말 운동을 잘하죠. 달리기를 매우 잘 한답니다.

딸뿐만 아니라 모든 가족들이 내 책을 읽어요. 내 아들은 내가 매우 자랑스러운 엄마라고 이야기하죠. 저녁식사 때 함께 앉아 일과 생활에 대해 이야기들을 나누죠. 아들은 전화해서 "엄마 어제 기사 잘 읽었어요."라고 말해 주곤 해요. 그래서 즐거워요. 내가 60세가 될 때까지 아이들을 위해서 무슨 일이라도 하겠죠. 내가 일을 하는 것이 나를 행복하게 만들어 주고 아이들과 좀 더 좋은 관계를 유지할 수 있게 만들어 주는 것 같아요.

복제양 돌리 문제든, 독감 바이러스 문제든, 운동 산업 문제든 모두 다 과학자들의 지적 명예욕과 정치적, 경제적 이해 관계가 회오리치는 주제이다. 이 주제들을 다루면서 정확하게 사실을 전달한다는 것이 얼마나 힘든 일일지는 쉽게 상상할 수 있다. 그 힘든 일을 견뎌 낼 수 있는 것은 선생님의 말씀처럼 가족일 것이다. 책 이야기를 하면서 자연스럽게 아들딸 이야기가 나온 김에 가족에 대한 화제로 넘어갔다.

가족 이야기

아이들 이야기가 나왔으니, 이제는 가족 이야기로 넘어가 볼까요? 『독감』의 첫머리에 "부모님에게 바칩니다."라는 헌사를 보았어요. 부모님에 대해 알고 싶어요.

지나 콜라타 그렇게 이야기할 것이 많지는 않아요. 어머니는 지난해(2005년) 8월에 알츠하이머병으로 돌아가셨어요. 어머니가 그 책을 읽을 수 있었을 것이라고 생각하지는 않아요.

어머니는 수학자셨는데 연구보다는 학생 가르치기를 더 좋아하는 교수셨어요. 정말 믿을 수 없을 만큼 가르치는 일을 사랑하셨고 모든 학기마다 가르치는 방식이 달라졌어요. 나는 어떻게 그렇게 교육 방식을 바꿀 수 있는지, 그 엄청난 일들을 어떻게 감당할 수 있는지 궁금했죠. 어머니의 꿈이 수학 박사 학위를 따는 거였는데 결국 그렇게 하셨죠. 내가 대학 1학년일 때 박사 학위를 따셨죠. 대단하셨어요. 당시에는 매우 드문 여성이었죠.

아버지께서는 워싱턴의 사립 요양원에 계세요. 아버지 역시 그 책을 읽지 못하셨을 거예요. 아흔 살이 넘으셨고 발작을 많이 하셨거든요. 언젠가 아버지께서 동생에게 이렇게 말씀하셨죠. "내 방 안에 있는 이것들이 뭐냐? 이 책들과 물건들을 치워 버려라." 그리고 다음날 "지나의 책이 하나도 없으니 다시 가져오너라."라고 하셨죠.

6월 16일이 아버지의 아흔세 번째 생일이에요. 레스토랑에서 준비한 저녁을 가지고 가서 작은 파티를 할까 해요.

참 과학적인 집안이네요.

^{지나 콜라타} 뭐 그렇지도 않아요. 여동생인 주디 바리는 예술사를 전공했으니까요.

주디 바리(Judi Bari). 미국의 유명한 환경 운동가이자 노동 운동가였으며 환경 단체인 어스 퍼스트!(Earth First!) 설립자 중 한 사람이다. 캘리포니아주 북부의 원시림을 보호하기 위한 운동을 펼쳤다. 환경 운동과 노동 운동을 결합한 그녀의 활동은 미국 사회 운동의 새장을 연 것으로 평가되는 등 사회적으로 많은 반향을 일으켰지만 동시에 개발업자나 반환경주의자들의 반감도 샀다. 일부 테러리스트들은 그녀를 협박했고, 1990년에는 차량 폭탄 테러를 가하기도 했다. 그녀는 1997년 3월 2일 유방암으로 사망했고 2003년 오클랜드 시는 5월 24일을 주디 바리의 날로 지정했다.

언제나 어떤 정치 집단에 치우치지 않고 균형을 유지해야 하는 지나 콜라타 선생님에게 이렇게 정치적으로 유명한 가족이 있다는 것은 의외의 일일지도 모른다. 실제로 인터뷰를 준비하면서도 주디 바리와 선생님의 관계가 무척이나 궁금했다. 하지만 여러 자료를 통해 콜라타 선생님과 여동생의 사이가 그렇게 좋지 않다는 것을 알게 되었다.

선생님의 기사 중에 유독 암 관련 기사가 많은 것도 유방암으로 죽은 동생 때문일까? 우리의 질문이 혹시 선생님 마음속에 남아 있는 어떤 상처를 건드릴 수도 있다는 생각에 조심스럽게 여동생과의 관계가 어떠했는지, 선생님의 삶과 글에 어떤 영향을 미쳤는지 물어 보았다.

사무실 책상 위의 가족 사진들 →

^{지나 콜라타} 여동생이 유방암이었다는 건 온 가족에게 충격이었어요. 우리 가족 중에는 암에 걸린 사람이 없었고, 발병하자마자 암이 퍼져서 죽었기 때문이지요. 사실 동생은 캘리포니아에 있어서, 자주 만나 대화하지는 못했어요. 게다가 나와 많은 부분에서 의견이 충돌했죠. 그녀는 매우 극단적인 입장을 가지고 있었어요. 환경주의자들의 리더 중 한 사람이었으니까요. 하지만 나는 모든 사람들의 이야기를 들어야 하고 이해해야 하는 위치에 있었지요. 그녀는 매우 똑똑한 사람이었지만 나와 하는 일은 완전히 달랐죠.

무언가 좀 더 묻고 싶었지만 시간 제약상, 분위기상 더 묻지 못했다. 대신 남편에 대하여 여쭈어 보았다.

남편 빌 콜라타 선생님이 산업 및 응용 수학 학회(Society for Industrial and Applied Mathematics, SIAM)의 일원이셨더군요. 지나 콜라타 선생님은 대학원에서 응용 수학을 전공했잖아요, 남편과 어떻게 만나셨나요?
^{지나 콜라타} 그런 것까지 알고 있나요? 남편은 순수 수학을 전공했어요. 대학원 시절 만났는데 그때는 단순히 귀엽다고 생각했죠. 그러다가 결혼을 하게 되었어요. 그는 말이 많거나 열정적이지는 않았지만 나 같은 사람을 견뎌 주었지요. 우리는 참 잘 맞았죠. 언제나 수업도 같이 듣고 많은 것을 공유했죠.

지금도 남편과 나는 많은 걸 공유하죠. 그는 장 보는 걸 싫어하고 나는 계획적인 걸 좋아해서 내가 장을 봐요. 남편은 그 대신 빨래를 하고 부

억 정리도 해 주고요. 물론 일주일에 한 번씩 청소 서비스가 오긴 하지만 그는 참 많은 것을 도와줘요. 물론 내가 아이들을 돌보면서 더 많은 일을 하긴 해요. 그게 남녀의 차이일지도 몰라요.

Follow whatever your dream

이제 인터뷰를 마칠 때가 되었다. 생각 같아서야 미국 과학계의 이면, 과학 저술가로서의 과거, 현재, 미래를 좀 더 듣고 싶었지만, 일을 할 때에는 물론, 장을 볼 때에도, 드라이브를 할 때에도 시간대별로 무엇을 할지 리스트를 짜서 조직적으로 치밀하게 일을 한다는 지나 콜라타 선생님의 빠듯한 시간을 더 뺏을 수는 없었기 때문이다.

선생님의 삶은 매우 완벽해 보여요.

지나 콜라타 완벽이라……. 나도 그랬으면 좋겠어요. 누구나 실수를 해요. 그리고 나도 마찬가지지요. 그리고 언제나 새로운 일을 맡은 '내가 할 수 있을까…….' 고민하지요.

후배 여성 과학도들에게 한마디 해 주세요.

지나 콜라타 내가 하고 싶은 한마디는 '자기 꿈을 따르라(Follow whatever your dream.).'는 거예요. 이제 남녀 간의 차이는 만들어 내는 환경적인 요인은 별로 없다고 봐요. 대부분의 직업은 뛰어난 능력만 있으면 얻을 수 있지요. 물론 문화적인 차이는 있겠지만요.

한 젊은 과학자가 『코스모스』로 유명한 칼 세이건에게 어떻게 글을 쓸 시간을 낼 수 있었느냐고 물었다. 자신의 경우 수업 준비하랴 연구하랴 시간이 부족해 도저히 책을 쓸 엄두가 나지 않는다는 것이었다. 그러자 세이건은 이렇게 답했다고 한다. "나도 남는 시간에 책을 쓴 건 아니네. 내가 부족한 시간을 쪼개서나마 책을 쓴 이유는 자네같이 똑똑한 학생들을 천체 물리학이라는 지옥에 빠뜨리게 하기 위해서지."[8]

칼 세이건의 유머러스한 말처럼 좋은 과학 저술은 사람들을 과학이라는 '지옥'에 빠뜨리는 힘이 있다. 지나 콜라타 선생님의 글들도 세계 어딘가에 있는 어린 학생들을 과학이라는 '지옥'에 빠뜨리고 있겠지…….

인터뷰가 끝난 후 지나 콜라타 선생님은 자신의 책상을 우리에게 보여 주었다. 아들딸의 사진을 넣은 액자들이 선반을 차지하고 있었다. 가족 관계에 대해 상세히 조사해 간 것이 지나 콜라타에게 큰 인상을 준 것 같았다. 선생님은 지금까지 받은 인터뷰 중에 최고였다면서 놀라워했다. 선생님은 우리를 사무실의 동료들에게 인사시키며 "여기는 한국에서 날 인터뷰하러 온 학생들이에요. 정말 멋진 인터뷰를 해 줬어요."라고 말했다. 첫 인터뷰 상대라는 열정에 겨울방학 마지막 일주일을 인터넷과 선생님의 칼럼에 매달린 결과였다. 어릴 적 일기 마지막에 쓰는 "참 보람 있는 하루였다."는 이럴 때 쓰는 말이다.

NOTE

1. 지나 콜라타의 칼럼은 《뉴욕 타임스》의 홈페이지 (http://nytimes.com)에서 무료로 읽을 수 있다.

2. Mark Dowie, Gina Kolata – What' s Wrong With the New York Times' s Science Reporting? *The Nation*, July, 1998. (http://www.mindfully.org/Reform/Gina-Kolata-Dowie6jul98.htm)

3. 『한국신문방송연감』 참조

4. 요한 훌틴(Johan Hultin)은 1918년 독감 바이러스의 살아 있는 표본들을 채취한 분자병리학자이다.

5. 제프리 토벤버거(Jeffery Taubenberger)는 1918년 독감으로 사망한 군인의 허파 조직 표본에서 독감 바이러스의 흔적을 찾아내어 유전자를 분석한 분자생물학자이다.

6. 상업 출판 문화가 발달한 영미권에서는 저자 대신 저자의 저작권을 관리하며 저자와 출판사를 연결하는 **저작권 대리인(agent)**이 활발하게 활동하고 있다. 실제로 영미권의 경우 대형 작가를 비롯한 많은 작가들이 저작권 대리인 회사에 소속되어 저술 활동을 하고 있다. 연예계의 매니저나 매니지먼트 회사를 생각하면 된다.

7. Experts unlock clues to spread of 1918 flu virus, New York Times, October 6, 2005 ; Why revive a deadly flu virus, New York Times, January 29, 2006.

8. 정재승, 「과학자가 가슴으로 쓰는 책」, 《중앙일보》 2004년 7월 23일자.

친구야, 나 지금 뉴욕에 와 있다!

뉴욕 타임스로 가는 길

'뉴욕의 잠 못 이루는 밤'이야! 오늘 뮤지컬 「라이온 킹」을 봤거든. 지금까지 본 뮤지컬 중에서 최고였어! 그것도 정말 좋은 자리에서 봤지. 나중에 들은 얘기지만, 라이온 킹은 인기가 많아서 예약하지 않으면 당일 티켓을 구하기가 힘들대. 난 정말 운이 좋았던 거야.

엄청난 연기, 엄청난 노래, 거기다가 눈 뗄 틈 없이 환상적으로 돌아가는 무대 디자인이 어찌나 감동적이었는지 몰라. 말로 설명하기에는 충분치 않아! 직접 봐야 알 수 있어. 호텔로 돌아오면서 이 느낌을 공유할 사람이 없어 참 아쉬웠는데, 한국에서도 하게 되면 그때 같이 보러 가자:)

148

인터뷰도 괜찮게 한 것 같아. 나, 뉴욕 타임스 빌딩에 들어가 봤어! 그리고 인터뷰를 마친 후에는 지나 콜라타 선생님이 지금껏 받아 본 인터뷰 중 가장 좋았다고 칭찬해 줬고. 나한테 "나중에 뉴욕 타임스에 들어오는 건 어때요."라고까지 말해 줬는데, 물론 농담이었겠지만 정말 고맙더라.

인터뷰를 마친 후에는 쇼핑을 했어:) 내가 쇼핑을 안 했을 리 없잖아. 인터뷰할 때 입었던 정장을 입고 돌아다니니 '뉴요커'가 된 것 같아 재밌더라. 길거리에서 어떤 남자가 "어디에서 주로 머리를 하세요?"라고 물어오는 거야. 은근히 기분이 좋더라.

너도 뉴욕에 왔으면 좋았을 텐데! 뉴욕은 정말 인상적인 곳이야. 벌써 뉴욕을 떠나야 한다니 너무 아쉽다. 이번 미국 일정이 다 그래. 인터뷰 하루 하고, 구경할 시간 거의 없이 다른 곳으로 떠나야 해. ㅠㅠㅠ 그래도 있지, 여기 왔다는 것 자체만으로도 너무 좋아. ^-^!!! 앞으로 남은 5일은 어떤 일이 펼쳐질까? 또 내일 아침 일찍부터 떠나야 하니, 이제 자야겠다.

안녕 ^-^

안여림

149

NASA 크림 프로젝트의 총지휘자, 서은숙 선생님

2006년 3월 23~24일 | 장소 ― 미국 칼리지파크, 메릴랜드 대학교 | 진행 ― 안여림, 윤지영
정리 ― 윤지영

어두운 밤, 가로등도 없는 풀밭에 누우면 외로이 반짝이는 별과 깊이를 알 수 없는 어둠의 심연만이 보인다. 그러나 우주 공간은 정보와 에너지 그리고 한 없이 작은 입자들로 가득 차 있다. 수십억 광년 떨어진 초대형 별이 폭발할 때 흩어진 소립자들이 날아다니고 있고, 태초의 대폭발의 흔적을 담은 우주 배경 복사가 은근하게 퍼져 있다. 어쩌면 외계 지적 생명체가 우리에게 보낸 메시지가 우리 눈에 보이지 않는 전파 속에 담겨 있을지도 모른다.

전파 천문학자들과 천체 물리학자들은 이렇게 눈에 보이지 않는 신호들을 잡아 대우주와 소립자의 세계를 탐구한다. 우주에서 날아오는 입자인 우주선(宇宙線, cosmic ray)을 탐구하는 우주선 천체 물리학이라는 분야가 있다. 많은 한국인 과학자들도 이러한 연구에 참여하고 있다. 그리고 그 분야의 선두 주자가 바로 서은숙 선생님이다.

서은숙 선생님은 현재 미국 워싱턴 근교에 있는 메릴랜드 대학교의 종신 교수로 재직하고 있다. 선생님은 고려 대학교 물리학과에서 학사 과정과 석사 과정을 마치고 중학교에서 잠시 과학(물상)을 가르치다 미국 유학길에 올랐다. 1991년 미국 루이지애나 주립 대학교에서 박사 학위를 받은 후 메릴랜드 대학교로 옮겨 연구를 계속했다. 우주선 연구와 관련된 여러 가지 프로젝트를 제안하고 그 프로젝트의 책임자가 되었다. 지금은 1998년에 시작된 크림 프로젝트[1]의 총책임자이다. 이 프로젝트는 미국 항공 우주국(NASA)이 지원하고 있다. 선생님은 미국, 이탈리아, 프랑스, 멕시코, 한국 등 5개국 연구원 100여 명을 이끌며 이 프로젝트를

워싱턴에 도착한 첫날 저녁, 서은숙 선생님 연구실이 있는 메릴랜드 대학교 컴퓨터 우주 과학관 앞에서 →

지휘하고 있다. 서은숙 선생님은 1997년 미국 정부가 수여하는 '신진 우수 연구자 대통령상'을 한국인 최초로 수상했으며 크림 프로젝트에 대한 공로로 2006년 NASA가 주는 상을 받은 바 있다.

뉴욕에서 지나 콜라타 인터뷰를 마친 다음날, 잠시 쉴 틈도 없이 일찍 일어나야 했다. 빡빡한 일정을 소화하기 위해, 뉴욕의 교통 체증을 피하기 위해, 서둘러 아침 식사를 마치고 라과르디아 공항으로 향했다. 탑승 시간을 기다리는 사이 노트북 컴퓨터와 질문지 프린트를 펼쳐 놓고 다시 중간 점검. 비행기는 1시간 만에 워싱턴의 로널드 레이건 공항에 도착했지만 공항에서 차를 타고 워싱턴 외관의 대학 도시인 칼리지 파크로 이동하는 데 다시 1시간 정도 걸렸다.

우리 일행 중 한 명은 영국에 머물고 있던 때라 아직 얼굴도 못 본 채로 메신저 회의를 통해 인터뷰를 준비해 왔는데 그만 워싱턴 도착이 늦어지고 있었다. 부득이하게 인터뷰 시간을 조정하느라 일단 숙소에 들어가자마자 서은숙 선생님께 전화를 드렸다. 한국에서부터 이미 여러 차례 일정을 변경해 왔던 터라 죄송했지만 선생님께서는 이해해 주셨다. 저녁 무렵 약속 장소인 메릴랜드 대학교 캠퍼스 내에 위치한 컴퓨터 우주 과학관으로 향했다.

연구실에 도착하니 전화 통화할 때 받은 느낌대로 밝고 시원시원한 인상의 서은숙 선생님께서 반겨 주셨고, 인사를 마치자마자 숙제 중이셨다며 종이 한 장을 꺼내 보이셨다. 미국으로 출발하기 전에 우리가 보내 드렸던 질문지였다.

일은 해내라고 있는 것

서은숙 선생님께 가장 먼저 여쭈어 본 것은 선생님의 성격에 관한 것이었다. 『성공하는 여성 과학자들의 7가지 습관』 같은 제목의 책을 쓸 경우 제1장의 제목은 「성공하는 여성 과학자가 되기 위한 성격 개조」 같은 게 되어야 한다고 생각하기 때문이다.

'곱디곱게' 자란 여성으로서의 성격을 온전하게 지켜 나가기에는 사회 전반과 과학계의 남성 중심적이고 권위주의적인 문화가 너무 강하다. 연구실의 핵심 업무가 아니라 허드렛일만 맡기는 남성 교수님들, 취직이나 유학과 관련된 중요한 정보는 자기들끼리만 나눠 갖는 남학생들이 여성 과학도의 연구 의욕을 꺾는다.

게다가 남성 교수님들과 남학생들은 여성 과학도에게 중요한 일을 맡기지 않는 이유로 "남성과 여성의 성격이 달라서 어쩔 수 없다."라는 말을 거리낌없이 한다. 여성 과학도는 여성 고유의 성격을 버리지 않고는 성공할 수가 없는 것일까? 바로 이 문제를 '성공'한 여성 과학자인 서은숙 선생님께 묻고 싶었다.

생각난 게 있으면 곧바로 실천하시는 성격이라고 들었습니다. 타고나신 성격인가요, 계발된 건가요? 성격의 장단점과 그것이 생활에 미치는 영향에 대해 말씀해 주세요.

^{서은숙} 내 성격은 무슨 장애물이 있든 일을 해내고 보자는 겁니다. 간단히 말해 목표 지향적(goal-oriented) 성격인 거죠. 일단 목표를 정하면 거기로

156

가는 지름길을 찾고 효율적으로 가는 방법까지 만들어 직행하는 거예요. 아마 어렸을 때 받은 교육 때문에 이런 성격이 만들어진 것 같아요. 어머니가 학교 갔다 오면서 딴 데 가지 말고 바로 집으로 오라고 하셨으니까 그렇게 했던 것처럼 말이죠.

그러나 목표 지향적 성격에는 장단점이 있어요. 일을 할 때에는 강점으로 작용하지만 희생이 뒤따른다는 면에서는 약점이 되기도 하지요.

목표 지향적 성격의 장단점이라, 좀 더 구체적으로 '설명해 주실 수 있을까요?

서은숙 이 목표 지향적 성격이라는 게 한 가지 모습으로만 나타나는 게 아니에요. 프로젝트를 추진할 때 잘 드러나요.

과학 연구 프로젝트는 원래 과학자가 내놓은 아이디어에서 시작돼요. 그 아이디어라는 것에는 무엇을 알고 싶다는 학문적 목표와 그것을 달성하기 위한 학문적 방법론, 그리고 그 방법론을 구체적으로 실현하기 위한 실험 기구에 대한 구상이 포함되어 있어요. 아이디어를 떠올린 과학자는 이 아이디어를 실험과 실험 기구로 구체화하고 실험 과정과 기구를 설계하죠. 이렇게 설계한 실험을 제안서로 정리해 연구 기금, 즉 펀드[2]를 제공할 수 있는 기관에 "이런 연구를 할 테니, 펀드를 지원해 주십시오." 하고 제안서를 내죠. 제안서를 검토한 기관이 펀드를 지원해 주면 우리는 그 돈으로 연구를 시작하는 거예요. 우리는 기관에게 아이디어와 계획을 팔고 기관은 아이디어와 계획을 사는 거죠. 기관들 중에는 기업처럼 과학자의 아이디어와 성과물을 시장에 팔아 돈을 벌려고 하는 곳도 있고 우리를 지원하는 NASA처럼 지식 발전을 추구하는 공공 기관도 있죠.

아무튼 우리는 계획을 팔아서 돈을 받는 순간부터 계약에 묶이는 거예요. 계획을 실현하는 것, 그게 바로 우리의 의무가 되는 거죠. 의무니까 약속한 날까지 어떻게 해서든 성과를 내야 나머지 일들이 진행이 되지 않겠어요? 우리를 도와주는 NASA도 NASA대로 하는 일이 많죠. 우리가 그들의 도움을 받고 그들의 일과 우리의 일이 전부 합쳐져서 하나의 비행 실험으로 이루어지기 위해서는 맡은 일을 계획한 시간 안에 끝내야만 하는 거죠. 우주선 검출기를 하늘에 띄운다는 공동의 목적을 달성하기 위해서는 수많은 연구소들이 힘을 합쳐 같이 일을 해야 되는데 손발이 맞아야지 어느 쪽에서 책임을 미루면 안 되잖아요. 그러면 어떻게 일이 되겠어요. 안 그래요?

따라서 프로젝트의 모든 일을 총괄하는 나로서는 목표 지향적 인간이 될 수밖에 없어요. 일을 정해진 기간 내에 해내기 위해 프로젝트 참여 연구원 각자에게 책임을 부여하고, 각자가 내놓은 성과를 한데 모으고, 프로젝트의 진행이 각 단계별로 빠짐없이 착실하게 진행되도록 나 자신은 물론, 연구원들을 닦달하고 잔소리하고 체크해야 하는 거죠.

목표 지향적 성격에 대해서 이야기하다 보니 어느새 선생님의 프로젝트에 대한 이야기로 직행했다. 이런 것도 선생님의 성격 탓인가? 성격과 여성 과학자의 관계 문제는 물론, 프로젝트의 진행 과정과 펀드의 획득 그리고 프로젝트 리더로서의 자세 등에 대해 곱씹어 볼 틈도 없이 이야기는 선생님께서 주도하고 있는 크림 프로젝트 이야기로 옮겨 갔다. 선생님은 먼저 크림 프로젝트의 원리부터 설명해 주셨다.

서은숙 이 프로젝트는 1994년에 처음 고에너지 우주선을 측정하는 기구를 만들어 보자는 데에서 시작했어요. 아이디어를 떠올리자마자 바로 측정 기구를 설계했죠. 우주선(宇宙線)은 SF 영화 등에 나오는 우주선(宇宙船)이 아니라 지구 밖에서 날아오는 입자를 가리켜요. cosmic ray라고도 하죠. 그리고 이 입자들이 높은 에너지를 가지고 있기 때문에 고에너지 우주선 이라고 부르죠.

우주 공간을 날아다니던 우주선들이 대기 중에 들어오면 대기 중에 존재하는 입자들과 충돌해서 쪼개져요. 이렇게 쪼개지면서 원래 우주선 보다 더 작은 에너지를 가진 입자들이 만들어지죠. 우주에서 날아온 고 에너지 입자들이 쪼개져 에너지가 낮은 입자들이 많이 만들어지는 것을 에어 샤워[3]라고 해요. 과학자들은 이렇게 쪼개진 입자들을 측정해서 처 음에 들어온 입자의 에너지가 어땠는지를 간접적으로 추정할 수 있죠. 그러나 우주선 입자들이 이미 대기권의 입자들과 충돌해 깨졌기 때문에 원래 우주선이 어떤 입자들로 구성되어 있었는지는 알 수 없어요.

이렇게 지상에서 대기 중에서 일어나는 에어 샤워를 관측하려는 실 험을 지상 관측 실험(ground based experiment)이라고 해요. 이 실험 방식은 대기 중에 일어나는 반응을 확률적으로 추정하는 것이기 때문에 불확실 성이 존재해요. 간접 측정의 단점이죠. 그렇다면 우주에서 이 입자들을 직접 측정하면 좋겠죠? 그러나 그러려면 면적이 수제곱킬로미터에 달하 는 넓은 검출기를 펼쳐놓고 측정해야 하는데 문제는 이런 검출기를 우주 공간에 띄울 수 없다는 거죠. 더 큰 문제는 대기권의 입자와 충돌하기 전의 고에너지 우주선은 뭐든지 다 뚫고 지나갈 만큼 높은 에너지를 가지고 있기 때문에 우주에서는 검출기가 우주선을 감지하기도 전에 검출기를 그냥 뚫고 지나가 버릴 수 있다는 거예요.

그런데 40킬로미터 상공에 검출기를 띄우면 우주선이 공기 입자와 충돌해 쪼개지기 전 상태를 관찰할 수 있어요. 이곳에서는 우주선의 에너지와 성분을 함께 측정할 수 있죠. 그래서 우주 공간이 아니라 대기권(성층권) 내에서 우주선 관측 실험을 하는 거죠.

그러나 이런 우주 공간 관측 실험(space based experiment)에서는 검출기가 충분한 양의 우주선을 감지할 수 있도록 충분히 넓고 커야 해요. 동시에 하늘에 띄워야 하는 것이기 때문에 가볍고 작을수록 좋죠. 이 측정 기구를 설계하려면 이런 복잡한 요구 사항들을 모두 만족시켜야 하는 거죠.

왜 이렇게 복잡한 기계를 어렵게 만들어 하늘에 띄우려고 하는 걸까? 우주선이 가지고 있는 에너지가 얼마나 엄청난 것이기에, 우주선에 담긴 과학적 의미가 얼마나 큰 것이기에 이 프로젝트에 공을 들이는 걸까? 우리가 서은숙 선생님 다음으로 만나게 될 김영기 선생님 역시 고에너지 입자를 연구하고 있다. 그렇다면 서은숙 선생님의 연구와 김영기 선생님 연구는 어떤 점이 다른 걸까?

서은숙 '고에너지' 우주선이라고 해도 얼마나 큰지 감이 잘 안 오죠? 우리가 쓰고 있는 크림 검출기에서 측정 가능한 에너지의 양은 1 뒤에 0이 15개

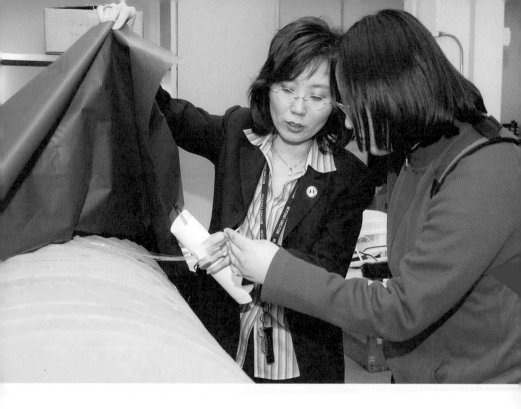

나 붙는 10¹⁵전자볼트 정도의 큰 에너지예요. 인간이 만드는 지상의 입자 가속기[4]로는 아직까지도 그만큼 높은 에너지를 만들 수가 없어요. 그러나 자연이 만들어 놓은 '우주 가속기'는 이런 에너지를 만들 수 있어요.

대표적인 예가 수명을 다한 거대한 별이 폭발하면서 은하 전체의 별을 합쳐 놓은 것처럼 밝게 빛나는 초신성 현상, 수십 초 만에 태양의 질량을 모조리 에너지로 바꾼 것 같은 엄청난 양의 고에너지 감마선을 방출하는 감마선 폭발, 나선 은하 중심부에서 엄청난 중력으로 주위의 모든 물체를 끌어당기는 활동 은하핵(active galaxy nuclei, AGN) 등이죠. 이 우주

↑ 검정색 보호 필름을 덮어 두었던 광섬유

161

가속기들은 인간은 꿈에서라도 생산할 수 없는 고에너지 입자들을 만들어 내지요.

우리가 하는 일은 이 우주 가속기들이 가속해 놓은 입자들을 연구하는 거예요. 김영기 박사님이 하시는 것은 이미 알려진 입자들을 알려진 에너지로 인공적으로 가속시켰을 때 무슨 일이 일어나는지를 보는 거예요. 내가 하는 일과는 다른 거지요.

만약 이렇게 높은 에너지를 가진 우주선이 지표면까지 그대로 들어온다면 방사능 피폭 환자가 속출하겠죠. 그러나 다행히 에너지가 높을수록 우주선의 입자수가 적고, 또 대기권의 입자에 의해 쪼개져 큰 문제가 안 생기고 있는 거죠. 재미있는 사실은 아직도 초고에너지 우주선의 근원이 무엇인지, 어떻게 그렇게 높은 에너지를 갖는지도 모른다는 거죠. 이게 밝혀진다면 무엇이 그렇게 높은 에너지를 만들어 냈는지 알게 되고, 아직도 모르는 게 무수히 남아 있는 우주의 구조와 기원에 대해 더 많은 것을 알게 되겠죠.

나는 한국에 있을 때부터 우주선을 연구하는 실험실에 있었어요. 그러나 지도 교수 선생님은 입자 물리학이 전공이었죠. 한국 실정상 우주선 천체 물리학만 하는 것은 힘들었어요. 그러나 우주에서 날아오는 입자를 연구하는 것이든, 지상의 입자를 연구하는 일이든 기본적인 아이디어는 미세한 입자를 가지고 우주 탄생의 비밀을 알아내 보자는 것이죠. 나는 그러한 근본적인 물음에 매달리고 있어요. 생물학이나 물리학 같은 특정한 분과 학문을 해야겠다는 생각보다 궁극적인 질문을 해결하고 싶은 거예요.

물론 나도 생물학, 특히 유전학에 흥미를 가지고 있었어요. 유전자, DNA, 전사, 복제 같은 단순한 원칙(principle)으로 복잡한 현상을 설명할 수 있는 게 내 구미를 당겼던 거죠. 나는 모든 현상을 좀 더 간단하게 정리할 수 있는 법칙을 탐구하는 일에 매력을 느껴요. 복잡한 현상을 복잡한 법칙으로 설명하는 것은 머릿속이 더 복잡해지는 것 같아 재미가 없어요.

내가 물리학을 좋아하게 된 것은 당연한 일 같아요. 물리학은 단순명료함을 추구해요. 몇 가지 법칙으로 모두 설명할 수 있기를 바라죠. 전부, 전부 설명할 수 있어요. 매력적이잖아요? 나는 그 근본 법칙이 결국 하나였으면 정말 좋겠어요. 그것을 많은 물리학자들도 바라고 있어요. '최종 이론의 꿈', '모든 것을 설명하는 이론(the theory of everything)'이 바로 그런 거죠.

김영기 박사님의 연구는 미시적으로 접근해요. 굉장히 조그만 입자를 쪼개고 쪼개면 세상이라는 벽돌집을 이루고 있는 궁극적인 벽돌을 발견할 수 있지 않겠느냐 하는 게 입자 물리학의 기본 철학이잖아요? 결국 물리학자들은 쪼개고 쪼개서 분자, 원자, 원자핵과 전자, 그리고 쿼크에까지 도달했지요. 그리고 그 작은 입자를 보기 위하여 현미경, 전자 현미경, 주사 현미경, 입자 가속기 하는 식으로 새로운 장치들을 만들어 왔지요.

그러나 그 작은 입자들로 이루어진 미시 세계를 보는 것과 거시적인 대우주를 보는 것은 결국은 일맥상통해요. 대폭발 이론 아시죠? 우리 우주의 모든 것이 아주아주 작은 점이 폭발해서, 팽창해서 만들어졌다는 이론 말이에요. 대우주 역시 그렇게 작은 세계에서 시작했어요.

그 작은 점에서 모든 물질이 만들어졌고, 지금도 우주는 팽창하고 있어요. 대폭발이 일어나고 우주가 팽창하기 시작한 그 짧은 시간 동안 현대 물리학자들이 핵 반응로와 가속기에서 만들어 낸 모든 입자가 만들어졌어요. 우주선 물리학은 우주가 대폭발을 통해 만들어 낸 입자들을 보는 거지요. 결국 나 같은 우주선 물리학자들은 입자 물리학자들과 같은 것을 보고 있어요. 어떻게 보느냐만 다를 뿐, 결국은 다 통하게 되어 있어요.

아무것도 없는 것처럼 보이는 광대한 우주 공간을 가득 채우고 있는 정체불명의 고에너지 입자들. 그 입자들이 대폭발과 현재를 연결하고, 저 깊은 심연과 지상 세계를 연결하는 열쇠가 된다. 서은숙 선생님은 이 방대한 크림 프로젝트의 전모를 상세하게 설명하기 전에 고에너지 물리학에 대해 아무것도 모르는 우리를 위해 기본적인 설명을 해 주셨다. 그리고 이야기는 다시 크림 프로젝트의 역사로 돌아왔다.

서은숙 아무튼 1994년에 처음 만들어진 설계를 바탕으로 한 1단계 실험이 애틱(ATIC, Advanced Thin Ionization Calorimeter)이었어요. 크림의 전신이죠. 애틱의 중요성은, 이온화 열량 측정법[5]을 이용해 우주선이 가진 에너지를 아주 낮은 것에서부터 10^{14}전자볼트 정도의 높은 것까지 측정할 수 있다는 데 있었어요. 그 전까지는 자석을 사용한 검출기로 대략 10^{11}전자볼트의 에너지밖에 측정할 수 없었거든요. 더 높은 에너지를 측정할 수 있는 기술이 필요하던 때였지요.

애틱을 완성해 가던 1998년에 더 높은 에너지를 가진 우주선을 검출할 수 있는 크림 계획을 내놓았고, 1999년부터 연구를 시작했지요. 그리고 2004년에 시험 비행을 했어요. 12월에 띄워야 되는데 2004년 1월부터 계속해서 문제가 생기는 거예요. 크림 장비를 발송하는 날짜가 계속 연기되면서 그 해 내내 완전히 애를 먹었죠.

정말 프로젝트가 진행되는 모든 과정마다 어려운 문제가 꼭 있었어요. 꼭 해야만 하는 일인데, 그 일을 할 수 없는 이유를 대는 사람이 항상 나타났어요. 개인적으로 일을 하는 경우에도 이런저런 핑계가 생겨 못 하는 일이 많잖아요. 개개인도 그런데 사람들이 모여 있으니 어떻겠어요? 정말 많은 이유가 생겼죠, 항상.

실패는 선택 사항이 아니다!

서은숙 언젠가 한번은 연구팀에 프로토 타입[6]의 빔 테스트를 맡겨 놓고 외국에 갔다가 마감 일자가 3~4주 남았을 때 와서 봤더니 다들 손놓고 있는 거예요. 기계 맡은 팀에서는 전기 팀 사람들이 스케줄을 못 맞출 것 같아서 안 하고 있다고 하고. 또 전기 팀에서는 무슨 부품을 사야 하는데 이게 도착 시간이 안 맞을 것 같다고 하고. 자기가 하는 일이 안 돼서가 아니라 다른 사람들이 해야 되는 일이 안 될 것 같다고 해서 다들 포기하고 앉아 있는 거예요, 정말!

그래서 내가 한 명씩 붙잡고 앉아서 이야기했죠. "내가 무슨 수를 쓰더라도 당신이 걱정하는 전기 팀을 일하도록 만들 테니까 당신 맡은 부분은 해내라. 해낼 수 있느냐?" 기계 담당자에게 이렇게 말했더니 자기는 할 수 있다고 하더군요. 이번에는 전기 담당 불러서, "마법이라도 써서 그 사람이 안 될 것 같다던 부분을 해결할 테니 걱정 말고 당신은 당신 일을 해라. 할 수 있느냐?" 하고 물었더니 할 수 있대요. 그 다음에는 부품 문제를 해결해야 했죠. 통상적으로는 주문 후 6주 걸린다는데 남은 기간은 3~4주밖에 안 남아 있었죠. 이것을 당기려면 부품을 조달해 주는 회사와 협상을 해야 했어요. 그래서 그 회사 사람들이 요구하는 게 뭔지 알아내서 또 협상을 한 다음 얻어 냈죠. 그리고 연구원들에게 이렇게 말했지요. "실패는 선택 사항이 아니다. 무슨 일이 있어도 계획한 바는 해내야 된다."

서은숙 선생님의 연구실 창틀에는 "FAILURE IS NOT AN OPTION"이라는 문구가 인쇄된 머그잔이 있었다. 거기서 식물이 자라고 있었다. 아폴로 계획의 비행 책임자였던 진 크란츠(Gene Kranz)가, 달로 향하다 우주 공간에서 조난당한 아폴로 13호의 우주인들을 구조할 때 과로와 절망에 지친 NASA 직원들을 북돋으며 했던 유명한 말이다. 이 문구는 거대한 연구 프로젝트를 지휘하며 수많은 연구원을 북돋아야 하는 서은숙 선생님과 잘 어울렸다.

하지만 수많이 사람이 얽힌 일을 지휘한다는 것은 보통 일이 아니다. 어렵지는 않았을까? 매 단계마다 끊임없이 일어나는 여러 가지 생각지도 못했던 일들을 처리하는 데 신경을 너무 많이 쓰다 보면 표정이나 성

격이 날카로워질 법도 할 텐데……. 그러나 서은숙 선생님은 그런 일을 한 번도 겪은 적이 없다는 듯, 호기심 가득한 소녀 같은 표정과 눈빛으로 시원시원하게 말씀을 이어 가셨다.

서은숙 방금 이야기한 것은 중간 과정에서 벌어진 일들이지요. 크림 검출기를 완성한 다음 남극까지 가서 풍선 띄우기 직전까지도 계속 사고가 터졌고, 실패를 거듭 했죠. 2004년 12월에 발사를 하기 위해서는 4월에는 조립을 끝나고 7월에는 NASA로 보내야 되었거든요. 관계된 모든 사람들이 시간 내에 해결 안 된다고 그랬고 NASA 사람들도 그랬죠. 나는 그때 외국에 쭉 나가 있어야 하는 여름 일정을 전부 취소하고 일을 밀어붙였어요. 하나라도 어긋나면 프로젝트가 진행될 수 없으니까 말이죠. 또 프로젝트를 중단시키려는 사람한테 가서 우리가 할 수 있음을 확신시켜야 했어요. 결국 다른 모든 일을 취소했죠. 결국 모든 문제가 해결되었고, 약속했던 대로 크림을 NASA에 보낼 수 있었어요.

교수님은 거의 숨도 쉬지 않으시고 말씀하셨다. NASA 직원들이나 팀의 연구원들을 설득하실 때도 저렇게 열정과 의지로 밀어붙이셨으리라. 이 과정에서 혹시 어려웠던 점은 없었을까?

서은숙 뭐, 장애물, 어려운 점 이야기를 하자면 많죠. 아무튼 일이 하나씩 생길 때마다 그렇게 밀어붙여서 일들을 되게는 하죠. 하지만 상상해 봐요. 내가 일을 되게 하기 위해 사람들을 얼마나 밀어붙였을지 말이에요.

주변 사람들은 정말 힘들었을 거예요. 정말 정신없었겠죠. 내가 하라는 대로 쫓아오느라 바빴을 테고, 된다고 그러면 되는 거니까 자기들 눈엔 안 보이지만 쫓아와야 했겠죠. 뿐만 아니라 우리 가족들은 완전히 뒷전이었죠.

게다가 그 난리를 부리고 있으니 다른 회의나 모임도 어쩔 수 없이 취소해야 했죠. 중요한 것을 해야 하니까. 그래서 희생자가 생기는 거예요. 그게 목표 지향적 성격의 강점이자 약점이라는 거예요.

선생님의 성격을 한마디로 하면 질주하는 과학자라고 해야 할까? 질주하는 것처럼 이어지는 선생님의 크릴 프로젝트 이야기를 정신없이 듣다 보니 어느새 저녁 식사 시간이 훌쩍 지났다. 우리는 저녁 식사를 하러 교수님의 단골 식당으로 자리를 옮기고 좀 더 재미있는 이야기를 나누기로 했다. 물론 그전에 크릴 프로젝트 이야기를 마무리해야 했지만. 인터뷰를 여러 차례 해 보신 때문인지, 준비를 많이 해 두셔서 그런지 말씀을 잘 하셨다. 질문지를 예습하신 건 그렇다 쳐도 가족 사진에 동료들의 편지나 프로젝트 관련 자료들까지 준비해 주셔서 감동을 받았다.

식당에 도착해 각자 음식을 주문하고 맛있는 태국 음식들이 나오는 사이 연구 이야기, 남극 이야기가 계속 이어졌다.

남극의 하늘 아래에서

서은숙 크림 프로젝트가 획기적이었던 이유는 장비를 조립해서 남극으로 바로 가져가기 때문에, 발사 준비 시간이 상당히 많이 단축되었다는 데 있어요. 보통은 석 달 넘게 걸리는데 우리는 2주 내에 해냈어요. 검출기를 하늘에 42일간 비행시키는 최장기 비행 기록도 세웠고요. 그리고 비행하는 동안 계속해서 실시간으로 컴퓨터 명령과 자료를 주고받을 수 있었다는 것도 우리 프로젝트만의 성과였죠.

남극에서의 실험에는 정말 과정마다 생각지도 못한 일들이 일어났죠. 성공 뒤에는 언제나 어려움이 있기 마련이죠. 몇 가지 사례를 들어 볼게요.

한 번은 날씨 예보원이 아버지 장례 때문에 미국으로 급히 돌아가서 기상을 바로바로 알 수 없었어요. 계속 날씨가 좋지 않아 발사 시도가 일곱 차례 연기되었고요. 거기다 풍선을 띄우려던 날에는 컴퓨터 통신도 작동하지 않아서 이리듐(Iridium) 전화기를 빌려서 연락을 했죠. 마지막 발사 준비를 하면서 헬륨 가스를 풍선에 채울 때에는 안개가 짙게 껴서 태양 전지에 전원을 공급할 수 없을 정도였죠. 하지만 기구를 막 띄우려던 순간에는 마법처럼 날이 개서 기구를 띄울 수 있었지요.

더구나 대기 중에 와류(Vortex)[7]가 있는 동안에 비행하지 않으면 풍선이 남극 상공에 머물러 있지 못하기 때문에 발사가 연기될수록 비행 시간이 줄어드니까 매 순간순간마다 가슴이 조마조마했어요.

남극에서 검출기인 크림과 기구를 연결하는 모습 ↗
크림 검출기와 서은숙 선생님 →

지름이 150미터, 다시 말해 잠실 운동장만 한 풍선을 만들어 우주선 관측 장비를 매달아 기온은 영하 십수 도 아래로 떨어지고 초속 수십 미터의 강풍이 부는 남극 하늘에 띄우는 것이 한강 둔치에서 연 날리는 일처럼 쉽지는 않을 것이다. 다른 일들은 없었을까?

서은숙 남극 갈 때에는 뉴질랜드에서 프로펠러가 달린 군용기를 타고 갔죠. 여덟 시간 정도 걸렸어요. 좌석도 제대로 없고, 앉으면 다른 사람과 무릎이 닿아요. 화장실도 거적 하나로 가려져 있었죠. 남극에 도착하면 눈에 반사된 빛이나 강한 햇빛으로부터 눈을 보호하기 위해 꼭 선글라스를 착용해야 되고요. 남극은 완전하게 보존되어야 하기 때문에 야생 동물을 만지거나 음식을 주면 안 되고, 쓰레기가 생기면 모두 가지고 나와야 하죠. 그 때문에 분리 수거를 매우 중요시하죠.

텐트에서 생활하는 해양생물학자들을 만난 적이 있는데, 고아가 된 펭귄들을 모아 자립하기 전까지 보호해 주면서 헤엄치는 법을 가르치고 있었어요. 얼음에 구멍을 뚫어 수영장을 만들어 놓으니까 아기 펭귄들이 관심을 가지고 주변을 뱅글뱅글 돌더라고요. 호기심은 있는데 서로 무서워서 못 들어가는 거죠. 내가 갔던 날에 아주 우연히 펭귄 한 마리가 발을 헛디뎌 빠졌는데 겁에 질려서 허우적거리더군요. 가장자리가 수직이라 나오지도 못하더라고요. 결국 사람들이 끌어올려 줬죠.

엘리베이터 토크, 의사 소통 능력은 과학자의 필수 능력

일화 자체도 재미있었지만 교수님께서 워낙 재미있고 실감나게 말씀을 잘하셔서 모두들 웃음을 터트리지 않을 수 없었다. 크림 프로젝트 이야기가 얼추 마무리되어 조금 가벼워진 마음으로, 일상 생활이라든지 여가 활동에 대한 가벼운 이야기를 꺼냈다.

서은숙 여가 시간이라……. 직장에서 일하는 사람들은 일하는 시간과 여가 시간이 구분되어 있는데, 나는 그런 것 같지 않아요. 이 일을 하는 게 너무나 즐거워서 그렇죠. 즐거워서 하는 일이 여가라면 모든 시간이 다 여가네요.

나의 경우는 일과 여가가 섞여 있어요. 재미 한인 물리학자 협회 활동의 일환으로 한인들에게 물리 공개 강연을 한다거나 다른 강연 일정을 조정하는 것도 내게는 일이 아니라 여가 활동이죠.

4월 말 메릴랜드의 날이 되면 대학을 개방하는데, 대중을 위한 재미있는 물리 강좌 같은 것을 해요. 대중에게 무언가를 가르치려는 것은 아니고, 우리가 하는 일이 가치가 있음을 알리는 거죠. 그래야 세금을 좀 더 잘 내지 않겠어요? (웃음)

과학자가 연구만 하는 게 아니라 사회와 커뮤니케이션을 할 수 있어야 된다는 거죠? 가르치는 일을 즐기시나 봐요.

서은숙 가르치는 것이 생각보다 시간이 많이 들고 노력을 요하는 일이에요 연구라는 것이 새로운 것을 찾아 가는 과정이라면 내가 학생들을 가르치는 것도 새로운 것을 알아 가는 과정이라고 할 수 있죠. 나는 새로운 교육 방법을 자꾸 도입해 보는 편이에요. 질문을 만들면서 강의를 하는데, '왜 학생들이 모르는 걸까?' 하는 것에서부터 시작하죠. 새로운 교육 방법이 어떤 것이 있을까 생각하고, 강의에 적용하는 편이에요. 연구랑 다를 바가 없죠. 연구하는 것처럼 가르쳐요.

발견이란 것은 어떤 목표기 정해져 있는 프로젝트와는 다르죠. 전혀 기대하지 않았던 곳에서 발견이 일어나요. 우연한 발견, 그 발견의 의미를 찾아낼 수 있는 연구 환경을 조성하는 것이 필요한 것 같아요.

학생은 교수의 이야기를 듣는 것보다 자기들끼리 이야기하면서 더 많이 배워요. 내 목표는 재미있는 수업, 즐거운 수업을 하는 거예요. 내가 생각하기에 사람이 한번에 집중할 수 있는 시간은 15분 정도니까, 강의를 간단히 하고 나머지 시간에는 학생들끼리 토론하게 하죠.

물리학을 전공하지 않는 학생들에게는 물리학적인 논리를 가르치는 편이 중요한 것 같아요. 배우고 때때로 익히면 즐겁지 아니한가![8]

먼 미국에 있는 물리학자의 연구실에서 공자님 말씀을 듣다니! 선생님의 말씀은 계속 이어졌다.

서은숙 어차피 연구는 혼자서 하는 게 아니라 다른 사람과의 협동이 필요한 작업이잖아요? 그래서 학부 수업을 들을 때부터 연습할 필요가 있어요. 학부의 수업 시간에서는 정말 많은 것을 배울 수 있죠. 여러 사람이 모인 곳에서는 필수적인 민주적인 사고 방식을 배울 수도 있고요. 수업 듣는 학생들이 다양하기 때문에, 팀을 짜면 팀마다 뛰어난 사람이 꼭 한 명씩은 있죠. 그 사람을 중심으로 내가 제시한 과제를 하나하나 잘 해결해 나가죠. 그 과정에서 배우는 것이 바로, 자기가 할 수 있는 것이 무엇인지, 내가 할 것과 다른 사람에게 맡겨야 할 것이 무엇인지 구분하는 지혜죠.

한국 학생들은 시험은 제일 잘 보는데, 막상 알고 있는 것을 이야기해 보라고 하면 못 해요. 질문하고 말하는 것을 힘들어하는 편이에요. 그것만 잘하면 정말 돋보일 텐데. 의사 소통은 언제나 중요해요. 미국 학생들이 자신들의 결과를 정말 잘 포장하는 것은 어떻게 보면 당연한 거죠.

우리는 프로젝트를 만들어서 파는 거예요. 따라서 우리에게 돈을 주는 사람들을 설득할 수 있어야 하죠. 세금이나 기업의 돈을 순수 과학에 투자하도록 만들려면 우리 제안과 계획에 설득력을 부여할 수밖에 없어요.

'엘리베이터 토크'라고 하는 게 있어요. 엘리베이터를 타려고 기다리는데 사장을 만났다고 쳐요. 그 엘리베이터를 타고 가는 동안 자신이 원하는 바를 이야기하고 설득시킬 수 있어야 한다는 거죠. 단 두 문장으로, 내가 공부하는 것을 아무 지식도 없는 사람들, 유치원생한테라도 이야기할 수 있도록 언제나 준비되어 있어야 해요.

미국에서는 박사 학위를 받은 학생들이 박사 후 과정에 들어가기 전에 가장 먼저 배워야 하는 것이 연구비를 따기 위한 연구 제안서 쓰는 훈련이라고 생각해요. 정말 필요한 일이지만 대개의 경우 교과 과정에서 이것을 가르치지는 않기 때문에 갓 박사 학위를 딴 학생들은 전혀 모르는 경우가 많죠. 중요한 것은 연구는 자기 혼자 좋아서 할 수 있는 게 아니라 다른 사람을 설득해야만 한다는 것을 인식하는 일이에요. '엘리베이터 토크', 현대의 과학자는 이것을 할 수 있어야 해요.

'엘리베이터 토크', '언제나 준비되어 있어야 한다.' 가벼운 마음으로 여가 생활에 대해 물었던 것이 어느새 과학자와 커뮤니케이션이라는 중요한 주제로 돌아와 있었다. 그 과정에서 금쪽같은 선생님의 지혜가 쏟아져 나왔다. 미국과 남극을 오가며 지상과 우주를 연결하는 연구 프로젝트를 총괄해 온 슈퍼 사이언티스트만이 들려줄 수 있는 이야기들을 들으며 나는 지금 어떤가 하는 생각을 하다 보니 정신이 하나도 없었다.

'엘리베이터 토크'. 1~2분 안에 다른 사람을 설득할 수 있는 능력. 과연 어떻게 해야 획득할 수 있는 것일까? 특히 여성의 경우 사장과 엘리베이터를 같이 탄다고 해서 말이나 붙여 볼 수 있을까? 귀를 기울여 주기나 할까? 아무리 여성에 대한 차별이 줄어들고 기회의 문이 넓어졌다고는 하나 아직 많이 부족한 게 사실이 아닌가? 선생님께 있어 '여성' 과학자라는 게 어떤 의미인지 듣고 싶어졌다.

과학의 세계에서 여성은 어떤 지위에 있다고 생각하세요?

서은숙 다 알다시피 여자라서 무시되는 면이 있어요. 미국에서도 많은 남성들이 여성 연구자를 'young lady'라고 부르곤 해요. 한국에서는 '아가씨'라고 하죠. 그거랑 똑같은 의미예요. 그 사람도 나름대로 좋은 사람이고 그렇게 부르는 데에는 악의가 있는 것도 아니죠. 사회적인 문제인 거예요. 심지어 내가 NASA에서 연구할 때에는 나를 새로 온 비서로 알더라고요. 학생 때에는 학회에 갔다가 '미스터 서'라고 씌어진 명찰을 받기도 했죠. 그리고 가장 중요한 문제가 과학 세계에서는 아직도 여성 연구자가 지도자가 되기가 어렵다는 거죠. 하지만 일단 되고 나면 모든 것이 달라지죠.

일단 지도자가 되면 여성이라는 것은 장점으로 기능하죠. 여성의 품성이랄까, 아주 작은 목소리도 들을 수 있는 여성의 섬세함은 리더의 지위에 오른 여성에게 큰 힘이 되어 주죠. 자신의 의견을 제대로 개진하지 못하는 사람들의 이야기도 들을 수 있어요. 그리고 분쟁을 해결할 때에는 여자라는 품성이 유리해요. 내가 주류가 아니기에 솔직하고 객관적으로 이야기할 수 있죠. 주변인이기 때문에 객관적으로 솔직하게 이야기할 수가 있다니, 좀 아이러니하죠? 남성들은 부탁하는 게 자존심 상하는지 부탁을 잘 안 하는데, 여성은 부탁할 수 있고요. 물론 여자들끼리 있을 때에는 오히려 더 어려울 수도 있죠.

내 실험실에 있는 대학원생 중 여학생은 두세 명이고 대부분은 남자들이죠. 한국에서 온 박사 과정 학생들은 좀 전에 만나 봤죠? NASA의 경우에는 구성원들 대부분이 남성이고, 백인이죠. 그래서 미국 과학계에는 '남성, 백인, 곰팡내'라는 뜻의 'male, pale, stale'이라는 말이 돌곤 했죠. 그래도 지금은 많이 변했어요. 여성이나 유색 인종을 많이 받아들이고 있는 편이고, 우주 관련 분야에서 활동하는 여성 연구자들도 꽤 많아졌어요. 그래도 아직 물리학 분야에는 여성 연구자들이 매우 적죠. 왜 여자들은 물리학을 좋아하지 않는 걸까요?

당연히 좋아해야 할 물리학을 좋아하지 않는 이유가 정말로 궁금하신 듯했다. 선생님 질문을 듣고 보니 사실, 나의 경우에는 물리학 자체를 싫어했다기보다는 고등학교 때 물리 성적이 별로 안 좋아서 물리학을 가까이 하지 않았다.

서은숙 여자 고등학교에서는 물리를 대충 배우기도 하고, 재미없게 배우기도 하니까 그렇겠네요. 내가 초등학교 2학년 때 이미 어머니와 학교 선생님은 법과 대학을 보내기로 결정해 두셨더라고요. 그러나 나는 별로 가고 싶지 않았죠. 그래서 고등학교에서 문과와 이과로 갈릴 때 수학을 더 많이 배우기 때문에 이과로 간다고 했죠. 그리고 대학 입학 때에도 그래도 괜찮게 했던 화학, 생물학 대신 물리학을 선택했죠. 도전하고 싶었던 거죠.

밥을 먹으면서도 선생님은 뜨거운 열정으로 정말 많은 이야기를 해 주셨다. 그런데 시계를 보니, 벌써 밤 10시였다. 우리는 어느새 깊은 밤이 되었는지 모를 정도로 대화에 빠져든 것이었다. 선생님은 수많은 업무로 피곤하실 텐데도, 처음부터 끝까지 생글생글 웃으시면서 우리를 배려해 주셨다. 그래도 너무 많은 시간을 뺏을 수는 없어서, 못 다한 이야기는 내일로 미루고 첫날 인터뷰를 마무리했다. 숙소로 돌아와서 그날의 대화를 정리한 다음 인터뷰를 준비하고 잠자리에 들었다. 그때 이미 자정이 훌쩍 지나 있었다.

실험실에 있는 크림 설계도 앞에서, 가운데가 서은숙 선생님 ↗
둘쨋날 세미나실에서 →

프로젝트 관리는 접시돌리기

이튿날 다시 메릴랜드 대학교로 찾아가 큰 세미나실에 둘러앉았다. 어제 식사를 함께할 때의 다정한 분위기가 남아 있어서 그런지 왠지 공식적인 인터뷰를 하려니 쑥스러웠지만 마음을 다잡고 인터뷰를 시작했다.

어제의 이야기가 선생님의 성격과 프로젝트에 초점이 맞춰져 있었다면 오늘은 선생님의 리더로서의 역할에 대해서 좀 더 자세히 듣고 싶었다. 선생님이 어떤 과정을 거쳐 현재의 자리에 이르게 되었는지 알고 싶었다. 먼저 이야기는 대학 시절에서 시작되었다.

서은숙 내가 고려 대학교를 다녔거든요. 선후배 간 유대가 상당히 강한 곳이라서 단체 생활에서의 역할에 대해서 알게 모르게 배웠던 것 같아요. 어느 단체든 그 구성원 각자가 맡은 바 일을 어떻게 하는가가 가장 중요한 거죠. 단체가 제대로 돌아가려면 말이죠. 일단은 구성원 각자 자신의 본분이 무엇인지를 알고 그 본분을 다하는 것이 가장 중요해요.

나중에 어떤 위원회에 전문가로서 참여하게 될 때를 생각해 보세요. 여러분에게 목적과 역할이 주어질 거예요. 그 목적과 역할을 따라 일을 해야지 그런 것에 상관없이 내 생각대로 일을 막 한다고 해서 되는 게 아니잖아요? 그리고 그 위원회에서 "너는 이걸 맡고 나는 이걸 맡자."라고 서로 합의하에 일을 나누게 되죠. 각자 전문 분야를 인정해 주고 함께 일을 하는 거예요. 마찬가지예요. 이것은 동아리 활동이나 리서치 그룹이나 단체 활동이라면 항상 적용돼요. 그래서 대학 때 하는 동아리 활동 같은 게 나중에 본격적인 연구 활동을 하는 리서치 그룹이나 다른 단체 활동에도 도움이 되는 지요.

단체 활동에서는 자기의 본분을 아는 게 중요하다고 하셨잖아요. 그렇다면 선생님께서 생각하시는 지도자의 본분이나 구성원의 본분은 무엇인가요?

서은숙 지도자는 비전을 가지고 있어야 해요. 지도자는 비전을 가지고 자신이 이끄는 그룹이 갈 방향을 정해야 하고, 구성원들은 그 비전을 실현하는 데 필요한 역할을 수행해야 해요. 지도자는 구성원들이 비전과 자신이 하는 역할의 관계를 잘 이해하고 각자의 활동을 잘할 수 있도록 도와줘야 하죠. 지도자라고 해서 자기가 생각하는 대로 구성원들의 의견 수렴 없이 지시만 하려 든다면 독재자가 되는 거죠.

의견을 수렴한다는 게 항상 쉽지는 않아요. 사람들 사이에 감정적인 문제가 생길 수도 있고, 구성원들이 전체적인 면을 못 볼 수도 있죠. 그리고 모든 게 민주주의적으로 이루어지는 것은 아니죠. 사람마다 의견이 각자 다르고 어떤 사람들은 부정적인 생각들을 강하게 품고 있지요. 사람들이 가지기 쉬운 '이건 안 될 거야. 그래서 할당된 일을 하지 않을 거야.' 하는 심리적인 경향을 극복해야 되요. 이때 독재자가 되지 않고 잘 이끌어 나가는 것이 리더의 큰 임무가 되죠. 구성원들이 동의하지 않을 때도 따르도록 하는 것이 지도자겠죠. 구성원들이 이해를 잘 못 해서, 상황을 잘 몰라서 따르지 않을 때에도 그 사람들을 이해시키려고, 이끌려고 노력해야 한다는 게 지도자와 구성원의 다른 점이겠죠.

리더십은 학교 같은 교육 기관에서 배울 수 있는 게 아닐지도 몰라요. 동아리 생활 같은 것을 하면서 몸으로, 즉 체험으로 배우게 되는 거죠. 교과서를 통해서 배우는 게 아니라 과제를 수행해 가면서 깨닫는 것이니까요. 지도자의 역할, 구성원으로서의 역할도 해 봐야 알잖아요. 나는 학생 때 학급 임원을 여러 번 맡았는데 반장보다 부반장이 더 어렵더라고요. 어느 쪽 장단에 맞춰야 할지 모르겠어서 그런 거죠.

말씀하신 것처럼 지도자는 비전을 가져야 하고 구성원보다 신경 써야 할 일도 많은 만큼 힘든 일이잖아요. 남자, 여자 가릴 것 없이 리더가 되기를 부담스러워 하는 경우가 많아요. 그중에서 특히 여성은 리더가 되기를 더 부담스러워 하죠. 이런 것에 대해서는 어떻게 생각하시나요?
서은숙 왜 힘들다고 하던가요?

남자들이 잘 안 따라 주는 것 때문이기도 하고, 남자들이 가진 여자는 일을 잘 추진하지 못한다는 편견 탓인 것 같기도 해요. 만약에 실수하면 '쟤는 여자니까 못한다.' 하는 식으로 흠집을 더 많이 잡는 것 같아요.
서은숙 여성 집단이 과학계 내에서 '소수자' 집단이라 겪는 어려움이죠. 한 사람이 못하는 것을 일반화해서 전체 여성 집단을 비판하는 거죠. 남자 한 사람이 못하면 개인적인 문제가 되는데 여자의 경우는 그렇지 않은 거잖아요. 근본적으로 이런 남자, 저런 남자 있듯이 이런 여자, 저런 여자 있는 것이 받아들여질 수 있는 사회가 되면 아마도 나아지지 않을까 싶어요. 나 역시 나 혼자의 잘못이 여성 연구자 전체로 비화되지는 않을까 부담스럽고 걱정도 되지만, 오히려 여성의 대표로 보아 준다는 사실을 생각할 때마다 정말 잘해야 한다고 나를 채찍질하죠.

기회가 주어졌을 때, 해야 할 일이라면, 자기가 할 수 있고 또 하면 잘할 수 있을 일이라면 적극적으로 해야죠. 돌이켜 보면 내가 한국 사회에 있을 때 가장 잘못했던 것 중에 하나가 바로 수동적으로 여학생 생활을 했다는 거예요. 사회의 구조적 · 문화적 분위기에 눌려서, 여자는 이래야 한다는 주어진 틀에서 벗어나지 못한 거죠. 그러기 싫었던 거예요. 튀면 항상 불편해지니까 말이죠.

나는 학교에서 회장, 반장을 줄곧 하기는 했지만 자진해서 입후보한 적은 한번도 없어요. 어떻게 하면 피할까 궁리하다가 어쩔 수 없이 하곤 했죠. 우리 반은 이런 점이 부족하니까 이렇게 개선해야 한다고 말하지 못했어요. 같은 일을 하더라도 능동적으로 한 게 아니라 수동적으로, 소극적으로 했죠. 당시 적극적인 자세가 장려했다면 적극성을 배우려고 했을 거잖아요? 나중에 졸업하고 나서 그 학생들은 물론 사회에도 큰 도움이 되었을 거라고 생각해요

서은숙 선생님 같은 분이 자신을 소극적이라고 하시다니. 이해가 잘 되지 않았다. 과연 우리는 얼마나 더 적극적이 되어야 하는 걸까?

서은숙 일단 내 역할이 정해진 다음에는 결과를 내기 위해서 적극적으로 일을 해요. 프로젝트를 추진하는 경우 리더로서 여러 사람이랑 의논해서 해결해야 할 일도 있지만 나 혼자 프로젝트의 미래를 위해 결정해야 하

는 것이 있어요. 어제 이야기했지만 연구 프로젝트는 한 사람이 하는 게 아니라 여러 사람이 하는 거잖아요. 팀을 만드는 것부터 하나의 일이지요. 프로젝트의 방향을 참가자들에게 납득시키고, 필요한 사람이나 물건이 있다 싶으면 가서 끌어 들여야 하죠. 나의 적극성은 그런 부분에서 발휘되죠. 그러나 그 상황까지 가기 전에는 수동적일 수밖에 없어요.

선생님 말씀대로 리더는 팀과 그 팀을 둘러싸고 있는 환경을 연결하고 있는 존재이다. 팀 내부에서는 팀 구성원들의 소극성과 싸워 가며 목표의 달성이라는 하나의 흐름으로 구성원들을 묶어 내고, 자신이 적극적으로 어떻게 해 볼 수 없는 팀 외부에서는 공공 기관을 설득해 연구비를 움직이고 프로젝트에 도움을 줄 수 있는 다른 팀을 프로젝트 안으로 끌고들어와야 한다. 그렇다면 선생님은 리더로서 어떻게 문제를 풀어 나가고 있을까? 그리고 어떤 과정을 거쳐 리더가 된 것일까? 좀 더 구체적으로 이야기를 듣고 싶었다.

서은숙 프로젝트 리더를 의원처럼 선출하는 경우도 있죠. 그러나 이 NASA 프로젝트의 경우는 내가 총책임자로서 프로젝트를 소유하고 있어요. 모든 게 '이런 프로젝트를 해야겠다.' 하는 내 아이디어에서부터 출발했기 때문에 나는 프로젝트의 과학적 가치와 의미를 책임져야 하죠.

그러나 모든 경영 관리를 내가 다 할 수는 없어요. 그래서 사람들을 모아 연구 그룹을 만들어야 하죠. 인터뷰를 해서 학생, 엔지니어, 행정 사무를 볼 사람을 하나하나 뽑는 거죠. 사람을 뽑고 각자에게 역할을 부여하고 연구 그룹에 들어오자마자 바로 맡은 바 일을 할 수 있도록 하죠.

사람들이 무슨 일을 해야 할지 숙지시키고 숙련시키는 데 시간이 걸리죠. 아무리 뛰어난 연구자라고 하더라도 자신들이 지금까지 하지 않던 일을 갑자기 잘할 수는 없는 법 아닌가요? 실제로 새로운 프로젝트 참가자들이 유용한 기여를 하는 데에는 시간이 좀 걸려요.

모든 일에는 시작이 있죠. 그리고 사람들에게도 처음 하는 일이 있는 법이죠. 처음부터 모든 것을 잘하는 사람은 존재하지 않아요. 그래서 처음으로 프로젝트를 진행하는 나를 도와주는 사람이 필요하죠. 나의 약점을 보완해 주고 나의 강점을 발전시켜 줄 수 있는 사람. 어떤 사람이 나에게 꼭 필요한지 알려면 먼저 자신의 강점과 약점을 잘 아는 게 중요해요. 최고의 짝을 찾으면 내 팀은 강해지지요.

구성원들 서로가 전부 다른 게 사실상은 좋은 거예요. 그래야 모자란 점은 서로 채워 주고 팀을 숙성시키는 법이죠. 좋은 팀을 만드는 게 중요해요. 과학 연구 역시 사람이 하는 일이니까, 사람이 가장 중요하잖아요.

무엇보다 내가 믿고 맡길 수 있는 사람, 그 사람한테 맡겼다 하면 그 일에 대해 더 고민하지 않아도 되는 사람을 뽑는 게 가장 중요하죠. 사람을 신뢰할 수 없으면 일이 되지가 않아요. 신뢰할 수 있는 사람을 뽑거나 만드는 것, 리더가 해야 하는 일 중 그게 가장 어렵죠.

또 집단 내부 구성원뿐만 아니라 외부 인력도 관리해야 하죠. 내가 속한 집단이 할 수 있는 일이 있고, 다른 집단과 협력하는 게 나은 일이 있으니까요.

그리고 국제적인 협력을 얻어 한 나라만이 아니라 여러 나라로부터 연구비를 지원받는 경우도 있어요. 국제 협력 프로젝트를 성사시키면 여러 나라에서 다양한 형태의 지원을 받을 수 있기 때문에 큰 도움이 되지요. 국제적인 지원을 받으려면 우리가 진행하는 프로젝트에 흥미를 가질 만한 나라, 기관, 사람을 찾아서 교섭을 해야 하죠.

국제 협력 프로젝트에는 상당히 많은 시간과 노력이 들어요. 보통 다른 나라가 참여 혹은 자금을 지원하는 데는 제안을 하고 나서 2~3년 걸려요. 그쪽 정부의 논의를 거쳐야 하는 거죠. 모두 다 국민의 귀한 세금이니까 누가 돈이 필요하다고 국고에서 꺼내 줄 수 있는 게 아니겠죠.

또 어떤 경우에는 펀드 매니저와의 교섭을 하는 데 시간이 걸리기도 하죠. 때로는 학회의 승인이 필요할 경우도 있고요. 정부의 통제를 받는 실험실의 경우에는 우리 프로젝트에 참여하려면 정부나 상급 기관의 허락을 받아야 하죠.

선생님은 박사 학위를 따신 후 박사 후 과정 연구원으로 메릴랜드 대학교로 오셔서 연구를 시작하셨죠? 그리고 1995년부터 2004년까지 연구 교수(research scientist)로 계시다가 2004년 8월부터 종신 교수로 계셨잖아요. 이러한 지위 이동과 프로젝트 리더로서의 지위 이동은 특별한 상관관계가 있는 건가요?

서은숙 나는 박사 후 과정 두 번째 해에 연구 제안서를 처음 썼어요. 뒤에 설명하겠지만, 이것은 상당히 빨리 쓴 거죠. 그 전에, 연구원의 지위 구조에 대해서 먼저 설명해 줄게요.

박사 후 과정이라는 것도 학교마다 의미가 많이 달라요. 또 분야마다 다르지요. 정식 명칭은 post doctoral research associate라고 부르죠. 본질적으로 1년, 2년, 또는 3년 단위로 임용되는 계약직 연구자예요. 계약 기간이 끝나면 그때까지 그곳에서 하던 연구를 버려두고 다른 곳으로 옮겨야 하는 경우가 많은 불안정한 자리죠. 그러나 교직처럼 반영구적인 자리도 있어요. 이름만 봐서는 구분할 수가 없으니까 실제로 어떤 자리인지는 가 보기 전에 미리 알아봐야 하죠.

나의 박사 후 과정은 반영구적인 자리였어요. 연구 성과와 연구비가 있는 한 지속되는 자리였죠. 물론 아무리 반영구적인 자리를 얻은 연구원이라고 해도 돈을 쥐고 있는 정부 정책에 따라, 혹은 대학의 입장에 따라 연구비와 자리가 동시에 사라질 수 있다는 것을 알고 있어야 해요.

이러한 박사 후 과정 이후에는 연구자는 대개 교직으로 가거나 연구직으로 가게 되요. 명칭이나 그 역할이 학교마다 조금씩 다르기는 한데, 연구직은 교직과 평행하게 승진해 나아가요. 메릴랜드 대학교의 경우에는 완전하게 평행하죠. 박사 후 과정 다음에는 교직인 조교수(assistant professor)나 연구직인 연구 조교수(assistant research scientist)를 거치게 되죠. 그 다음은 부교수나 연구 부교수이고, 그 다음이 교수와 연구 교수이지요. 연구직과 교직은 학생을 가르쳐야 하느냐, 아니냐 하는 것만 다를 뿐 지위는 똑같아요. 예를 들어 교직의 교수는 학생들을 가르쳐야 하죠. 9개월 동안은 학생을 가르쳐야 하고 나머지 3개월을 자기가 마음대로 쓸 수 있죠. 그 기간 동안 연구를 할 수도 있고, 안 할 수도 있지요.

학생을 가르치지 않고 연구만 하는 연구 교수는 대학 안에서 중요한 역할을 해요. 대학교라는 곳이 학생 교육을 중심으로 하다 보니까 교수들이 강의 외 시간을 쪼개 연구를 하는 건 어렵잖아요. 그래서 연구 교수가 연구에서 중요한 역할을 하는 거죠. 그리고 연구 교수는 자신의 연구를 독립적으로 할 수가 있어요. 나는 그 혜택을 보았죠. 연구 교수로서 많은 일들을 할 수 있었어요.

대학의 직제에 대해 잘 모르는 우리를 위해 선생님은 연구직과 교직의 관계를 자세하게 설명해 주셨다. 그리고 이야기는 다시 선생님 어떤 식으로 연구 생활을 해 왔는지 하는 것으로 옮겨 갔다.

서은숙 이곳 메릴랜드 대학교에는 내가 이곳에 박사 후 연구원으로 왔을 적에 주임 교수였던 분은 프랭크 맥도날드(Frank B. McDonald) 교수님이에요. 그분은 지금도 학교에 계세요. 지금 여든 살인데도 불구하고 예순 살 때처럼 똑같이 일을 계속하시죠. 보이저 우주선[9]라고 아시나요? 목성, 토성, 천왕성 등을 탐사하고 지금은 태양계 밖으로 나간 우주선. 맥도날드 교수님이 그 프로젝트의 리더였어요. NASA 수석 과학자로 계시다가 은퇴하시고 학교로 오셨죠. 맥도날드 교수님에게 있어 NASA 은퇴는 공무원으로서의 은퇴일 뿐이었죠. 과학자로서 은퇴하신 적은 단 한번도 없죠. 그리고 이 메릴랜드 대학교는 나이에 따라 학자를 은퇴시키거나 하지는 않아요.

나는 그 맥도날드 교수님께서 공직에서 학계로 돌아와 연구팀을 만들 때 박사 후 연구원으로 들어왔어요. 나의 공식적인 연구 인생은 그때 본격적으로 시작되었죠.

나는 보이저 우주선이 지구로 보내 주는 데이터를 분석하는 일을 하기 위해 메릴랜드 대학교의 맥도날드 교수님 밑으로 들어왔어요. 나는 처음 연구실에 들어오면서 "제가 제 자신의 제안서를 만들 수 있나요?" 라는 질문을 가장 먼저 드렸어요. 나의 가장 중요한 일은 당연히 보이저 우주선의 자료 분석이겠지만 그것 말고 하고 싶은 것을 할 수 있게 해 주시겠냐는 요구였던 거죠. 다행히도 그분은 아주 열린 분이었죠. 지금 생각해 보면 그것도 매우 드문 기회였죠.

박사 후 과정 2년 동안은 정말 열심히 보이저 우주선이 보내 준 정보를 분석했죠. 그러면서 틈틈이 짬을 내어 나만의 연구 계획을 잡아 나갔죠. 그리고 참 이른 시기에 제안서를 냈어요. 우주에서 날아오는 양전자의 양을 측정해서 암흑 물질(dark matter)[10]의 정체를 밝혀 보겠다는 연구 기획이었죠. 이 연구가 양성자와 헬륨 원자핵까지, 즉 우주선 전반에까지 확장되어 현재의 연구가 되었죠.

맥도날드 교수님도 연구팀을 꾸리고 연구비를 조달해 본 적이 있는 분이라 내 당돌한 연구 제안서를 NASA에 제출하도록 허락하셨어요. 자신의 연구 제안서, 자신이 따온 연구비가 연구자에게 얼마나 큰 힘이 되어 주는지를 알고 계셨던 거죠.

아무튼 그 연구 제안서가 통과돼서 연구비를 처음 받게 되었어요. 학생을 하나 데려다가 조교 수당도 주면서 같이 일을 할 수 있게 된 거죠. 이제 일을 보이저 관련 일과 내 일, 두 배로 해야 하니까, 도와줄 사람이 필요해졌거든요.

그런데 선배 동료들은 이랬어요. "네가 아무리 지원금을 받았다 해도

누가 너처럼 새파랗게 젊은 사람한테 와서 일하겠냐?" 학교 다닐 때는 시험 잘 보면, 여자는 술 안 먹으니까 시험 잘 본다는 등의 빈정거림을 들었는데, 박사 후 과정에서도 비슷한 이야기를 들은 거죠. 사람 심리라는 게 이솝 우화의 '여우와 신 포도' 이야기[1]랑 똑같은가 봐요? 그러나 내가 필요하다고 생각할 때 필요한 사람이 나타나더라고요. 그런 건 내가 통제할 수 없는 부분인 거죠.

그게 크림을 하늘에 올리기 12년 전인 1993년이었죠. 그 후 매년 프로젝트를 하나씩 새로 시작했어요. 하나를 시작해서 돌려 놓고, 그 다음 프로젝트를 생각해서 돌려 놓고, 또 새로운 것 하나……. 이런 식으로 계속해서 다리 놓듯이 연결하다 보니 10여 년간의 연구 일정, 즉 로드맵이 만들어지더군요.

접시돌리기 하는 사람들 봤어요? 하나 돌리고 다음 접시 떨어지기 전에 또 가서 받고 그래야 되잖아요? 프로젝트 관리도 그런 식인 거죠.

새로운 아이디어가 추가되고, 할 일도 늘어나고, 그 일들을 할 새로운 연구원들도 고용해야 하고 그러면 다시 관리하는 일도 늘어나고, 사람 수가 늘어난 만큼 사람들이 제대로 일하게끔 내가 챙겨야 할 일도 늘어나고 ……. 이런 식으로 하다 보니 순식간에 현재 상태까지 오게 된 거죠.

말씀하시는 것만 들어도 접시돌리기가 생각나 머리가 핑핑 돌 것 같다. 할 일이 정말 많고, 바쁘고, 그리고 다른 일도 시작해야 하고. 하지만 선생님이 돌리는 접시는 흔들림 없이 돌아갈 것 같다. 처다보는 사람도 별로 불안하지 않을 것 같고.

서은숙 대학 안에도 정치가 있어요. 아까 우리 실험실 잠깐 가 봤죠? 나름대로 좋은 공간이죠. 대학 내 정치에서 가장 큰 싸움이 바로 실험실이나 연구실을 둘러싼 거예요. 한 캠퍼스 같은 건물이라고 해도 좋은 방, 좋은 실험실이 있는 법이라 싸움이 많은 편이죠. 그러나 나는 이 실험실을 아무런 싸움도 없이 얻어냈어요. 내가 겁도 없이 프로젝트를 제안하고 나서 대학 당국을 찾아가서 방을 달라고 했는데 마침 빈 방이 있었던 거예요. 원래 거기 있던 기계 작업실이 쓸 일이 별로 없다고 다른 단과 대학으로 넘어가게 생겼던 거죠. 모든 일이 너무 잘 풀려서 마치 마법 같았고 모든 사람이 내 친구인 것 같았죠.

그 후 이 실험실을 수많은 연구자들과 실험 기구들로 가득 채웠죠. 아무것도 없는 곳에서는 어떠한 것도 만들어 내기 힘들죠. 얼마 전에 우리 실험실을 방문한 일본 연구 동료들이 그러더군요. 몇 년 전에 왔을 적에는 텅 비어 있던 방이 이제는 가득 찼다고요.

이렇게 프로젝트를 기획하고 사람을 모으고 실험실을 만들고 내 연구를 하는 동안 다른 것은 조금도 생각할 틈이 없었죠. 그러다 보니 내 지위가 어떤 것인지는 생각해 볼 수도 없었죠. 저는 그렇게 연구에 몰두하다 보면 다른 것은 전혀 생각하지 못하는 사람이었어요.

어머니께서는 그런 나를 보면서 애가 똑똑하긴 한데 겉똑똑이라고 하셨죠. 공부는 잘하는 것 같은데, 세상 물정은 영 모른다고. 어쩌면 물리학을 전공한다는 것 자체가 이런 말을 듣기 딱 좋은 일이죠. 세상 물정과는 전혀 상관없는 학문이거든요. 내가 전공을 선택할 때도 언니 오빠 있고 세상이 어떻게 돌아가는지 아는 애들은 자기 능력을 보고 잘 팔리는 과를 찾아갔죠. 직장을 잡을 때도 전망 좋고 안정적인 직장을 잘 찾죠. 그리고 그 직장을 몇 번 옮겨 다니면서 자신의 몸값을 올리죠.

그러다 보니 뒤쳐진 거죠. "너는 왜 연구만 하니? 학교에서 종신 재직권(tenure)을 안 주니? 하는 이야기를 듣고 나서야 무언가 해야겠구나 생각했죠.

종신 재직권을 얻는 것은 부차적인 일이었다

^{서은숙} 맥도날드 교수님께서 NASA에서 동료였던 맥 유리라는 여성 천문학자를 소개시켜 주셨어요. 여성 문제를 지원받을 수 있다고요. 그런데 그분 말씀이 그냥 열심히만 한다고 해서 일을 해결할 수는 없다고 했죠. 특히 여자들은 아무리 열심히 해도 안 된다고 했죠. 그런 이야기를 듣고 세상을 한 번 살펴보니 그런 예가 무수히 보이는 거예요.

내가 연구하고 있는 우주선 분야에서 무거운 핵(heavy nuclei)을 발견한 미네소타 대학교 여자 교수님이 있어요. 그분의 연구 성과는 노벨상 감이죠. 원래는 종신 재직권 없이 연구만 했는데 노벨상 이야기도 나오고 하니까 비로소 종신 재직권을 받았죠. 남자들끼리는 서로 모여서 클럽 같은 것도 만들기 때문에 서로 사정을 잘 알죠. 그래서 때가 되었다 싶으면 본인이 아무 말 안 해도 서로 잘 밀어 주고 끌어 주죠. 이런 식으로 남자와 여자는 출발점도 다르고 얻는 정보도 다른 거죠.

어떤 의미에서 여자들은 자신과 원칙 속에만 갇혀 있어요. 나는 나대로 바쁘기 때문에 학교에서도 다른 사람들은 뭘 하는지 모르는 거고 내가 무엇을 해야 하는지도 모르는 거죠. 내 지위를 올리는 게, 그것을 요구하는 게 내가 해야 하는 일들 '목록'에 없었던 거예요. 동료들에게 나를 선전하고 나의 가치를 밖에 있는 다른 사람들에게 납득시키는 일, 그럼으로써 나를 비싼 몸값으로 파는 일을 전혀 하지 않았죠.

물론 당시 입장에서야 그런 거에 별 아쉬움이 없었죠. 처음 하는 나만의 프로젝트에 모든 것을 집중해야 했고, 수업도 들어가야 했죠. 그리고 연구 말고 신경 쓸 게 많은 교수보다 그때 자리가 더 낫다고 생각했을지도 몰라요. 하지만 평생 학생처럼, 연구원처럼 살 것도 아닌데 앞일을 생각하고 하라는 충고를 듣고는 생각이 바뀌었죠. 그때부터는 학교와 이야기를 했죠. 학부에 포함되기로 하고 종신 재직권을 받고 그랬지요.

연구와 프로젝트에만 몰두하신 선생님이 지위에 무관심한 것은 자연스러운 일일 것이다. 그러나 선생님만 한 업적이 없다면 말을 한다고 해서 대학 당국이 여성 과학자의 지위를 연구직에서 교직으로 바꿔 주는 일은 많지 않을 것 같다. 내가 이런 생각을 한다는 것을 눈치 채셨는지 선생님 역시 선생님처럼 되는 경우가 적다고 말씀하셨다. 그리고 그러한 현실을 바꿔 나가는 게 힘들다는 것도.
  그렇다면 선생님께서 일에 그토록 집중적으로 매달리는 것도 연구에 대한 열정만으로 설명할 수 없는 것은 아닐까? 그 뜨거운 열정 뒤에는 그림자가 있는 게 아닐까? 일을 해내지 못한다면, 목표를 달성하지 못한다면, 접시처럼 아슬아슬하게 돌아가는 프로젝트를 원활하게 이끌어 나가지 못한다면 마음껏 연구할 수 있는 현재의 자리를 잃을지도 모른다는 불안감이 선생님의 움직이고 있는 것은 아닐까? 그래서 조심스럽게 이렇게 여쭈어 보았다.

선생님이 걸어오신 길은 한국에서는 걷기 힘든 것 같아요. 혹시 연구를 계속 해 오시면서 어떤 불안감을 느끼신 적은 없나요? 아니면 프로젝트에 몰두하고 있는 선생님 자신에 대한 불안 같은 것은 없으신가요?

^{서은숙} 불안해 한 적은 없어요. 불안해 할 시간조차 없었죠. 물론 불안이 없을 수는 없겠죠. 우리가 받는 연구비가 돈을 쥐고 있는 정부의 정책에 따라 언제 끊길지 사실상 알 수 없거든요. 말 그대로 주는 사람 마음이죠. 연구비가 끊기면 프로젝트도, 실험실도, 내가 있는 자리도 날아가고 말지요. 그러나 나는 연구 프로젝트를 계속해 오면서 연구비가 끊길지도 모른다는 위기에 처한 적은 없어요. 그런 적이 없기 때문에 불안을 느끼지 않고 일을 하는 거겠죠. 사람도 매년 늘어나고 그것에 따라 우리 연구팀도 계속 커졌기 때문에 거꾸로, 원점으로 돌아갈 것이라는 걱정은 하지 않았죠. 항상 어떻게든 해냈으니까요.

불안을 느낄 시간조차 없었다고 말씀하시는 선생님의 모습은 반짝반짝 빛나고 있었다. 선생님의 추동력 중에 불안감이 있을지도 모른다는 나의 생각이 죄송스러울 정도였다. '과학해서 행복한 사람'이란 게 이런 걸까? 그래도 이왕 뽑은 칼, 무라도 베어야 하지 않을까? 불안감에 대해 물은 김에 아예 선생님의 갈망에 대해서도 알고 싶었다. 사람이란 존재가 언제나 밝게 빛나는 것은 아닐 것이다. 서은숙 선생님에게도 어떤 욕망, 갈증 같은 게 있지 않을까?

많은 사람들이 봤을 때 교수님은 여러 가지 프로젝트를 책임지는 높은 위치에 있어요. 그런 것 이외에 교수님 나름의 갈증 혹은 바람이 있지 않으세요?
^{서은숙} 나의 갈증은 지위와는 상관없어요. 다른 사람이 보면 멍청하다고 할

지도 몰라요. 그러나 나의 갈증은 앎에 대한 갈증, 풀리지 않는 물리학적 비밀들에 대한 갈증인 거죠.

나는 아직도 너무 몰라요. 나뿐만이 아니라 현대 물리학도 마찬가지예요. 20세기 초, 상대성 이론, 양자 역학 같은 현대 물리학이 막 등장했을 때 어떤 사람들은 이제 물리학 할 거 다했다 하는 식으로 이야기했어요. 하지만 현재 물리학의 위치를 보세요. 우리가 아는 것은 우리가 얼마나 모르는가 하는 것뿐이에요(We know, how much we don't know.).

우주가 무엇으로 이루어져 있는가 하는 문제만 살펴볼까요. 일단 우주의 70퍼센트는 암흑 에너지(dark energy)로 이루어져 있어요. '암흑 에너지'라고 이름을 붙여 놓고 있어 무언가 아는 것처럼 보이지만 실상은 우주의 70퍼센트를 이루고 있는 게 뭔지 모른다는 자백 외에는 아무것도 아니에요. 그리고 25~30퍼센트가 암흑 물질이죠. 그래도 이건 중성미자라느니 초소형 블랙홀이라느니 하는 모델은 있어요. 하지만 실제로 발견된 건 하나도 없죠. 우주를 이루고 있는 물질 중 우리가 알고 있는 물질은 실제로는 4~5퍼센트밖에 안 되는 거죠. 다시 말해 현대 물리학 법칙으로 설명할 수 있는 부분이 우주 전체의 4~5퍼센트밖에 안 된다는 이야기예요. 암흑 물질, 암흑 에너지 부분을 설명하지 못한다면 우리는 우주가 어떻게 돌아가는지 전혀 설명할 수 없는 거예요.

우리가 이렇게 모르는 게 많지만, 우리의 지식, 우리의 물리학은 조금씩 발전하고 있어요. 우리가 모른다는 거 자체를, 우리가 우리가 전혀 알지 못하는 비밀 속에 푹 안겨 있다는 사실을, 우리가 알고 있는 게 이것만이라는 사실을 알아차렸다는 사실 자체가 바로 기대할 진전인 거죠. 인

그럴까요?

4~5퍼센트밖에 모른다. 많은 사람들은 그렇게 거대한 지식의 벽 앞에서 절망할 텐데, 선생님은 반대시겠죠? 오히려 알 게 많이 남았다는 면에서 더 즐거우실 것 같아요.

^{서은숙} 그렇죠, 학자로서뿐만 아니라 지도자로서도 사물의 부정적인 면에서 긍정적인 면을 발견하는 것은 정말 중요하죠. 그러니까 컵에 물이 반이 들어가 있을 때 이것을 반이 찼다고 보느냐 아니면 반이 비었다고 보느냐는 사람마다 달라져요. 그러나 그 긍정적인 부분을 볼 수 있어야 그래야 진취적으로 될 수 있죠. 그건 연습이 필요해요.

'연습'이라, 우리는 희망을 연습할 수 있는 걸까? 내 주위에서도 많은 사람들이 절망을 하는데, 그 절망을 연습으로 극복할 수 있는 걸까? 선생님 같은 슈퍼 사이언티스트들만 할 수 있는 것은 아닐까? 그런 생각이 계속 들면서 집요하게 따지고 물었다.

자신의 목표는 가슴이 알아요

알고 싶다는 마음만으로 무언가를 꾸준히 계속할 수 있는 사람은 정말 대단한 사람이 아닐까요? 어쩌면 알고 싶다는 마음이 강할수록 실망도 많이 할 수 있고, 자신이 알고 있는 것에 대한 회의도 많이 들 텐데, 그

런 것은 없으세요?

서은숙 음, 그런 도전은 계속 있어요. 그러나 알고 싶다는 호기심이 얼마나 축복인지 몰라요, 사실 앎에 대한 열정 자체가 아름다운 거죠. 그런데 '사탄'이 논리적으로 꾀어요. 게다가 그 꼬임은 알아듣기도 쉬워요. "야, 생각을 해 봐라. 너 그거 잘 못 하잖아, 그거 해서 성공할 수 있을 것 같아? 생각을 해 봐. 네가 다른 것을 하면, 예를 들어 의대 가서 의사 되면 돈 많이 벌 거 아냐?" '사탄'의 꼬임은 이런 식으로 상당히 '합리적'이죠. 그러나 그 말을 듣지 말아요! 할 수 있어요! 자신의 목표는 가슴이 알아요.

그럼 계속 공부를 하고 있는 사람들과 그렇지 않은 사람은 어떻게 다른 거죠? 선생님과, 선생님과 학창 시절을 함께 보내신 분들은 지금 다른 삶을 살고 계시잖아요. 그런 차이는 어디서 온 걸까요?

서은숙 내가 다 설명할 수는 없어요. 다들 어떻게 살았는지 모르니까. 당시 물리학과에 여학생은 다섯 명이었어요, 다섯 명. 이것도 다른 사람들은 다섯 명이 아니라 두 명 반이라고 했죠. 여성스럽지도 꾸미지도 않고, 하나같이 청바지를 입고 무슨 도사들같이 하고 다녔다고 그런 거죠.

우리 다섯 명이 같은 강의실에서 수업을 들었다고 해서 모두 똑같은 목표를 가졌다고 생각하지는 않아요. 같은 물리학과에 입학했다고 하더라도 물리학에 대한 생각도 달랐고, 물리학을 하게 된 동기도 달랐던 거죠. 시작이 다르면 끝이 다르듯이 지금은 다 다른 길을 가고 있는 거죠. 그래서 누가 잘 되었고 잘못 되었다고 평가할 수는 없어요. 물리학 수업을 함께 듣던 그 시간과 공간은 하나의 교차로였어요. 각자의 소명과 꿈을 안고 자신만의 길을 만들어 가던 이들의 길이 잠시 만났던 거죠. 그 다음에는 각자의 길을 간 것뿐이에요.

"각자의 소명과 꿈을 안고 자신만의 길을 만들어 가던 이들의 길이 잠시 만난 교차로"라는 선생님의 아름다운 말 앞에서 나는 따져 묻기를 그만두었다. 나는 솔직히 자신이 갈 길을 만들고 그 위를 질주해 오신 선생님께서 리더로서, 성공한 과학자로서 자기의 연구 주제, 자신의 프로젝트만 아는 외곬일 것이라고 생각했다. 인터뷰를 진행해 오는 도중에도 학문만 파고드는 선생님의 연구 열정에 접하면 부담을 느끼다가도 따뜻하고 친절하게 설명해 주시고 우리를 배려해 주시는 모습에서는 선생님께 한 없이 빠져들었다. 그러나 이 부분에서 서은숙 선생님이 자신이 달려온 길과 앞으로 달려갈 길만은 보는 분이 아니라 자기 길에 쏟아 온 만큼의 애정을 다른 사람들도 자신만의 길에 쏟고 있음을 아시는 분이라는 것을 깨달았다.

　나 역시 선생님께서 말씀하신 교차로 위에 서 있다. 나의 길을 어디로 이어갈지 고민하고 있고, 그 길 위에서 만난 동료 학생들, 친구들, 선배들의 도움을 받고 있다. 내가 우연히 참여하게 된 이 '세계의 여성 과학자를 만나다' 프로젝트는 먼저 길을 만들어 간 선배 여성 과학도들을 만남으로써 내가 지금 서 있는 교차로를 더 잘 볼 수 있게 해 주겠지.

대학에는 앞으로 어떤 길로 가야 할지 고민하는 사람들이 참 많아요. 사기가 있는 곳이 어딘지도 모르고요. 때로는 부모님도, 교수님도 도움이 되지 않을 듯싶을 때가 있어요. 이런 고민들을 하는 학생들에게 선생님께서는 어떤 말씀을 해 주실 수 있을까요?

서은숙 내가 초등학교 2학년 때 부모님과 선생님은 변호사가 되라고 했어요. 한국에서는 법관이라는 직업이 그리 좋다면서요. 그것은 얼마 전까지도 바뀌지 않은 것 같아요. 몇 년 전 한국에 있는 친구 하나가 남편을 법관을 만들고 나니 그렇게 좋다는 이야기를 한 적이 있어요. 그러면서 "너는 그 좋은 머리로 한국에 와서 법 좀 하지, 조금만 읽어 보면 알 텐데. 변호사 하면 앞으로 몇 십 년 동안은 괜찮을 거야."라고 했죠. 그러나 나는 한 귀로 듣고 한 귀로 흘렸죠.

물론 지금 생각해 보면 법 관련 일을 하는 것도 재미있을 것 같아요. 사회적으로 유용하고 보람 있는 일겠다 싶기도 하죠. 그러나 젊었을 때에는 그런 생각이 전혀 하지 않았어요. 나의 지적 호기심을 만족시켜 주는 과학에 심취되어 있었던 거죠.

나는 이제 부모님의 입장을 이해해요. 부모님은 물리학이나 생물학처럼 실험을 하는 일을 하면 내가 궂은일을 하게 될까 봐 싫어하셨던 거예요. 힘도 없고 매일 골골 앓기나 하는 애가 어떻게 기계를 다룰까 싶으셨던 거죠. 그래서 법관을 하지 않을 양이면 수학 선생님이나 학자가 되라고 하셨죠. 이건 호기심 충족만 아는 나보다 나를 더 잘 이해하는 부모님이기에 가능했던 바람 같아요.

내가 요새 젊은 학생들한테 말해 주고 싶은 것 중 하나가 부모님께 반발하지 말라는 거죠. 부모님이 나보다 나를 더 잘 안다는 사실을 받아들이라는 거죠. 그렇다고 해서 무조건 하라는 대로 하라는 것은 아니에요. 로봇처럼 부모님이 이 버튼 누르면 이렇게 하고 저 버튼 누르면 저렇게 하라는 것과는 다른 이야기죠. 부모님을 존중하면서 대화를 통해 부모님의 바람을, 왜 그걸 바라시는지를 온전히 이해해야 해요. 부모님의 바람을 이해해야 내가 원하는 바를 설득할 수 있어요. 갈등이 생기는 것도 서로의 바람을 제대로 이해하지 못했기 때문이에요.

내가 어렸을 때 우리 부모님은 공부하란 말씀을 한 번도 하신 적이 없어요. 내가 따른 부모님 말씀은 오로지 학교에 처음 데려다 주면서 하신, 선생님 말씀을 잘 들으라는 것 말고는 없었어요. 나는 그 말씀만을 따랐지요. 그런데 그 말은 정말 중요한 이야기에요. 신을 믿으려면 신이 원하는 것을 알아야 하고, 회사에 취직되면 그 회사의 방향이 뭐고 고용주가 나한테 기대하는 게 뭔지를 알아야 하는 것처럼 말이죠. 그것과 조화를 이루지 않은 채 내 마음대로 한다면 일이 되지 않겠죠.

부모님은 나를 나보다 더 잘 아신다는 것을 받아들이고, 그분들의 의견을 잘 들을 것. 그분들이 왜 내 생각과 다른지는 조금만 생각하면 해결할 수 있어요. 물론 실험을 배우는 일이나 실험을 하는 일은 궂은일일 수도 있죠. 그러나 그 일을 하는 본인이 궂은일로 받아들이지 않을 수도 있어요. 나의 경우는 부모님께 내가 왜 실험이나 이공계 생활을 궂은일로 받아들이지 않는지 납득시켜 드렸고, 다행히도 이해해 주셨죠.

저는 공부하는 게 생물학이니까 물리학에 대해서 아는 것이 거의 없잖아요. 화학과면서 물리학에 굉장히 관심이 많은 언니한테 "이번에 이런

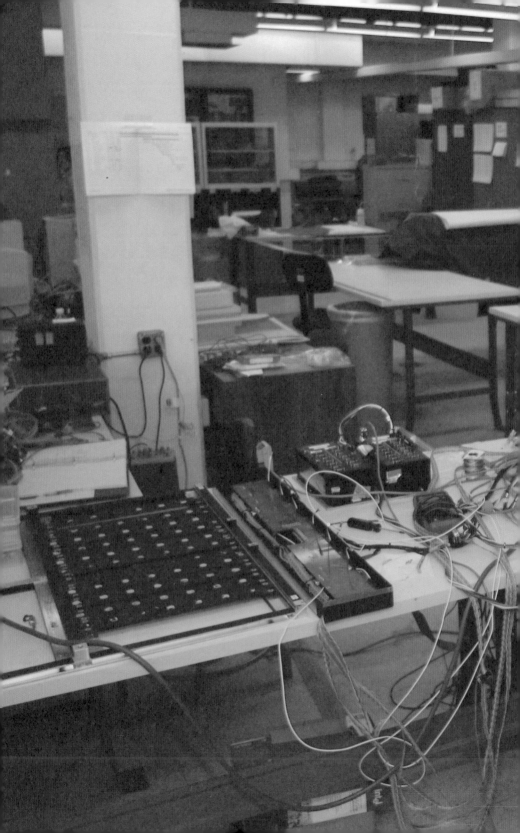

대단한 분을 만나러 가는데, 궁금한 거 없어요?"라고 물어 봤어요. 언니 말이 자기가 입자 물리학을 너무 하고 싶어서 지도 교수님에게 이야기를 했는데, 돈 안 되는 것을 왜 하냐고 뜯어 말리셨대요. 그래서 입자 물리학을 포기하고 화학을 전공하게 되었다고 하더군요. 교수님은 그런 문제로 괴로워 하신 적은 없나요?

서은숙 그 친구한테, 덫에 걸렸다고 이야기를 하세요. 다른 사람이 다 뜯어 말려도 그래도 해야 된다고 생각되면 하라고요. 언젠가는 그걸 할 수 있어요. 자신감과 믿음이 중요해요. 자신은 이 일을 할 수 있다, 이 일을 하지 않으면 안 된다 하는 자신감과 믿음. 그런 게 없으면 이 사람 말에 흔들리고, 저 사람 말에 솔깃하죠. 그렇게 이리저리 흔들리다 보면 약해지고 낙담하게 되죠. 그 지도 교수님이야 그 학생을 생각해서 현실을 말씀해 주신 거예요. 그 지도 교수님의 대답은 일종의 물음이에요. 아무도 보장할 수 없고 어떤 보상이 돌아올지도 알 수 없는 깜깜한 미래를 앞에 두고도 흔들리지 않을 자신감과 믿음이 있느냐 하는 물음인 거죠.

그래도 해야 한다고 느낀다면 할 수 있어요. 그렇고말고요. 사회도 가족도 애인도 우리의 삶을 완전하게 보장해 주지 못해요. 특히 남들이 잘 가지 않는 길을 가면 그만큼 사회의 도움과 보장을 기대하기 힘들어지죠. 어중간한 마음 가지고는 끝까지도, 아니 중간까지도 가 보지도 못하고 말죠. 그렇기 때문에 미래를 결정하기 전에 본인이 생각해 봐야 해요. 그래도 그것이 나에게 중요한 것이라면 해야죠. 그런 마음이 일단 들면 모든 일이 잘 될 거예요.

돈을 벌기 위해, 먹고살기 위해 일을 하면 그 일이 끝나는 시간만을 기다리게 되죠. 내가 받는 만큼만 일하면 된다는 계산을 하는 거죠. 그러나 세상 어떤 과학자가 그런 마음으로 연구를 할 수 있겠어요. 과학계에서는 피곤한 줄도 모르고서 일을 할 수 있어야 살아남을 수 있어요. 눈에 보이는 대가가 없어요, 자기 영혼을 바쳐서 일을 하는 게 재미있어야지만 과학자로서 성공할 수 있어요. 이런 단계까지 오면 여자도 남자도 없어요.

나는 고등학교 때 인생 계획을 짰어요. 그때 세운 가장 중요한 목표가 연구였죠. 그리고 마흔 살쯤 되면 교육자가 되려고 했어요. 그러나 인생이 계획대로 되는 것만은 아니죠. 고등학교 때에는 세상 일이 어떻게 돌아가는지 알지도 못한 채 삶의 본질, 일의 본질에 대해서만 생각했죠. 그래서 창조적인 일, 스스로만의 노력으로 해낼 수 있는 일을 해야 한다고 생각했어요. 그리고 내가 원한 바를 실현할 수 있게 해 준 사회에 내가 받은 만큼 되돌려 줘야 한다고 생각했죠. 내가 생각한 사회 환원이 바로 가르치는 일이었죠. 어렴풋하지만 그런 식으로 사회에 갚아야 한다는 생각을 가지고 있었죠.

그러나 어느 정도 나이가 드니까 교육에 신경을 쓸 때가 되었구나 하는 생각이 드는 거예요. 교육은 우리 삶에서 굉장히 기본적인 거잖아요. 인간 사회가 만들어져서 이만큼 발전한 게 다 교육 덕이잖아요. 대학 다닐 적에도 다른 사람들은 수학이나 물리학 과목을 들을 시간에 나는 교직 과목을 들었지요. 그리고 결국 교사 자격증을 땄습니다.

중학교 물상 선생님을 하셨다고 들었어요.

^{서은숙} 미국에서 박사 과정이 9월부터 시작하니까 한국에서 석사 학위를 받고 시간이 잠깐 비었어요. 여태 부모님께서 의무처럼 학교를 보내 주셨는데 그냥 가기에는 양심에 걸렸죠. 남들은 직장 생활을 하는데 석사 과정에 유학까지 가려니까 죄송스러웠죠. 이것저것 돈이 많이 들더라고요. 게다가 집이 대전이라 서울에 있는 대학을 다니면서 돈이 많이 들었지요. 기숙사는 남자들한테만 줬어요. 그때는 여학생이 많지 않아서 여학생 휴게실, 여자 화장실도 하나밖에 없었죠.

아무튼, 그때 치맛바람이 뜨겁다고 과외를 법으로 금지했어요. 대학생들은 큰 수입원이 끊어졌죠. 마침 중학교 물상 선생님을 뽑기에 지원했더니 바로 발령이 났어요. 그래서 몇 달간 학생들을 가르치게 되었죠.

물상 선생님 하면서 생각나시는 일화 있으세요?

^{서은숙} 중학생 아이들이 그렇게 예쁘더라고요. 천사 같았어요. 나는 그때 수업이 없는 시간이면 거의 실험실에서 살았어요. 아이들이 실험을 하면서 과학의 즐거움을 배우는 게 좋다고 생각했거든요. 지저분하던 실험실도 치우고 아이들에게는 실험도 같이 하고 이상한 게 있으면 함께 의논하자고 했어요. 그랬더니 아이들의 호응이 대단했지요. 아이들은 뭐 이런 선생님이 다 있나 했겠죠. 그래서 실험실은 항상 시끌벅적했어요. 하지만 나는 하나도 귀찮지 않았죠. 나는 그냥 아이들이 귀엽고 예뻤고 재미있었어요.

학교 선생님 하시면서 유학 준비까지, 바쁘시지 않았을까? 유학을 준비

하시던 과정이 궁금해졌다.

유학 준비 하시는 데 특별히 어려움 같은 게 없으셨나요?

서은숙 그때는 정말로 정보가 없었어요. 내 전공의 경우 어떤 학교에서, 어떤 교수 밑에서 공부하는 게 좋을지, 다른 선택 사항은 없는지 쉽게 알 수 없었죠. 그래서 선배들의 도움을 많이 받았죠. 이미 유학을 하고 있던 선배의 이야기가 굉장히 큰 도움이 되었죠. 그리고 유학 준비하는 사람들끼리 모여서 함께 공부하고 조사하는 것도 도움이 되었어요.

그런데 최종적인 결정은 아주 빨리 내렸죠. 석사 학위 지도 교수님께서 조교수로 계셨던 루이지애나 대학교에 지원서를 내보라고 하셔서 지원해 두었는데, 거기서 장학금 주겠다는 연락이 왔어요. 가장 먼저 온 연락이었죠. 그래서 결정 끝! (웃음)

나는 뭐든지 결정하고 빨리 끝내 버려요. 처음 유학 온 학생들 중에는 차나 집을 사는 데 조언을 구하러 오는 친구들이 있어요. 그러면 나는 "시간은 금이다. 일단 자기의 구매 능력이 정해지면 조금 싸게 사나, 조금 비싸게 사나 그게 그거다. 오히려 빨리 사는 게 제일 남는 일이다."라고 이야기해 주죠. 가격 비교 한답시고 여기저기 돌아다니며 발품 팔고, 신경 쓰고, 승차감 알아본다고 이 사람한테 가서 얻어 타고 저 사람한테 가서 얻어 타는 데 들어가는 시간을 다 합치면 찻값 깎아서 번 돈보다 훨씬 많아요. 그러니 바로 결정하고 그냥 가서 사요! 내가 차 살 때에는 그래요. 한 번 가자마자 한 번 타 보고는 끝! 시간이 제일 중요한 거죠. 자신에게 주어진 시간과 조건에 맞춰서 일을 정하는 거예요.

음, 우유부단한 나에게 적절한 충고인 듯. 정말, 이거 저거 재는 시간이 아깝구나. 내가 이런 생각을 하는 사이에도 선생님의 말씀은 이어졌다.

서은숙 아무튼, 루이지애나 대학교에 간다고 결정은 했지만 그 학교에 대해서, 그곳에서 어떻게 공부할지 전혀 모르는 상태였어요. 그러나 그곳에 있을 적에는 무척 행복했어요.

내가 어려서 대전에서 학교를 다닐 때에는 지금보다 더 유명했죠. 전교 1등을 꽤 오랫동안 했었죠. 그래서 고등학교 가니까 선생님이 "너 중학교에서 여왕 대우를 받았다며?"라고 하셨어요. 그렇게 소문이 났던 거죠. 남들은 그렇게 보고 있을지 몰라도, 나는 왠지 갇혀 있는 우물 안 개구리 같다고 생각했어요. 우물 위의 조그마한 하늘만 보고 나머지를 못 보는 게 너무 답답했던 거죠. 나가서 전체가 어떻게 생겼는지 보는 게 내 소망이었어요. 그래서 서울에 있는 대학교를 가니까 그만큼 숨이 트이면서 좋았어요.

마찬가지로 유학을 가니까 미국이라는 넓은 땅에서 그만큼 숨이 탁 트이는 게 좋았어요. 루이지애나 대학교에 도착해서 유학 생활할 때 느낀 흥분은 조그만 우물에서 좀 큰 강으로 나왔다가 바다로 나왔을 때 느끼는 바로 그 기분이었어요.

처음 미국에 도착하셨을 때의 이야기 좀 들려주세요.
서은숙 루이지애나는 시골이라서 그런지 사람들 사이가 더 좋았어요. 한인 사회도 단결이 잘 되고 서로 잘 돌봐주고 미국인들과도 잘 지냈죠. 루이지애나 대학교에 간다고 그러니까 지도 교수님께서 거기 가면 어떤 교수님이 있으니까 가서 인사하라고 하시더군요. 그래서 인사드리러 간 김에 그분을 그냥 지도 교수님으로 모셨죠. 모든 것을 빨리 결정하라고 했죠. 나는 지도 교수님을 정할 때에도 그렇게 했어요. 그러나 지금 생각해 보면 나의 이러한 성격이 약점으로 작용할 수도 있을 것 같아요. 이제 나는 학문과 관련해서는 미국에 온 학생들에게 좀 알아보라고 이야기하죠. 한국에서 듣고 보던 것에 비해서 다를 수도 있으니까, 한번은 보고 나서 정하라고 말이죠. (웃음)

오늘 좋은 이야기 많이 해 주셨는데, 평소에도 실험실 학생들하고 이런 좋은 이야기 많이 나누시는 편이세요?

서은숙 시간이 없어서 자주는 이야기하지 못하죠. 이 책이 빨리 나와서 그 학생들이 모두 읽으면 이 문제는 한꺼번에 해결되겠네요. (웃음) 내 문은 항상 열려 있어요. 나는 누구든지 문 두드리고 들어올 적에는 되돌아가라는 말은 하지 않죠. 너무 바빠서 지금 볼 수 없다고 하지 않아요. 잠깐 기다리게 하기는 하겠지만 말이죠. 문제가 있다고 느껴서, 이야기를 해 봐야겠다고 용기를 내서 찾아온 학생들을 거절하지 않죠. 나는 생각하지 않고 저질렀던 나의 실수들을 알고 있기 때문에 학생들은 내가 했던 실수들을 하지 않았으면 해요. 그렇죠? 좀 더 어린 학생들한테는 좀 더 쉽고 나은 미래가 있길 바라니까요. 또 이렇게 여러분들을 여기 먼 데까지 보내서 이야기하게 하는 프로그램이 있다니 굉장히 멋져요!

이제 이틀에 걸친 긴 인터뷰를 마칠 시간이 되었다. 서은숙 선생님은 중학교에서 고등학교로, 고등학교에서 대학교로, 대학교에서 미국 유학으로 자신의 길을 개척해 가면서 개천이 강으로, 강이 바다로 흘러갈 때 맛볼 수 있는 쾌감 속에서 연구해 오신 분이었다. 그 즐거움이 선생님을 행복하게 만들어 주었을 것이고 자신감과 믿음을 주었을 것이다.

자신이 만들어 온 길 위를 질주해 온 선생님의 인생, 학문, 철학을 듣다 보니 나도 한참을 질주한 듯한 기분이 들었다. 선생님은 어린 시절, 과학을 한다는 생각을 할 때면 가슴이 콩닥콩닥거렸다고 하신 적이 있다. 선생님의 그 콩닥콩닥거리는 행복감이 내게도 전염되는 듯했다. 처음 들어섰을 때에는 어수선해 보이기만 했던 실험실도 이제는 더 이상 어수선해 보이거나 지저분해 보이지 않았다. 남극의 하늘이라는 극한 상황에서도 장비가 작동할 수 있게 만들어 주는 기계, 장비 안에 들어가는 칩. 원통에 감겨 있는 광섬유가 전기 신호를 받아 별처럼 반짝반짝 빛나고 있었다.

NOTE

1. 크림(CREAM, Cosmic Ray Energetics and Mass) 프로젝트는 우주선 가운데 초고에너지를 검출해 성분을 분석함으로써 우주의 구조를 연구하는 작업이다. NASA의 지원을 받는 이 프로젝트의 총책임자(PI, Principal Investigator)는 미국 메릴랜드 대학교의 한국인 과학자 서은숙 교수이다. 크림 풍선에는 우주선의 에너지를 측정하거나 우주선 성분 분석하기 위한 검출기들이 실리는데 국내에서는 이화 여자 대학교(책임자 박일흥 교수)와 한국 과학 기술원, 한국 천문 연구원, 경북 대학교가 공동으로 성분 분석기를 개발했다. 크림 풍선은 2005년 12월 15일부터 27일까지 남극 상공에서 자료를 수집해 온 크림 풍선은 최장기 우주 체공 기간인 41일을 기록하기도 했다.(http://cosmicray.umd.edu/cream/cream.html)

2. **펀드**는 연구 기금을 뜻한다.

3. **에어샤워**(Air shower)는 높은 에너지를 가진 우주선 입자가 대기 중의 입자들과 충돌해서 이전보다 에너지가 낮은 여러 개의 입자로 바뀌는 과정을 가리킨다. 이 과정이 반복되면서 낮은 에너지를 가진 무수히 많은 입자들이 생겨난다.

4. **입자 가속기**는 전자나 양성자와 같이 전기를 띤 입자나 원자·분자 이온을 가속시켜 큰 운동 에너지를 갖도록 하는 장치이다.

5. 높은 에너지의 입자가 물질을 통과하면 에너지를 잃게 되는데, 입자의 에너지에 따라 에너지를 잃는 방식이 달라진다. 그중 다른 물질을 이온화하면서 에너지를 소모하는 경우가 있다. 이것을 **이온화 손실**(ionization loss)이라고 한다. 이온화 열량 측정법(ionization calorimetry)과 이온화 열량계(ionization calorimeter)는 이렇게 손실되는 에너지를 측정하는 방법과 기구를 일컫는 용어이다.

6. **프로토 타입**은 시험 제작 원형을 뜻한다.

7. **와류**(Vortex)란 원래 나선형 회전이라는 뜻으로, 폭풍과는 다르게 지구상에서 에너지가 강하게 소용돌이치듯 분출되는 지점을 가리킨다.

8. 學而時習之 不亦說乎. 『논어(論語)』의 첫 구절이다.

9. NASA가 목성, 토성 같은 외행성계 탐사 계획의 일환으로 1977년에 발사한 **보이저 1호**(8월 발사), **보이저 2호**(9월 발사)를 가리킨다. 현재 해왕성 궤도를 벗어나 태양계를 완전히 떠나려 하고 있으며, 원자력 전지가 완전히 소모되는 2017년까지 정보를 계속 보낼 것으로 예측되고 있다. 원래는 목성까지 가는 것을 최대 목표로 잡고 2~3년의 수명을 예상하며 설계했으나 30년 가까운 현재까지 작동하며 태양계 외부의 흥미로운 정보를 보내오고 있다. 그리고 보이저 우주선에는 외계 지성체에게 보내는 지구인의 메시지가 실려 있다.

10. 현대 물리학의 방법(이론, 실험)으로 정체를 파악할 수 없는 물질이 **암흑 물질**이다. 천체 물리학자들이 은하의 운동을 관찰하고 예측하는 과정에서, 은하의 실제 질량보다 눈에 보이는 은하 물질의 질량이 작다는 사실이 발견되면서 그 존재가 간접적으로 확인되었다. 현재 중성미자, 초소형 블랙홀 등이 암흑 물질이라는 이론이 제시되고는 있지만 확실하게 검증된 바는 없다. 암흑 물질의 정체는 현대 우주론의 최대 수수께끼 중의 하나이다.

11. 자신의 키보다 높은 곳에 달린 포도를 따먹지 못한 여우가 포도를 보며 '저 포도는 시단 말이야.' 라고 했다는 이솝 우화 중 한 편을 가리킨다. 현실을 왜곡하여 자신의 행위 혹은 무능을 합리화하여 자신의 자존심을 보호하는 사람의 심리를 빗댄 이야기로 유명하다.

반짝 반짝 빛나던 사람들

봄옷을 입고 있을 때 불어오는 차가운 바람처럼, 내 삶의 의욕을 꺾는 일들이 있다. 주위 사람의 말이든, 자기혐오든, 그런 일을 겪게 되면 나는 움츠러들고, 작아진다.

그럴 때 필요한 것이 좋은 사람, 좋은 책, 좋은 음악이다. 내 힘만으로 문제를 해결하기 힘들 때, 좋은 친구들의 도움을 받을 수 있다는 것은 즐거운 일이다. 나를 붙잡아 주는 사람들이 곁에 있음을 느끼는 것만큼 행복해진다.

'세계의 여성 과학자를 만나다' 프로젝트는 내게 힘을 주었다. 반짝반짝 빛나는 좋은 분들을 만나고, 좋은 이야기를 듣고. 나 자신을 충만하게 만들면서 덩달아 반짝거릴 수 있는 힘을 얻어 왔다. 그 힘으로 나 자신에 대한 실망과 불안감을 씻어 낼 수 있겠지. 아름다운 사람을 만난다는 것은 보약 한 첩 지어먹는 것보다 더 좋은 영향을 주는 것 같다.

시카고 대학교에서

214

산에 핀 벚꽃

　　지금 내가 가지고 있는 가장 큰 불안은 이 책으로 내가 느낀 감동과 현장

감을 그대로 전할 수 있을까 하는 것이다. 내가 접한 선생님들의 아름다움

과 자신감, 새로운 사람을 만난다는 것에서 느낀 묘한 긴장감과 흥분감. 내

머리와 가슴은 워싱턴의 꽃샘바람을 이기고 꽃망울을 터뜨리던 벚꽃들과

선생님의 실험실에서 점멸하던 실험 기기를 생생하게 기억하고 있다. 이 모

든 것을 고스란히 전할 수 있으면 좋을 텐데. 조금만 더 힘내 보자.

윤지영

215

자연도 터프하지만 우리도 터프합니다

세계 물리학계를 쥐고 흔드는 '충돌의 여왕'
김영기 선생님

2006년 3월 26일 | 장소 — 미국 시카고 김영기 선생님 자택 | 진행 — 안여림, 윤지영, 윤미진 | 정리 — 윤미진

우리가 정말로 발견하고 싶은 것은 좀 괴상한 것들입니다. 자연도 터프하지만 우리 물리학자들도 그만큼 터프합니다. 우리는 계속 싸울 것입니다(Our real hope was for something bizarre. Nature is tough, but physicists are pretty tough, too. We keep fighting.).[1]

우리가 미국에서 마지막으로 만나게 될 김영기 선생님께서 2006년 4월 18일자《뉴욕 타임스》의 과학 전문 기자 데니스 오버바이와 가진 인터뷰에서 하신 말씀이다. 그 기사는 2006년 봄 미국 국립 페르미 가속기 연구소(이하 페르미 연구소)[2]에서 내놓은 독특한 연구 결과를 소개한 것이었다. 자신의 비밀을 좀처럼 드러내지 않으려는 자연과, 그 비밀의 베일을 벗기고자 노력하는 과학자의 모습을 정말 '터프'하게 한마디로 잘 정리한 말이라는 생각이 들었다.

"계속 싸울"것을 다짐하는 터프한 여성 과학자 김영기 선생님. 입자 물리학계에서는 김영기 선생님을 '충돌의 여왕(Collision Queen)'이라고 부른다. 양성자와 반물질인 반양성자를 충돌시켜 소립자 세계의 비밀을 탐구하는 '페르미 연구소 양성자·반양성자 충돌 실험(CDF)' 프로젝트의 사령탑인 공동 대표이자 시카고 대학교 물리학과 교수인 김영기 선생님에게 이런 별명이 붙는 것은 당연한 일일 것이다. 왜냐하면 김영기 선생님의 밑에는 16개국 62곳의 연구소에서 온 물리학자 850여 명이 일하고 있기 때문이다. 김영기 선생님은 '여왕'이라는 별명 그대로 세계 입자 물리학계의 정점에 서 있다.

김영기 교수님은 경상북도 경산군에서 태어났다. 1980년 고려 대학교 물리학과에 입학해 같은 대학교 물리학과에서 석사 학위를 받고 유학을 떠나 미국 로체스터 대학교에서 박사 학위를 받았다. 캘리포니아 대학교 버클리 분교 물리학과 교수를 지내고 시카고 대학교와 페르미 연구소로 옮겨 현대 물리학 이론을 완성해 줄 '신의 입자' 힉스 입자를 찾는 연구에 몰두해 왔다. 2004년 4월 힉스 입자를 추적하는 CDF 프로젝트의 공동 대표로 선출되어 오늘까지 세계의 물리학계를 선도해 오고 있다. 2000년에는 미국 과학 월간지 《디스커버》에 의해 '주목해야 할 20명의 젊은 과학자'로 선정되기도 했고, 삼성 재단에서 걸출한 업적을 세운 사람에게 수여하는 '호암상'을 여성 최초로 받기도 했다.

한 가지 흥미로운 사실은 김영기 선생님이 소설 『무궁화꽃이 피었습니다』로 유명해진 고 이휘소 선생님의 제자의 제자라는 것이다. 김영기 선생님의 석사 과정을 이끌어 준 지도 교수가 바로 이휘소 선생님의 제자인 고려 대학교의 강주상 교수님이기 때문이다. 그래서 어떤 인터뷰 기사[3]에서는 불의의 사고로 뜻을 이루지 못한 이휘소 선생님의 한을 김영기 교수가 풀어 주게 될 것이라고 쓰고 있다. 페르미 연구소의 이론 부장이었던 이휘소 선생님이 입자 물리학의 '표준 모형'을 정초했고 김영기 교수님이 같은 페르미 연구소에서 그것을 증명하려는 실험을 하고 있으니 그렇게 생각하는 것도 무리는 아닐 것이다.

자, 이 엄청난 거물 여성 과학자는 과연 어떤 사람일까? 언론 기사와 인터뷰, 그리고 홈페이지 같은 간접적인 자료 속의 김영기 선생님과 우리가 실제로 만나는 김영기 선생님은 어떻게 다를까? 우리는 김영기 선생님의 진정한 모습을 얼마나 알아낼 수 있을까?

시카고 대학교 근처에 있는 선생님 댁으로 가기 전에 시카고 대학교를 방문했다. 건축의 도시인 시카고의 대학답게 건물마다 독특한 모양을 하고 있어 감탄을 자아냈다. 일요일이라 거리는 한산했다.

시카고 대학교에서 5분 정도 떨어진 주택가의 김영기 선생님 자택에 도착하니 남편이신 시드니 네이글(Sydney Nagel) 교수님과 함께 김영기 선생님이 반갑게 맞아 주셨다. 내 눈을 사로잡은 것은 선생님의 빨간 슬리퍼였다. 거실 한쪽에는 커다란 피아노와 실로폰이 있고, 고양이 두 마리가 어슬렁거렸다. 그중 한마리는 네이글 교수님이 결혼 전 선물하신 거라고 하셨다. 바쁘신 두 분께는 외로움 타는 개보다 독립심 강한 고양이들이 어울린다고 하셨다.

F 학점 받던 탈출반 시절

저희가 가장 먼저 여쭈어 볼 것은 어떤 길을 밟아 지금 자리에 오셨는가 하는 거죠. 다른 인터뷰에서 선생님께서 대학교 4학년 때 강주상 교수님의 양자 역학 강의를 들으시고 난 다음에 물리학의 포로가 되셨다고 표현하신 걸 봤어요. 양자 역학의 어떤 면이 선생님을 사로잡은 건지 궁금합니다.

김영기 나는 원래 수학을 정말 좋아해서 수학과를 가려고 대학에 들어왔어요. 그런데 전공을 정하기 전 1년 동안 여러 책을 읽다 보니까 물리학에 관심을 갖게 되었어요. 언제든지 수학으로 돌아갈 수 있겠다는 자신감도

← 시카고 대학교 도서관에서

있었지요. 그래서 물리학을 전공으로 택하고 나서 고체 역학이니 전자기학 같은 것을 공부했죠. 그러다가 강주상 교수님의 양자 역학 수업을 들었지요. 깜짝 놀랐어요. 이건 생각하는 방식이 완전히 다른 현대 과학이었던 거죠.

19세기 말, 20세기 초 원자나 분자의 기본 구조가 밝혀지고 기존의 뉴턴 역학이나 전자기학으로 설명할 수 없는 현상들이 발견되고, 고전 물리학의 폐허 속에 살아남은 보어나 하이젠베르크, 슈뢰딩거 같은 젊은 물리학자들이 새로운 이론, 놀라운 해석을 내놓는 일들이 계속되었죠. 강주상 선생님의 명강의 속에서 고전 물리학이 현대 물리학으로 바뀌어 가는 과정이 생생하게 재현되었어요. 그 강의는 정말로 매혹적이었고 명쾌했죠. 작은 체구의 강주상 선생님은 정말 열정적이셨어요. 그렇게 양자 역학이라는 새로운 세계를 접하면서 그때 내가 확 돌았어요. (웃음) 그래서 물리학을 계속해야겠다고 생각했죠.

그럼 선생님의 인생에는 강주상 교수님이 굉장히 큰 역할을 하셨다고 할 수 있겠네요. 강주상 교수님은 선생님께 어떤 분이세요?

김영기 나는 항상 '사부님' 하면 그분이 생각나요. 강주상 교수님을 만난 게 인생의 전기였던 것 같아요. 내가 1980년에 대학에 입학한 80학번이잖아요. 내가 대학에 들어갈 당시는 정치·사회적인 관심과 고민이 많을 때였죠. 1, 2학년 때에는 탈춤에 빠져 살았어요. 성적은 F 학점에 전공 공부는 시들시들했고 강의는 거의 다 빼먹었죠.

그래도 탈춤을 추면서 많은 공부를 했어요. 탈춤도 물리학만큼이나 공부가 많이 필요하거든요. 나는 봉산 탈춤 공연할 때면 미얄할미[4]나 색시 역할을 맡곤 했죠. 탈춤은 본질적으로 남편인 영감의 구박을 받아 죽고 마는 미얄할미처럼 억압받으며 사는 민중의 한을 풀어 주는 것이잖아요. 나는 그저 춤이 좋아서 탈춤 동아리에 들어간 거였지만 가서 보니 여러 가지 문제를 고민하게 되었고 깨달았죠. 사회적 문제를 두고 끊임없이 토론하고, 사람들과 함께 술도 많이 마시고. 그렇게 1학년과 2학년을 홀랑 까먹기는 했지만 다른 공부를 한 거였죠. 나는 잘한 일이라고 생각해요.

3학년 때 이제 물리학 공부를 해 보자고 마음을 다잡을 때 운 좋게도 강주상 교수님 같은 좋은 사부님을 만나게 되었죠. 그분 덕분에 지금의 내가 있을 수 있었던 것 같아요.

물론 지금의 내가 있게 된 데에는 중학교 때 과학 선생님들의 덕도 커요. 내가 시골 출신이라 원래는 과학 경시 대회 같은 것에 참가할 기회가 별로 없었어요. 그런데 중학교 때 과학 선생님들이 경상북도에서 주최하는 과학 경시 대회에 대비해 학생 몇 명을 모아 특별반을 만들었죠. 그 특별반을 통해 과학 경시 대회에 참가했다가 최우수상을 받았어요. 그것에 제게 큰 자신감을 준 것 같아요. 지금 생각할 때 중학교 선생님들이 내가 자신감을 잃지 않도록, 좋은 경험을 하도록 잘 배려해 주신 것 같아요. 그때 만들어진 자신감을 가지고 대학까지 갔고 지금의 내가 있게 된 것 같아요.

과학 경시 대회 대비 특별반에서 활동했다고 하셨는데, 선생님 어린 시절, 다시 말해 중·고등학교 다닐 때에는 과학을 좋아하는 여학생들이

많았나요?

_{김영기} 나는 중학교 때 과학에 별로 관심이 없었어요. 대신 수학을 좋아했지요. 그러나 나는 무용이나 노래를 더 좋아했어요. 수학을 좋아했어도 평생 수학을 하겠다고 마음먹은 적은 없죠. 아무리 여학생들이 공부를 잘한다고 하더라도, 남학생들보다는 실험을 잘 못 했죠. 왜냐하면 여학생들이 가사 배울 동안 남학생들은 공업, 기술을 배워서 기계나 도구를 다루는 데 익숙하기 때문이죠. 그런데 중학교 때 과학 선생님들은 남녀를 같은 수로 뽑아서 여학생들에게 그만큼 기회를 준 거예요. 그런 면에서 중학교 때 과학 선생님들은 정말 큰일을 한 거죠.

교육학자들은 교육 과정에서 여성이 과학에서 멀어지는 시기가 몇 번 있다고 이야기한다. 가장 대표적인 시기가 중학교 때이다. 실제로 초등학교 때까지 자연과 과학에 대한 학생들의 관심 혹은 선호도는 남녀차가 그리 크지 않다고 한다. 그러나 중학교 1학년과 2학년을 거치면서 남녀차가 확연해지기 시작한다. 사춘기를 거치면서 자아 정체성이 확립되는 시기에 경험하게 되는 분리된 교육(여학생은 가사, 남학생은 기술이나 공업 수업을 받는다.)이나 부모님이나 선생님의 기대나 바람(여학생보다 남학생이 과학 기술자가 되는 게 자연스러운 일이라고 생각한다.)이 학생들의 과학에 대한 관심에 큰 영향을 미친다고 한다. 따라서 과학 인력이 절반으로 줄어들기를 원치 않는 사람들은 중·고등학교 여학생 과학 교육에 신경을 써야 한다고 주장한다.

실제로 우리가 김영기 선생님 앞에 인터뷰한 서은숙 선생님 역시 부모님께서 궂은일을 하는 과학자보다 법관이나 학자 혹은 교사가 되기를 원하셨고, 서은숙 선생님은 그런 부모님의 바람을 저버리고 과학자의 길을 가는 데까지 약간의 어려움이 있었다고 이야기하셨다.

김영기 선생님은 중학교 때 과학 선생님들이 만들어 준 기회가 없었다면 과학도 수학도 아닌 무용과 노래에서 자신의 길을 찾고 있었을 것이다. 그러면 지금 우리는 미국 최대 입자 가속기 연구소의 800여 연구원을 쥐고 흔드는 '충돌의 여왕' 김영기가 아니라 '춤의 여왕' 김영기를 보고 있었을지 모른다.

그렇다면 나는 어떤 과정을 밟아 지금 이 자리에 있는 걸까? 잠깐 생각하는 사이 인터뷰는 계속되고 있었다.

탈춤 대신 물리학을 하고 계신 지금도 주말에는 살사 같은 춤을 배우신다는 이야기를 다른 인터뷰에서 본 적이 있어요. 그리고 제가 다니는 학교에서도 동아리 활동을 정말 열심히 하는 친구들을 볼 수 있어요. 그런 취미 생활이 선생님의 연구나 삶에 어떤 영향을 미치는지요?

김영기 취미 생활은 꼭 필요해요. 일이라는 것을 하다 보면 딱딱한 생각을 할 수밖에 없을 때가 많아요. 그렇게 일하는 데 너무 빠져 있다 보면 큰 그림을 못 보게 되죠. 가끔 뒤로 물러서서 자기가 지금 가고 있는 길이 맞는지 살필 여유가 있어야 하죠. 나무를 보다 보면 숲을 볼 수 없게 된다는 말이 있는 것처럼 사소한 것에 집착하지 말고 큰 그림을 볼 수 있어야 해요. 나도 주말에 한번씩 풀어 주죠. 책을 읽기도 하고 합창부에서 노래도 하고 춤을 추기도 해요. 노래를 부르고 춤을 추다 보면 몸이 풀리는 새 느껴지죠. 몸이 건강해야지 정신도 건강해진다는 말이 있잖아요. 나는 이런 식으로 중간중간 휴식을 가지면서 몸과 마음을 풀어 주는 게 중요하다고 생각해요. 내게는 그것이 취미 활동인 거죠.

사람들 중에는 과학적 성공에 안달 내며 연구에만 깊이 빠져드는 사람들이 있어요. 하지만 나는 그러면 큰 그림을 볼 수 없다고 생각해요. 이제 어떤 연구든지 옛날처럼 혼자서 하는 시기는 지났거든요. 과학자들의 프로젝트가 워낙 커져서 물리학자뿐만이 아니라 화학자와 생물학자가 함께 일할 수밖에 없어요. 그런데 자기 좋아하는 것만 해서는 이러한 거대한 협동 연구에 잘 결합할 수 없어요.

춤은 내게는 취미 활동이기도 하지만 협동 연구에도 큰 도움이 되죠. 나는 하와이에 가면 훌라 댄스를 배워 오고 버클리에 가면 라틴 사람들한테 삼바를 배우죠. 그러다 보면 그쪽 문화를 느낄 수 있어요. 입자 물리학 실험을 하는 우리 그룹은 전 세계 각국에서 모인 700~800명 사람들로 이루어져 있어요. 그들과 일할 때 내가 춤을 통해 배우고 익힌 그들의 문화적 배경이 많은 도움이 되죠.

그리고 동아리 활동을 할 때 탈춤에 미쳐 살았어요. 그렇게 미친 듯이 일을 했던 경험이 지금 연구를 깊이 하는 데 힘이 되어 주는 것 같아요. 그리고 그때 사람들과 어울리며 함께 일했기 때문에 지금 큰 그룹에서도 협력 활동을 잘할 수 있는 거죠.

선생님께서 우리나라 과학자들 중 노벨상에 가장 근접한 분이라는 평가를 들은 적이 있어요. 하루 종일 공부만 하시는 줄 알았는데 와서 보니까, 피아노도 치고, 춤도 추고 그러시잖아요. 어떻게 그 많은 것을 다 하실 수 있나요? 저희는 도저히 그렇게 못할 것 같아요.

김영기 나이가 들면 어떻게 할 수 있는지 알게 돼요. 그것들을 배워야 하는 것은 틀림없어요. 그러나 어떻게 하면 가장 효과적으로 공부를 할 수 있는지, 자기에게 맞는 공부법이 무엇인지 깨닫게 되지요. 사람마다 다 다르기 때문에 그 방법은 스스로 깨쳐야 하죠.

마음을 열면요, 좋은 사람을 만나게 돼요

김영기 선생님은 어떤 의미에서는 '물리학 마니아'는 아니었던 것 같다. 말씀하신 것처럼 춤과 노래 같은 취미 생활에도 관심이 많으시고 다른 분야에도 관심이 많으신 것 같다. 강주상 교수님이나 중학교 때 과학 선생님들 외에 선생님을 물리학이라는 길로 이끈 것은 무엇일까? 이번에는 외적인 것이 아니라 선생님의 내적인 면을 여쭈어 보고 싶었다.

대학 시절에는 수동적으로 공부하게 되잖아요. 그러다가 연구를 시작하면 자신이 무엇을 공부할지 자발적으로 찾아야 하죠. 학교 다닐 때의 공부는 정해진 분량만 하면 끝나지만 연구는 결과가 어떻게 나올지, 언제 끝나지 알 수 없죠. 이제 대학을 졸업하고 대학원 연구실에서 연구를 시작해 보려고 하니까 연구의 어려움이 무겁게 다가오는 것 같아요. 연구자로서의 어려움을 어떻게 극복해야 할까요?

김영기 처음부터 '연구는 어떤 것이다.'라고 아는 사람은 없어요. 전부 똑같아요. 대학에서 졸업하고 대학원에 가면 수동적인 공부에서 능동적인 공부로 바꿔야 하죠. 그러나 갑자기 확 바뀔 수는 없어요. "대학이 끝나면 완전한 연구자로 변신해야지." 이런 게 아니라 조금씩 배우는 거예요. 그리고 나이가 들고 경험이 쌓이면서 좀 더 큰 연구를 하는 법을 배우게 되지요.

그렇게 겁낼 필요가 없어요. 그 길을 먼저 간 사람들이 도와주잖아요. 대학원생 때에는 선배들이 이끌어 주지요. 중요한 것은 본인에게 배우는 자세가 있느냐 하는 거죠. 선배들이 이끌어 줄 때 마음을 열어야 많이 배울 수 있어요.

그만큼 저를 끌어 줄 사람을 만나는 게 중요한 것 같은데요. 어떻게 하면 그런 좋은 분을 만날 수 있을까요? 선생님은 언제 좋은 분들을 만나셨나요?

김영기 마음을 열면요, 좋은 사람을 만나게 돼요. (웃음) 나는 운이 참 좋았던 것 같아요. 중학교 때 나를 믿어 주고 기회를 주셨던 과학 선생님들이나 대학교 때 만난 강주상 교수님을 만난 것이 그렇죠. 로체스터 대학교 박사 과정 때의 지도 교수님이셨던 스티븐 올슨(Stephen Olsen, 현재 하와이 대학교 물리·천문학과 교수) 교수님도 정말 좋은 분이었죠. 항상 좋은 사람들이 주변에 있어서 나를 도와줬던 것 같아요.

내가 하는 실험은 항상 여러 사람들이 같이 하거든요. 대학원 때에는 여러 대학에서 모인 60명 정도의 사람들과 함께 일했고 그 다음에는

200~300명 있는 그룹에서 일했죠. 그리고 이제는 더 큰 그룹에서 일하고 있죠. 이젠 많은 사람과 함께 일한다는 게 두렵지 않아요. 오히려 사람이 그만큼 많으니까 좋은 사람을 만날 기회도 많다고 생각하게 되었죠.

사실 일대일로 만났을 때 안 맞는 교수님이라면 불편하잖아요. 그런데 우리 분야에는 사람이 많아요. 지도 교수랑 좀 마음이 안 맞는다고 해도 주위에 좋은 분들이 많이 있기 때문에 그분들의 도움을 받을 수 있어요. 그래서 그런지 우리 입자 물리학자들은 항상 긍정적인 면을 많이 보게 돼요.

한국에서는 그리 쉬운 일은 아니겠지만, 미국에서는 지도 교수를 정하지 않고도 6개월 정도 어떤 실험실에서 일하다가 "선생님, 이건 제가 할 일이 아닌 것 같습니다. 다른 것을 해 보겠습니다." 하고 실험실을 옮길 수 있죠. 교수 입장에서는 섭섭하기는 해도 그것으로 끝이죠. 여기는 시스템이 좀 열려 있어서 공부하는 학생들에게 어느 정도 자유가 있어요. 만약 한국에서 실험실 생활을 시작할 경우에는 미리 그 선생님 밑에 있는 학생들과 이야기도 해 보고 선생님이랑 자신이랑 맞는지 아닌지 생각해 본다면 좋을 거예요.

선생님은 세부 전공이 입자 '실험' 물리학이시잖아요. 앞에서 말씀하실 때 들으니까 선생님이 가장 좋아하셨던 것은 수학이었고 과학은 그 다음이었잖아요. 그런 걸 생각한다면 입자 '이론' 물리학이 가장 어울리셨을 것 같은데 어떻게 입자 실험 물리학을 하시게 되었나요? 어떤 특별한 계기가 있었나요?

김영기 그것 역시 강주상 교수님의 역할이 컸어요. 앞에서 이야기했듯이 내가 강 교수님에게 반해서 물리학을 다시 공부하게 되었잖아요. 그런데 강 교수님이 입자 물리학을 전공하셨죠. 그때 막연하게나마 입자 물리학은 수학을 더 많이 한다고 알고 있었고, 그게 내 취향에 맞아 그대로 입자 물리학을 하게 되었죠.

박사 학위를 따러 미국에 왔을 때에도 이론 쪽을 할 생각이었어요. 이론 쪽으로 가면 실험은 별로 안 해도 되고, 내가 좋아하는 수학도 할 수 있고 말이죠. 그런데 한국에서 2월에 졸업하고 미국 왔는데 가을 학기까지 시간이 남았죠. 입자 실험 물리학을 하시는 스티븐 올슨 교수님이 남는 시간 동안 실험을 좀 도와 달라고 하시더라고요. 거절할 이유가 전혀 없어서 실험을 좀 해 봤죠. 그런데 실험하는 게 너무 재미있어서 그 다음 해 여름까지 같이 했죠. 그러다 이게 내 길이다 싶었던 거예요.

나는 어려서부터 이 길을 가야지 하고 정한 다음 그 길에 따라 살아온 것은 아니에요. 이렇게 물이 흘러가는 것처럼 마음이 가는 대로 따라온 것뿐이죠.

우리는 무슨 일을 시작하기도 전에 너무 많은 것을 미리 알려고 한다. 미래에 대해 잘 모르면 불안해 하고 두려움에 떤다. 그러나 꼭 그럴 필요가 있을까? 김영기 선생님 말씀처럼 마음을 연다면 좋은 사람을 만날 수 있을 것이고 그곳에서 새로운 인연의 끈을 이어 나갈 수 있을 것이다. 그리고 그 안에서 내가 할 수 있는 것을 하나하나 시도해 보는 것이 큰 결과를 이끌어 오는 시작일 것이다.

최종 이론의 꿈

열린 마음의 선생님의 힘이라면 선생님은 그 힘으로 무엇을 하고 계실까? 선생님이 전공하고 있는 입자 물리학에 대하여 좀 더 자세히 알고 싶었다. 선생님이 평생을 매달려 온 입자 물리학의 매력은 무엇인가?

김영기 자연은 멋대로 되어 있는 걸까, 아니면 어떤 규칙이 있는 걸까? 입자 물리학자들은 바로 이 근원적인 질문에서 출발해요. 입자 물리학은 자연의 근본적인 규율은 뭐고, 가장 근본적인 입자는 뭐고, 이것들이 어떻게 상호 작용하는지 알아내고자 하는 학문이에요. 입자 물리학자들은 이 문제들을 해결하면 원자들이 어떻게 작동하는지 설명할 수 있고, 이 원자들로 이루어진 우주의 모든 것을 설명할 수 있다고 생각하죠.

그러나 수많은 입자들이 모여 있는 고체를 연구하는 고체 물리학자들은 가장 기본적인 원리나 입자만으로는 모든 것을 설명할 수 없다고 생각해요. 사람의 몸처럼 무진장 많은 입자들이 모인 경우 입자 하나하나의 움직임을 관찰하면서 만들어 낸 입자 물리학 이론만 가지고는 설명할 수 없는 현상들이 생긴다는 거죠. 그들은 다른 무언가를 도입해야 한다고 주장해요.

그래도 나는 아주 작은 소립자의 세계를 알면 우주의 모든 것을 알 수 있다고 생각해요. 대폭발 이론 아세요? 우주는 아주 작은 점이 '쾅' 하고 폭발해서 생겼다는 이론. 입자 물리학에서는 이러한 대폭발로 우주가 처음 생겨났을 때 온도는 무진장 높고, 에너지는 무진장 커서 최초의 입자들이 한데 뭉치지 못하고 흩어져 있었다고 보죠. 고체 물리학이 발견한, 여러 입자들이 모였을 때 생기는 이상한 현상들이 생길 수가 없죠. 그런 조건에서는 입자 물리학에서 이야기하는 가장 근본적인 입자, 가장 근본적인 법칙만 안다면 거의 모든 것을 설명할 수 있을 거예요. 그러면 우리는 현재 우주의 틀이 된 우주 초기의 규율을 알게 되겠죠.

현재 입자 물리학에서는 가장 근본적인 입자가 쿼크라고 하잖아요. 그런데 제 생각으로는 쿼크를 쪼개면 더 작은 입자가 있을 거 같아요.

김영기 우리가 찾는 게 바로 그거예요. 우리 페르미 연구소에서는 테바트론(Tevatron)이라는 가속기를 써서 그러한 입자를 찾고 있어요. 가속기는 기본적으로 소립자 세계를 탐구하는 아주 크고 성능 좋은 현미경이라고 생각하면 돼요. 10^{-19}미터나 되는 작은 것도 볼 수 있죠. 실제로 1994년에는 테바트론 가속기로 톱쿼크를 발견하기도 했어요. 가속기로 봤을 때에는 쿼크가 가장 기본적인 알맹이인데, 만약 더 성능이 좋은 현미경이 있으면 더 작은 게 보일 수도 있어요. 그러나 아직은 몰라요.

더 작은 입자를 찾는 것, 그리고 그 더 작은 입자를 찾을 수 있는 방법을 개발하는 것이 현재 입자 물리학의 최대 과제이지요. 왜냐하면 입자 물리학자들이 가속기를 돌려서 찾아낸 근본 입자라는 쿼크가 6개나 되고, 전지 비슷한 렙톤도 6개나 있어요.[5] 게다가 가속기를 돌리고 있으면 온갖 잡다한 입자가 쏟아져 나오죠.

왜 이렇게 근본 입자가 많은 걸까? 왜 쿼크와 렙톤은 6개씩 모두 12개일까? 왜 렙톤들은 질량이 다 다른 걸까? 질량이라는 것은 끼언 이떻세 생기는 걸까? 이런 문제들이 꼬리를 물며 이어지는 거예요. 아직 이 모든 문제들을 해결해 주는 이론은 없어요. 우리가 알고 있는 어떤 이론도 양성자의 질량은 이래야 되고 전자의 질량은 저래야 된다는 이야기를 못 해 주죠. 그래서 우리는 더 좋은 성능을 가진 가속기를 만들고, 우리가 알고 있는 이론보다 더 완벽한 이론은 어떤 게 있는지 찾아보는 거죠.

쿼크도 쪼갤 수 있지 않느냐는 질문이 바로 과학하는 사람들이 던지는 물음이에요. 아이들처럼 '이것은 왜 이렇지?' 하는 물음을 계속하면서 과학적 사고력이 발달하게 되는 거죠.

1979년에 완성된 테바트론은 완성 당시부터 지금까지 세계 최대 출력을 자랑하는 입자 가속기이다(이 입자 가속기로 입자를 가속시켜 충돌시키면 순간적으로 1조 8000억 전자볼트의 에너지가 발생한다.). 입자 물리학자들은 이 테바트론으로 양성자와 반양성자를 반대 방향으로 가속시킨 다음 충돌시켜 입자 물리학의 여러 가지 난제를 해결했다. 가장 큰 업적은 1994년에 마지막까지 발견되지 않은 톱 쿼크를 발견한 것이다.

김영기 선생님이 하고 계신 연구는 '전자 같은 렙톤들이 왜 이런 질량을 가질까?' 하는 문제를 해결해 주는 힉스 입자[6]가 존재하는지, 존재하지 않는지 확인하는 것이다. 현대 입자 물리학에서 소립자들에게 질량을 부여하는 입자로 추정하고 있는 힉스 입자가 발견되면 현대 입자 물리학이 올바르다는 게 증명될 것이고, 힉스 입자가 발견되지 않으면 수십 년간 수많은 물리학자들이 정성껏 만들어 온 표준 모형이라는 현대 입자 물리학이 틀린 것으로 증명될 것이다. 왜냐하면 힉스 입자가 없다

면 표준 모형은 우주의 질량을 0이라고 볼 수밖에 없기 때문이다. 그런데 우주의 질량은 0이 아니기 때문에 표준 모형은 틀린 것으로 증명되는 것이다. 그래서 표준 모형을 지지하는 사람이든 표준 모형을 반대하는 사람이든 힉스 입자의 존재 유무가 물리학의 역사에 혁명적인 변화를 가져올 거라고 기대한다.

　CDF(Collider Detector at Fermilab) 실험이라는 이름으로 불리는 이 연구 프로젝트에는 미국, 독일, 영국, 러시아, 캐나다, 일본, 한국 등 16개국 850여 명의 연구자가 참여하고 있는데, 그런 거대한 프로젝트를 지금 내 앞에 있는 가냘픈 외모의 김영기 선생님이 지휘하고 있다. 어쩌면 20세기 초의 상대성 이론과 양자 역학처럼 지구인의 세계관을 뒤바꾸어 놓을 수도 있는 연구 업적을 내 앞에서 어린아이처럼 눈빛을 빛내며 조근조근 말하고 계신 김영기 선생님이 이루어 낼 수 있을지도 모른다. '작은 거인' 김영기 선생님. 정말 멋지다!

10년 넘는 세월 동안 "왜?"라는 질문이 선생님을 끌고 온 거군요.

김영기 그렇죠. 10년 넘게 걸렸다니! 더 많이 알고 싶은데 빨리 알지를 못하니까 어떻게 생각하면 답답하죠. 그래서 과학하는 사람들은 느긋해야 해요. 실험을 하든, 계산을 하든 몇 년 걸려 논문 하나 내는 거잖아요. 내가 하는 연구의 결과가 어떻게 될지 모른다고 너무 안달 내면 곤란하죠. 답을 모르더라도 계속 열심히 해야 되거든요. 인내심이 없는 사람들은 힘들어요.

선생님의 꿈은 제일 작은 입자를 밝혀내시는 건가요?

김영기 그래요. 그리고 그 작은 입자들이 어떻게 상호 작용하는지를 밝혀내고 싶어요. 우리가 흔히 전자기력, 중력이라고 부르는 것은 일종의 상호 작용이예요. 입자들은 전자기적 상호 작용이나 중력적 상호 작용을 통해 서로 만나고 서로 영향을 줘요. 작은 입자들이 따로따로 존재하고 서로 상호 작용을 하지 않으면 원자, 물질, 우리 몸 같은 것은 만들어질 수조차 없어요. 전자기력과 중력 말고도 방사성 붕괴를 좌우하는 약력이라는 게 있고, 양성자와 중성자를 서로 붙여 원자핵을 만드는 강력이라는 게 있어요. 우주를 지배하는 힘은 모두 4개인 거죠. 그런데 왜 4개뿐일까요?

현대 우주론에 따르면 우주가 처음 탄생했을 때에는 4개의 힘이 하나였다가 우주가 식으면서 각각의 힘이 서로 자기 갈 자리를 찾아 흩어졌다고 해요. 실제로 가속기에서 입자를 가속·충돌시켜 우주 탄생 직후처럼 엄청나게 높은 에너지 상태를 만들어 내면 이 힘들이 서로 아주 비슷해지는 것을 볼 수 있어요. 그런데 이 힘들을 하나로 모을 정도의 상태를 만들어 내려면 에너지를 엄청나게 높여야 하고 엄청나게 거대한 가속기를 사용해야 하죠. 내가 하는 연구 중의 하나는 그렇게 고에너지 상태를 만들어 냈을 때 4개의 힘이 하나가 되는가를 알아보는 거예요.

2007년 가을이 되면 테바트론이 세계 최대 출력의 가속기라는 자리를 유럽의 LHC(Large Hadron Collider)[7]에게 넘겨줘야 하잖아요. 저는 테바트론이 해내지 못한 힉스 입자의 발견을 이 LHC가 해낼 수 있을지도 모른다고 들었어요. 페르미 연구소에서는 이 LHC 프로젝트와는 어떤 식으로 관계를 맺고 있나요?

김영기 그 프로젝트에는 미국 연구진들도 많이 참가하고 있죠. 원래 가속기는 워낙 덩치가 커 돈이 많이 들어요. 옛날에는 학교나 연구소에서 작은 가속기를 하나씩 가지고 있었어요. 그러나 이제는 그렇게 작은 걸로는 아무것도 할 수가 없어요. 그래서 미국 같은 곳에서는 국가적 차원에서 초대형 가속기를 만들고 유럽 같은 곳에서는 여러 나라가 힘을 모아서 만들어요. 세계 최대의 가속기라는 테바트론 건설에는 아주 작은 세계를 탐구해야 한다는 과학적 열망 외에도 미국의 국가적 위신을 세워야 한다는 정치적 동기도 작용했죠. 그래서 에너지성 같은 곳에서 엄청난 자금을 대고 있죠.

그러나 이제 유럽의 LHC가 본격적으로 가동되면 테바트론으로 하던 연구 과제를 좀 넘겨주고 다른 프로젝트를 진행하려고 해요. 그게 바로 ILC(International Linear Collider)[8] 프로젝트예요. ILC는 테바트론이나 LHC 같은 원형 가속기와는 달리 선형 가속기예요. 그 길이가 20킬로미터에 이르지요. 이것은 여러 나라가 돈을 대고 참여하고 계획하고 있어요. 현재 가속기와 연구소를 설치할 나라와 부지를 모색하고 있죠. 일본이 돈도 많이 냈고 유치 작업도 제일 열심히 하고 있지만 많은 나라들이 이것을 유치하려고 경쟁하고 있어요. 만약 그 프로젝트를 우리가 따올 수 있으면 새로운 일들을 할 수 있게 되겠죠.

삼라만상을 지배하는 4개의 힘을 통일적으로 설명하는 이론. 그 이론을 발견하기 위해 끊임없이 노력하는 물리학자의 야심을 노벨상을 받은 세계적인 물리학자 스티븐 와인버그(Steven Weinberg)는 '최종 이론의 꿈'이라고 불렀다. 거기까지 간다면 더 이상 새로운 이론이 필요 없다고 할 수 있는 '최종'적인 이론. 김영기 선생님 역시 역사 속의 위대한 과학자들처럼 깊이를 알 수 없는 호기심과 끊임없는 인내심을 가지고 '최종 이론의 꿈'을 좇고 있었다.

그러나 정말 '최종 이론'이라는 게 있을까? 아마 우리가 '최종 이론'에 도달했다고 믿는 곳에서 새로운 의문이 생길 것이다. 마지막 쿼크인 톱 쿼크와 마지막 렙톤인 타우온 중성미자가 발견된 이후 힉스 입자를 발견하기 위해 노력하는 것처럼 말이다. 아마 우리 호기심의 깊이가 깊어지는 만큼 우리가 발견하게 되는 자연 법칙의 깊이도 함께 깊어지지 않을까?

그러나 우리의 궁극적인 호기심을 충족시키는 데에는 현실이라는 장벽이 있다. 더 작은 세계를 알려고 하면 더 거대한 가속기가 필요하고 더 거대한 가속기를 지으려면 엄청난 돈이 필요하다. 예를 들어 테바트론을 짓는 데에는 1억 2000만 달러나 들었다. 그리고 1년 예산이 2000억 원에 달하고 가속기를 돌리는 전기세만 200억 원에 달한다. 앞으로 더 거대한 가속기를 지으려면 더 많은 세금을 가져다 연구비로 써야 한다.

그러나 세금을 내는 시민들은 "그래, 입자의 근원을 알았어. 그래서 뭐?"라고 말하고, 좀 아는 지식인들은 "입자 물리학이 최종 이론이라고? 입자 물리학자들 너무 오만한 거 아냐!"라고 타박한다. 이런 사람들은 설득하려면 어떻게 해야 할까? 선생님의 의견을 여쭈어 보았다.

김영기 그건 과학자와 시민들이 과학의 역사를 함께 보면서 함께 해결해 나가야 할 문제라고 생각해요. 예를 들어 양자 역학이 처음 나왔을 때도 많은 사람들이 "그래서?"라고 했을 테죠. 그러나 지금 양자 역학은 현대 기술 사회의 중심이에요. 원자력 발전, 핸드폰, 컴퓨터, 반도체 등등 온갖 것들이 양자 역학 없이는 안 되죠.

우리가 얻은 새로운 지식이 곧바로 사회에 활용되는 게 아니죠. 그 지식이 기술이 되고 실용화되는 데에는 50년이 걸릴 수도 있고 100년이 걸릴 수도 있죠. 결국 과거를 보고 미래를 생각해야 돼요. 어디 쓸지 상상하기도 힘든 현대의 첨단 과학은 우리 다음, 그 다음 세대에는 도움이 될 거예요. 그걸 보고 연구를 해야 하는 거죠. 항상 그런 질문을 많이 받아요. 그러면 나는 미래에 대한 믿음이 있어야 한다고 이야기해요.

한 가지 예를 더 들까요. 암을 치료하는 방사성 장비는 모두 다 입자 물리학에서 나온 거예요. 그리고 요즘은 또 암 치료에 가속기를 많이 써요. 기존의 방사선 치료는 암세포만 죽이는 게 아니라 주변의 건강한 세포들도 죽이기 때문에 항상 후유증이 생겼죠. 특히 어린아이들에게 안좋은 영향을 미쳤죠. 그러나 가속기를 써서 에너지를 조절한 양성자를 암 치료에 사용하면 건강한 세포는 죽이지 않고 암 세포만 콕 집어서 죽일 수 있죠. 그런 치료를 하는 곳이 미국에도 서너 군데 되고, 한국과 유럽에서도 그러한 치료가 이루어지고 있죠. 입자 물리학에서 1960년대에 발명된 가속기가 이제 이렇게 쓰이는 걸 보세요.

선생님께서 물리학의 어떤 면에 매료되었는지는 잘 알겠습니다. 하지만 많은 여학생들이 중·고등학교 때부터 물리학과 수학에 대한 거부감 같은 것을 가지고 있는 것 같아요. 상당히 어려워하거든요. 게다가 이공계 여학생들 중에는 수학은 그래도 할 만한 것 같은데 물리학은 왠지 어려운 것 같다고 생각하는 사람들이 많아요. 그리고 대학 학부에서 전공을 선택할 때에도 여학생들은 물리학을 많이 선택하지 않죠. 왜 이런 걸까요?

김영기 물리학이 수학이랑 비슷하지만 많은 학생들이 거부감을 갖고 있어요. 그러나 물리학이 다른 학문에 비해 특별하게 어려운 것은 아니에요. 사회에서 물리학이 어렵다는 식으로 세뇌를 해 버리는 것 같아요. 물리학이 어렵다고 하는 사람들은 아마 물리학을 안 해 본 사람들이 거예요. 나는 오히려 문학이나 사회학이 어렵죠.

자연 과학이나 공학이 다른 학문보다 더 어렵다고 생각하지는 않아요. 사람은 다 다른 존재이기 때문에 모든 사람이 재미있어 할 것이라고 생각하지는 않지만, 우리의 교육 시스템이나 문화는 여학생들한테 물리학을 포함한 자연 과학도 흥미진진하다는 것을 느낄 수 있는 기회를 주지 않는 것 같아요. 과학을 주입식으로 가르치게 되면 과학의 즐거움을 느껴 보기도 전에 "이건 어려운 거니까 몰라." 하고 아예 문을 닫아 버리죠.

물리학은 기본적으로 논리잖아요. 무슨 현상을 논리적으로 이해를 하는 게 물리적인 사고 방식인데, 다른 것도 나는 다 비슷하다고 봐요. 전부 다 논리이고, 그게 과학이잖아요. 물리학과에서 학생이 배워야 하는 것은 기본적으로 지식이 아니라 물리적으로 생각하는 방법과 논리를 체계적으로 세우는 방법이죠. 그런 것을 배워야 한다는 것을 안다면 물리학을 그렇게 어렵게 생각하지 않아도 괜찮을 것 같아요.

우주 만물을 설명하고 말겠다는 거대한 학문적 야심을 가진 김영기 선생님. 우리는 선생님의 친절한 설명을 따라 입자 물리학의 핵심까지 다가간 것 같았다. 선생님이 생각하는 거대한 꿈의 일단을 맛본 것에 만족하고 이번에는 리더로서의 김영기 선생님에 대하여 알고 싶었다. 먼저 선생님이 계신 페르미 연구소에서부터 이야기를 시작해 봤다.

'충돌의 여왕'의 리더십

페르미 연구소의 홈페이지를 들어가 봤더니, 무척 잘 되어 있더라고요. 매일 업데이트가 되던데, 특별히 연구소에서 관리를 하고 있는 건가요?

김영기 알다시피 우리 연구소는 다 세금으로 운영되잖아요. 그렇기 때문에 힘들더라도 최선을 다해서 시민들에게 우리가 하는 일을 알려야 하는 거죠. 새로운 뉴스를 계속 생산해 내고 우리가 하는 일을 쉽게 이해시키는 게 중요한 과제죠.

선생님께서는 페르미 연구소에서 하고 있는 CDF 프로젝트의 리더시잖아요. 양성자와 반양성자를 충돌시키는 이 프로젝트는 미국 최대의 입자 물리학 연구소인 페르미 연구소에서도 굉장히 큰 프로젝트이고, 전세계 12개국 800여 명의 과학자가 참가하는 대규모의 프로젝트라고 들었어요. 어떻게 그런 큰 그룹의 리더가 되셨는지가 궁금해요.

김영기 하다 보니 그렇게 되었어요. 앞에서 이야기했던 것처럼 처음에는 작은 그룹에서 시작해서 지금까지 온 거죠. 나는 대학원을 마치고 CDF 프로젝트에 참여했는데, 처음에는 검출기를 하나 맡았죠. 그 검출기 말고는 다른 어떤 책임도 없었죠. 아, 검출기라는 게 양성자와 반양성자가 충돌했을 때 만들어지는 수많은 소립자를 잡아내 이것이 전자인지, 다른 쿼크인지 알아내는 장치죠. 그런데 검출기마다 잡아낼 수 있는 입자가 다르기 때문에 여러 검출기 담당자들이 함께 일해야 하죠. 그러면 자연

← 페르미 연구소 테바트론 아에서

스럽게 연구 그룹이 생겨나고 그 속에서 나름대로 열심히 하고 다른 사람과 함께 일하는 데 소질이 있는 사람이 자연스럽게 두드러지게 되는 거죠. 그렇게 리더가 되면 더 큰 기회가 주어지죠 그 기회를 활용해 내가 주도한 일이 성공하게 되면 좀 더 큰 일을 맡게 되는 거죠. 그런 일이 계속되면 점점 더 큰 책임을 맡게 되는 거죠. 그런 과정을 거쳐 결국 현재 내가 있는 자리까지 오게 된 거죠.

혼자만 잘났다고 남의 위에 설 수는 없어요. 내가 할 일과 다른 사람들이 할 일을 정확하게 알고 그대로 할 수 있도록 만드는 게 중요한 거죠.

앞에서 선생님은 호기심 넘치는 전형적인 과학자의 모습을 보여 주셨다. 그러나 프로젝트의 리더라면 현실적인 문제에 부닥칠 수밖에 없을 것이다. 그 와중에 과학에의 열정 같은 것들이 현실과의 타협 속에서 희석되지 않을까?

연구를 하는 것과 큰 그룹의 리더가 된다는 것이 충돌하지 않나요? 혹시 연구자로서의 마음가짐과 리더로서의 마음가짐이 다른 것인가요?

_{김영기} 과학 연구 프로젝트의 리더는 일단 기본적으로 과학에 대한 열정, 호기심, 배경 지식을 가지고 있어야 해요. 그게 없으면 근본적으로 리더십이 생길 수가 없죠. 그리고 리더는 목표를 확실하게 가지고 있어야 해요. 무엇을 해야 할지 명확하게 알면 사람들이 따라와요. 사실 과학을 하는 마음이 확실하면 그냥 리더가 되는 거예요. 아무리 사교성이 많다거나 통솔력이 있다고 해도, 기본적인 게 없으면 아무도 안 따라 주죠. 그 다음

으로 필요한 게 통솔력이죠. 그런 게 너무 없으면 사람들을 이끌기 힘들 거든요. 다들 조금씩 이기심이 있잖아요. 뭉치면 살고 흩어지면 죽는다는 점을 알게 모르게 심어 줘야죠.

과학 프로젝트에서 연구와 리더십은 하나일 수밖에 없다는 말씀. 두 마리의 토끼가 아니라 동전의 양면이라는 말씀이 언젠가 연구자와 리더를 함께할 수밖에 없는 과학도들에게 많은 깨달음을 주리라.

많은 사람들을 관리하시면서 특별히 생각나시는 일화라도 있으세요? 제가 아는 선배 중에는 미국에서 대학에 가려다가 백인이 아니면 일정 지위 이상으로 올라갈 수 없다는 것을 알고 돌아온 사람도 있어요. 선생님은 동양인으로서, 여성으로서 인종 차별이나 성차별을 받으셨던 적은 없나요?

김영기 인종 차별이나 성차별은 별로 없어요. 아니, 나는 그런 거를 잘 생각하지 않으려고 해요. 그러나 이제는 생각을 해야죠. 왜냐면 내 밑에 있는 학생들이 그런 차별을 받지 않도록 해야 하는 입장이 되었으니까요. 내가 공부할 때에는 분명 차별이 많았을 거예요. 하지만 나는 그런 것에 민감하게 반응하지 않았기 때문에 연구와 일에 집중할 수 있었던 것 같아요. 그래서 지금의 내가 있을 수 있었던 것 같아요. 그런 문제에 너무 민감하면 오히려 자기가 손해를 보죠.

내가 버클리 대학교에서 가르칠 때 몸집도 작고 동양인이니까 사람들이 교수라는 생각을 안 하는 거예요. 300명이나 듣는 수업이었기 때문에 강단에 서 있어도 조교나 학생 중 하나로 알았지요. 그러나 그런 학생들을 나무랄 수는 없어요. 미국 사회 역시 교수에 대한 편견을 가지고 있기 때문이죠. 다들 교수라고 하면 흰머리에 나이 지긋한 남자 교수만 생각하잖아요. 그런 것에 마음 상해 할 필요는 없는 거죠.

그리고 실험실에 와 보니 우락부락한 남자 기술자들과 남의 감정에 무신경한 남자 연구자들이 득실거리는 거예요. 그들도 나를 과학자나 교수로 대해 주지를 않았죠. 또 어디서 온 학생이겠거니 했죠. 그러나 그런 것을 가지고 화를 내서는 안 되죠. 누구나 다 자기 경험에 따른 편견을 가지고 있잖아요. 그것은 일을 함께하면서 점차 바뀌 나가면 되는 거죠. 다만 시간이 걸릴 뿐, 다 극복돼요. 오히려 여자이기 때문에 장점도 많아요.

장점이라뇨? 어떤 장점이 있어요?

김영기 그러니까, 잘하면 사람들에게 깊은 인상을 줄 수 있다는 거죠. 왜냐하면 소수니까 기억을 잘해 주거든요. 그것은 연구와 일을 하는 데 장점으로 작용해요.

저희가 선생님 자료를 찾다 보니까 2005년에 호암상[9]을 수상하셨더라고요. 여성으로서 그 상을 받은 사람은 선생님이 처음이더군요. 그게 저희에게도 아주 인상적이었어요.

김영기 사람들이 처음으로 여자로 받았다고 이야기를 많이 했는데, 나도 좋죠. 그런데 내가 첫 번째 여성 수상자가 된 것은 나 혼자 잘나서가 아니라, 자격은 있지만 못 받은 선배 여성 과학자들 덕분이에요. 선배 여성 과학자들이 열심히 해 줬기 때문에 후배들이 이제야 그 결실을 맛볼 수 있는 거죠. 앞 세대가 고생한 만큼 그 뒤에 오는 세대는 좀 더 좋은 세상에서 살 수 있게 되는 거죠.

이야기가 자연스럽게 리더로서의 김영기 선생님에서 여성 과학자로서의 김영기 선생님으로 옮겨 갔다.

이제 세대가 변해서 우리는 편견에서 좀 벗어나서 더 자유롭게 공부하고 연구할 수 있을 거라고 하셨는데, 우리가 세대가 바뀌는 것을 구경만 하는 게 아니라 무언가 좀 더 적극적으로 바꿔 볼 수 있지 않을까요? 우리나라에도 여성 과학 기술인 협회 같은 단체가 있어 서로 도우려고 하는 게 그런 예가 되지 않을까요?

김영기 내가 앞에서는 성차별에 민감하게 반응하지 않았다고 했는데, 성차별은 정말 중요한 문제예요. 예를 들어 프로젝트 공동 대표인 저의 공식 직함은 spokesperson이에요. 대표라는 뜻이에요(대변인라는 뜻도 있어요.). 그러나 예전에는 spokesman이라고 했어요. 그리고 프로젝트에 참여해서 일하는 사람들도 남녀 구분 없이 manpower라고 했죠. 하지만 이것도 이제는 personpower라고 하죠. 자잘한 용어 문제라고 생각할 수도 있죠. 그러나 이것이 쌓이다 보면 세뇌가 되는 거죠. 그런 작은 부분부터 바꾸려고 노력해야 돼요. 예를 들어 우리말에서도 존댓말을 쓰면 사람 대하는 태도 자체가 바뀌잖아요. 지난 15년 동안 용어도 많이 바뀌고 사람들의 행동도 많이 바뀌었죠.

내가 2004년부터 CDF 프로젝트의 대표를 맡고 있죠. 세계 입자 물리학계에서 연구원이 100명 이상 되는 큰 실험실에서 여자가 대표가 된 게 내가 처음이에요. 미국도 남녀 차별이 없는 게 아니에요. 그렇지만 한국보다는 사정이 훨씬 좋죠. 한국도 좋은 방향으로 바뀔 거예요. 어떻게 하면 좀 더 빨리 차별을 줄이느냐가 중요하죠. 중요한 것은 여자들 자신부터 바뀌어야 한다는 거예요. 아이들을 가르칠 때에도, 우리가 어떤 행동을 할 때에도 항상 조심하고, 우리부터 바뀌어야 하는 거예요. 그게 참 중요하다고 생각해요.

여성 과학자 자신부터 바뀌어야 한다는 선생님의 말씀이 의미심장하게 다가왔다. 그러나 앞에 이야기했듯이 여성 과학자는 과학의 길을 가는 데 여러 단계의 어려움을 겪는다. 중ㆍ고등학교 때의 교육 과정이 시작 단계라면 결혼과 양육의 부담을 떠맡는 상황은 여성과 과학을 영영 떼어 놓는 완성 단계가 아닐까? 그렇다면 김영기 선생님이 걸어온 과학이라는 길에서 결혼은 어떤 의미였을까? (선생님은 2002년에 응집 물질 물리학(Condensed Matter Physics)을 전공하는 네이글 교수님과 결혼 후 함께 시카고 대학교로 옮기셨다. 우리가 인터뷰를 하고 있을 때 네이글 교수님은 옆방에서 손님을 만나고 계셨다.)

우리나라에서는 연구자끼리 결혼을 하면 여성이 연구를 포기하는 경우가 많아요. 생활고 때문에 연구를 포기한 여성 선배들도 봤어요. 그런데 선생님의 경우에는 많이 다르신 거 같아요. 결혼하신 후에 어떤 점이 더 좋아졌나요?

김영기 결혼 후 연구 생활은 더 좋아졌죠. 왜냐하면 더 안정이 되기 때문이죠. 나이가 들면 들수록 인생을 함께 갈 수 있는 친구가 되어 가는 것 같고요. 물론 서로 도와주려고 하기 때문에 그만큼 시간이나, 에너지를 소모하게 되죠. 그러나 서로를 도와주는 만큼 도움을 또 받죠.

두 분이 비슷한 물리 분야를 연구하고 계시는데요, 같은 분야의 연구자를 배우자로 만나면 서로 도움이 되나요?

김영기 도움이 돼요. 그런데 그것도 사람마다 달라요. 어떤 부부는 한 사람은 이공계고 한 사람은 인문계 쪽인데 "집에서까지 연구 이야기를 해야 되나." 그러죠. 그러나 우리는 과학, 일 이야기도 많이 하지만 음악 같은 취미도 같아 다른 것도 이야기를 많이 하죠.

세계적인 과학자로서 성공했고, 대형 연구 프로젝트의 리더로서 지위도 높고, 연구와 일에 지장 없는 행복한 결혼 생활을 해 온 선생님의 이야기를 듣다 보니 살짝 약이 올랐다. 그래서 우리는 선생님에게도 특히 어려웠던 시기는 없었는지 여쭤어 보았다.

선생님의 약력을 보면 별 탈 없이 쭉 뻗어 나간 것처럼 보여요. 인생의 어려움이 거의 없었을 거라는 생각이 들거든요. 선생님 인생에서 특별히 어려웠던 시기는 없었나요?

김영기 물론 있었겠죠. 그러나 항상 기억은 미화되는 것 같아요. 누구나 하는 것처럼 나도 이 길을 가야 되는 것인가, 진짜 이 학문을 내가 할 수 있을까 하는 고민을 했죠. 그러나 지금 생각할 때 진짜로 고민했던 것은 남자 친구랑 잘 안 될 때였던 것 같아요. (웃음) 그런 생활의 고민이 사람을 많이 힘들게 하죠.

남편을 만나기 전에 사귀던 남자 친구가 있었어요. 7~8년 동안 원거리 연애를 했죠. 그러나 연구를 하다 보면 여행을 많이 해야 해서 잘 만나지 못했죠. 그러다 보니 관계를 유지하기 힘들었죠. 계속 대화를 해야 하는데, 아차 하다 보면 대화가 끊기고, 서로 잘 이해하지 못하게 되죠. 공부하는 사람들이 연애한다는 것은 쉬운 일이 아니에요.

연애든 결혼이든 부부 중 한 사람의 희생을 요구하는 경우가 있어요. 한 사람의 희생이 필요해지는 경우가 있죠. 결혼했을 때 나는 버클리에 있었고 남편은 시카고에 있었죠. 그때 마침 오라는 데가 여럿 있었어요. 여기저기 돌아보고 어디가 제일 좋은지 살펴보다가 남편이 있는 시카고에서 함께 일하기로 결정했죠. 그러나 나 혼자였으면 그 결정이 달라졌을 수도 있을 거예요. 다행히도 시카고에서 하는 일이 내게 맞았죠.

나는 희생을 그렇게 부정적으로 보지 않아요. 연구에서 희생이 있으면 그만큼 생활이 나아질 수도 있죠. 생활이 나아지면 연구를 하는 데에도 도움이 될 수 있어요. 어떤 면에서는 희생일지라도 결국은 도움이 되는 거죠. 내가 너무 밝은 면만을 보는 걸까요? 그래도 내가 이렇게 긍정적인 편이기 때문에 다른 사람이 함께 살기 편한 거겠죠. (웃음)

선생님의 이번 대답도 역시 약 오를 정도로 밝고 긍정적이었다. 이것이 김영기 선생님다운 거겠지. 창가에 조용히 앉아 있던 고양이가 슬그머니 선생님 곁으로 왔다. 인터뷰를 정리할 때가 되었다는 신호일까? 인터뷰를 마무리하면서 한국이라는 환경 속에서 연구를 하고 있는 여성 과학도들에게 선생님이 해 주실 수 있는 말씀들을 들어 보았다.

조금만 둔감해지세요

유학 준비를 하는 제 친구들 중에는 "나가면 돌아올 생각 없다, 한국에. 왜냐면 한국은 공부하는 환경이 좋지도 않고, 인맥이 너무 작용한다. 차라리 공부를 계속하려면 외국에 있는 게 낫다."라는 학생들이 꽤 많습니다. 한국에서 노벨상이 나올 만한 기반이 만들어질 수 있을 정도로 환경이 계속 좋아지려면 어떤 노력을 해야 할까요?

^{김영기} 입자 물리학 분야를 보면 한국의 연구 환경도 많이 좋아졌어요. 내가 다닐 때에는 정말 아무것도 없었거든요. 미국에 남는 사람도 많지만 돌아가는 사람도 꽤 많아요. 반 정도가 돌아가죠. 그렇게 돌아간 사람들 수만큼 학문적 역량이 한국에 쌓이는 거예요. 그 덕분에 이제는 외국인들과 어깨를 나란히 할 정도가 된 거죠.

그러나 이제는 국제적인 협동 연구가 중요해졌기 때문에 누가 상을 받았는데 그가 어느 나라 사람이더라 하는 것은 그렇게 중요한 문제가 아니게 되었죠. 한국에서 연구를 하다가 미국에서 할 수도 있고, 그러다가 다시 돌아갈 수 있는 거예요. 그가 한 나라에서 연구하는 동안 그가 이

룬 성과가 그 나라에 쌓이는 거죠. 그렇게 쌓인 것을 전체적인 연구 환경 개선에 활용하는 게 더 중요한 거죠.

물론 나처럼 사는 사람은 한국보다 미국이 편해요. 한국에서 마흔 다 될 때까지 결혼도 안 하고 있었다고 생각해 봐요. 우리 부모님은 괜찮아요. 그런데 주위 사람들이 얼마나 많은 말을 했겠어요. 그런 말은 아무리 흘려들어도 사람의 에너지를 갉아먹죠.

선생님, 오늘 정말 좋은 말씀 많이 해 주셔서 감사합니다. 그러면 마지막으로 우리나라 여성 과학도들에게 해 주시고 싶은 말씀을 하나 해 주세요.

^{김영기} 학생들에게 해 주고 싶은 말은, 여학생이라고 해서 너무 민감해하지 말라는 거예요. 자신감을 많이 세우고, 천천히, 강하게 나가면 누구나 다 할 수 있어요. 너무 민감한 거, 나는 그게 가장 큰 문제라고 생각해요. 조금만 둔감해지세요. 너무 민감하면 자기한테 신경을 안 쓰고 다른 사람의 반응에만 신경 쓰게 되죠. 그것은 오히려 손해예요.

매일 책만 읽고, 실험실에서 연구만 하는 꽉 막히고 세상물정 모르는 사람. '과학자'라고 하면 떠올리는 이미지는 이렇거나 이 근처에서 맴돌고 있는 것이 아닐까? 물론, 요즘에는 이런 생각하는 사람 별로 없을지도 모르겠지만 그래도 '순수' 과학을 하는 사람에 대한 이미지는 꽉 막힌 샌님에서 벗어나기 힘들지도 모른다. 생활인으로서의 과학자라는 것은 아무래도 떠올리기 힘들다. 과학자가 실험실 밖에서 어떤 생활을 하는지는

아예 떠오르지도 않으니 말이다.

선생님 댁에 들어가서 본 것들. 고양이들, 피아노, 거실에 놓여 있던 책들에서 선생님의 본래 모습을 엿볼 수 있는 것 같아서 흥미로웠다. 나긋나긋한 몸짓으로 돌아다니는 고양이를 품에 올려 어루만지는 모습이며, 장식용이 아닌 것이 확실한 피아노며, 과학과는 거리가 좀 있어 보이는 책들이며, 다양한 문화를 알기 위한 방편으로 여러 가지 춤을 배운다는 말씀까지. 과학만이 아니라 모든 것을 즐기시는 분이라는 인상을 받았다. 그리고 삶의 여유를 잃지 않으시는 분이라는 생각이 들었다.

과학을 좋아하고 사랑하니까 그것만을 열심히 하는 것도 좋지만, 과학을 좋아하고 사랑해서 다른 것으로의 가능성까지 활짝 열어젖히고 사는 것도 좋지 않을까? 재미있으니까, 알고 싶으니까 과학을 좋아하는 것이기도 하지만, 그런 마음을 삶 전체로 확장시킬 수 있다면, 좀 더 행복해질 수 있지 않을까 싶다. 삶에 대한 열정이 과학에 대한 열정과 결코 별개가 아니란 것을, 결국에는 하나에서 온다는 것을 선생님을 보면서 어렴풋이 알게 되었다는 생각이 든다. 사실, 하나에 열정적일 수 있는 사람은 모든 것에 열정적일 수 있는 것이 아닐까?

자신이 사랑하는 일이, 자신의 삶에 풍요로움을 더해 준다는 것은 흔히 경험할 수 있는 일은 아니다. 그게 만약 매우 자연스러운 일이고, 누구나 하는 일이었다면 서점에 깔린 수필이나 자기 계발서의 대부분은 읽을 필요가 없을 것이다. 살짝 약 오르는 일이다. 김영기 선생님은 그런 삶을 살고 계시니까.

NOTE

1. Dennis Overbye, A Real Flip-Flopper, at 3 Trillion Times a Second, *New York Times* Apr. 18. 이 기사에 따르면 페르미 연구소의 연구자들이 양성자, 반양성자 충돌 실험 결과 'B 입자'라는 소립자가 1초 동안 3조 번이나 물질에서 반물질로 상태를 바꾼다는 것을 발견했다고 한다.

2. **페르미 국립 가속기 연구소(Fermi National Accelerator Laboratory. 약칭 Fermilab)**는 미국 시카고 근교 바타비아에 위치한 입자 가속기 연구소이다. 미국 에너지성이 주요 자금원이며 소립자를 수십억 전자볼트로 가속시켜 입자선을 만들어 내는 테바트론 가속기를 보유하고 있다. 큰 실험 그룹으로는 CDF와 D0가 있고 전 세계 많은 과학자들이 가속기의 성능 향상과 검출기 제작을 위해 공동 연구를 하고 있다.

3. 《조선일보》 2004년 5월 31일자.

4. **미얄할미**는 미얄이라고도 한다. 봉산 탈춤 일곱째 마당에 등장하는 인물의 하나. 영감의 아내로 나오는데, 영감의 구박을 받아 죽는다. 그리고 그 인물이 쓰는 탈을 가리키는 말이기도 하다. 검은색 바탕에 흰색 점과 붉은색 점이 찍혀 있다.

5. 6. 현대 소립자 물리학의 표준적인 이론이라고 할 수 있는 **표준 모형 이론**은 우주 만물이 쿼크 6개와 렙톤 6개로 이루어져 있다고 주장한다. 쿼크에는 업(up, 위), 다운(down, 아래), 참드(charmed, 맵시), 스트레인지(strange, 야릇), 톱(top, 꼭대기), 보톰(bottom, 바닥) 6종류가 있고, 렙톤에는 전자, 뮤온, 타우온, 전자 중성미자, 뮤온 중성미자, 타우온 중성미자 6종류가 있다. 그리고 표준 모형은 이 입자들과 함께 각 물질에게 질량을 부여하는 **힉스 입자**가 있어야 한다고 주장한다. 그러나 이 힉스 입자는 아직 발견되지 않았다. 가속기를 이용한 힉스 입자 탐구는 김영기 선생님의 연구 주제이기도 하다.

7. **ILC(국제 선형 가속기, International Linear Collider)** 프로젝트는 가속기의 형태가 원형이 아닌 직선이며, 입자는 전자와 양전자(전자의 반물질로서 질량은 전자와 같으며 양전하를 갖는다)이고, 정면 충돌에서 5000억 내지 1조 전자볼트의 에너지를 가지기 위해 35~40킬로미터의 전자 가속기와 양전자 가속기가 필요하다. 건설 경비가 50~70억 달러(6조~8조원)에 달해 개별 국가 또는 지역 차원을 넘어서 아시아, 미주, 유럽 지역이 공동으로 추진하기에 이르렀다.(http://times.postech.ac.kr/script/view.asp?section=%C6%AF%C1%FD&idx=197)

8. CERN에서 진행 중인 **LHC(대형 강입자 충돌형 가속기, Large Hardron Collider)** 프로젝트는 빛의 속도 가까이 가속된 양성자를 서로 충돌시켜 이때 나오는 입자 파편을 조사해 소립자 세계나 우주 생성기의 비밀을 풀려는 실험이다. 전 세계 50여개 국 5000여명의 과학자들이 참여하고 있다. 스위스와 프랑스 접경 지역 지하 100미터에 건설 중인 이 가속기는 둘레만 27킬로미터, 총 공사비만 40억 달러(4조원)에 달하는 초대형 실험 시설이다.

9. 삼성 그룹의 창업자 호암(湖巖) 이병철을 기리기 위해 삼성 그룹 이건희 회장이 1990년에 설립한 상으로 과학, 공학, 의학, 예술, 사회 봉사 분야에서 특출한 공헌을 한 사람에게 수여한다.

세 대륙을 넘나든 인터뷰

'세계의 여성 과학자를 만나다' 프로젝트에 참여하면서 나는 세 대륙을 넘나들어야만 했다. 처음 인터뷰를 하기 위해 미국으로 떠나야 했을 때 난 영국 버밍엄 대학교에 교환 학생으로 가 있었다. 그리고 서울 대학교 노정혜 선생님 인터뷰를 하기 위해서는 영국에서 한국으로 날아와야 했다.

특히 미국 인터뷰의 경우에는 인터뷰 준비 기간과 학기말 프로젝트 마감이 겹쳐 (영국 대학은 3월 말이 3학기 중 2학기의 학기말이었다.) 정신이 없어 실수를 연발했다. 영국 버밍엄에서 탈 항공권을 미국 버밍엄에서 탈 항공권으로 잘못 예매하고(처음에는 항공 요금이 너무 싸서 무척 좋았다. 싼 항공권에 방심하지 말고 확인, 또 확인하자.) 경유지인 프랑스 파리에서는 갈아탈 비행기를 놓쳤다. (공항이 너무 컸고, 시계가 주위에 없었던 데다가, 입국 수속하는 데 시간이 많이 걸렸다. 결정적으로 프랑스 공항 직원과 말이 잘 안 통해서 정말 애를 먹었다. 프랑스에서 환승할 때에는 정말 조심하자.) 미국에 도착해서도 비자 문제로 미국에 입국하지 못한 채 쫓겨날 뻔했다. (예전에 어학 연수를 위해 받았던 학생 비자를 관광/상용 비자로 바꿔 두지 않은 게 원인이었다.) 비자 관련 직원에게 이번 프로젝트를 설명하고 교수님들의 주소를 보여

시카고 공항에서

256

준 뒤 벌금과 수수료를 내고 간신히 미국에 입국할 수 있었다. 그. 러. 나. 나의 파란만장한 여행기는 여기서 끝나지 않았다.

먼저 와 있던 인터뷰 팀과 만나기로 약속해 둔 메릴랜드 대학교로 이동하기 위해 택시를 타려고 보니 지갑이 텅 비어 있었다. 항공권 교환에 따른 수수료, 비자 실수에 따른 벌금 등으로 그나마 가지고 있던 돈이 다 떨어진 것이었다. 그런데 다행히 내 또래의 재미 교포를 만나 차를 얻어 타고 숙소에 갈 수 있었다.

내 평생 이런 고생을 한 적이 없다. 인터뷰를 마치고 영국을 거쳐 서울에 돌아올 때까지는 어떻게 버텼지만 집으로 돌아와

김영기 선생님 인터뷰 전날

노정혜 선생님과 인터뷰하기 전까지 여행 피로로 1주일 내내 누워 있을 수밖에 없었다. 아직도 프랑스에서 혼자 국제 미아처럼 어찌할 바를 몰라 펑펑 울었던 기억이 잊혀지지 않는다. 하지만 그 모든 난관을 뚫고 모든 일정을 끝냈다는 건 정말 기적과도 같은 일이었다. 내 인생의 이런 힘든 경험이 앞으로 어떤 밑거름이 될까?

윤미진

257

단순하게

그리고

자연스럽게

진실함 위에 과학의 길을 만드는 미생물학자

노정혜 선생님

2006년 4월 19일 | 장소 — 서울 대학교 | 진행 — 윤미진, 윤지영 | 정리 — 윤미진

2005년 10월부터 2006년 5월까지 8개월 가까이 우리 국민은 황우석 전 교수 사태라는 놀라운 사태를 경험해야 했다. 언론과 황우석 전 교수 연구진의 논쟁은 반전에 반전을 거듭하며 과학계 안팎의 많은 사람들을 논쟁의 소용돌이 속으로 끌어들였다.

언론은 과학자들에게 어떤 편이든 자신의 입장을 밝히기를 요구했고, 과학자와 지식인들은 자신 나름의 의견과 주장을 쏟아냈다. 수조 원에 가까운 자금이 걸려 있는 바이오 산업 관련 기업의 주가는 황우석 전 교수의 말 한 마디, 기사 한두 편에 출렁거렸고 한국 과학계의 위신은 바람 앞의 촛불처럼 흔들렸다. '과학'이 한국 사회에 거대한 파문을 일으킨 초유의 사태였다.

「PD 수첩」의 의혹 제기에서 시작된 이 사건은 결국 서울 대학교의 황우석 전 교수 연구진에 대한 연구 성과 검증과 검찰 조사와 기소를 거쳐 사법부의 판결을 기다리면서 정리되는 단계에 와 있다. 세계적인 과학 학술지인《네이처》와《사이언스》가 농락당하고 한국 '최고의 과학자'가 사기꾼으로 전락하는 상황을 1년도 안 되는 짧은 기간 안에 정리하는 데에는 BRIC'같은 인터넷 게시판에서 활동한 젊은 과학자 사회의 자체 정화 노력이 큰 역할을 했다.

그리고 젊은 과학자들이 제기한 문제를 받아들여 과감하게 황우석 전 교수 연구진의 연구 성과를 검증하기로 결정하고 연구 성과를 철저하게 검증해 논문 조작임을 밝혀낸 서울 대학교도 큰 역할을 했다. 이러한 서울 대학교의 과감한 검증 과정의 중심에 바로 서울 대학교 전 연구처장인 노정혜 선생님이 있었다.

당시 연구처장으로 있던 노정혜 선생님은 서울 대학교가 떠안을 수밖에 없었던 정치적 부담으로 고심하던 정운찬 당시 총장에게 "진실을 규명하는 게 최선"이라며 과학계의 원칙대로 한점 의혹 없이 투명하게 검증해야 한다고 제언했고, 조사 위원회의 검증 과정을 지휘하여 황우석 전 교수의 연구가 조작이었음을 과학적으로 밝혀냈다. 그리고 황우석 지지 여론의 비판 속에서도 조금도 흔들리지 않고 조사위 활동 상황과 과학자들의 입장을 침착하고 담담하게 밝혀 당시의 혼란스러운 다른 사람들의 반응과 대비되어 돋보였다.

황우석 전 교수 연구진의 논문 조작 의혹이 처음 제기된 BRIC의 소리마당에서도 젊은 과학도들이 "서울대는 못 믿어도 노정혜 선생님은 믿을 수 있다."라는 말을 하며 노정혜 선생님의 활동에 지지를 보냈다.

노정혜 선생님은 이번 사태 이전부터 돋보이는 분이었다. 서울 대학교 미생물학과를 졸업하고, 미국 위스콘신 대학교에서 분자 생물학으로 박사 학위를 받은 다음 1986년 29세의 젊은 나이에 첫 번째 미생물학과 여성 교수로서 서울 대학교에 부임했다. 그리고 2002년에는 미생물의 스트레스에 관한 세계적인 연구 성과를 얻어 제1회 로레알 유네스코 여성 생명 과학 진흥상[2]을 받았다. 2004년부터는 서울 대학교 58년 역사상 처음으로 연구처장을 맡은 여성 교수가 되었다.

우리는 한국 사회 전체를 뒤흔든 과학 윤리 논쟁의 한복판에서 과학자의 본 모습을 보여 준 노정혜 선생님을 만나기로 했다. 몇 개월 동안 언론과 여론의 등쌀에 시달리신 것을 알고 있기에 인터뷰 의뢰를 드리기 조심스러웠지만 의외로 선선히 승낙해 주셨다. 인터뷰 중에 들은 기지민

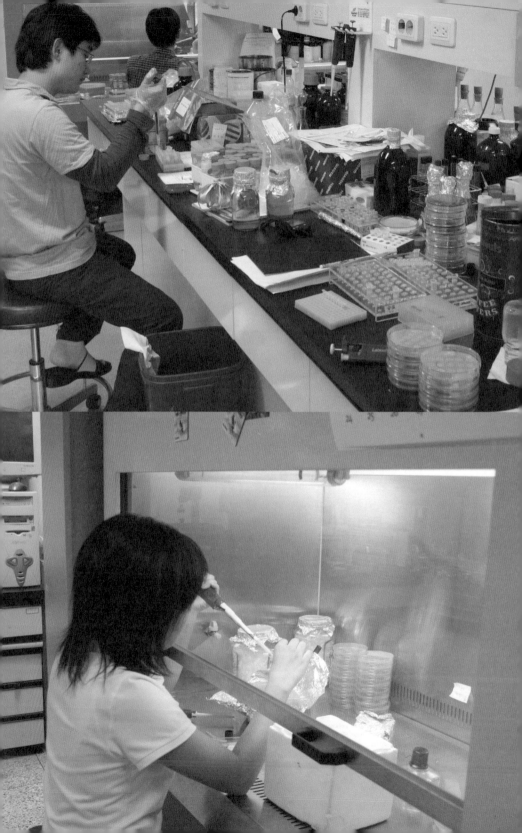

학생들이 한다고 하기에 허락해 주신 것이었다.

노정혜 선생님 연구실로 가는 복도에는 시료를 넣어 두기 위한 냉장고들이 즐비했다. 선생님의 방과 실험실은 바로 붙어 있었고, 보통 그 방문을 열어 둔다고 하셨다. 크지 않은 실험실에 여러 명의 학생들이 실험에 열중하고 있었다. 선생님께서 간단히 실험실 소개를 해 주셨다. 산소가 없는 대기 환경을 만들기 위한 실험 기구인 후드[3]가 인상적이었다.

선생님께서 손수 끓여 주신 차를 마시면서 인터뷰가 시작되었다. 우리는 먼저 어떤 과정을 거쳐 미생물학자라는 길을 가게 되었는지 선생님께 여쭈어 보았다.

천재 소녀(?)의 학창 시절

생물학, 그것도 특히 미생물학에 관심을 갖게 되신 계기가 있으세요?

노정혜 생물학을 공부하겠다고 생각한 건 중학생 때죠. 그때 생물 선생님께서 참 잘 가르치셨거든요. 원래 한번 결정하면 잘 안 바꾸는 성격이라, 고등학교 때에도 그냥 계속 생물을 하는 게 좋겠다는 생각을 했고, 결국 서울 대학교 미생물학과에 지원하게 되었죠. 당시는 서울 대학교에 미생물학과가 생긴 지 얼마 안 되었던 때였어요. 미생물이 뭔지도 모르고 그냥 끌렸던 거 같아요. 서울 대학교 미생물학과가 생긴 것이 1970년이고 내가 입학한 게 1975년이죠. 미생물학과 6회 졸업생이에요.

← 분자 미생물학 연구실에서 실험 중인 학생들

그럼 중학교 때부터 쭉 생물만 하시겠다는 생각을 하신 거군요? 다른 과학을 공부하겠다든지, 아니면 의대에 가겠다든지 하는 생각을 해 보신 적이 없으신가요?

노정혜 과학 과목들 중에서 생물학이 재미있어서 별 생각 없이 생물학 공부를 해야겠다고 생각했어요. 부모님은 은근히 내가 의대나 법대 가기를 바라셨지만 나는 스스로 의사가 적성에 안 맞는다는 것을 알고 있었어요.

어렸을 때 동생이 밖에서 놀다가 넘어져서 피가 굉장히 많이 난 것을 보고 너무 무서워서, 얼른 집에 와 고모한테 알리고 도망쳐 버렸어요. (모두 웃음) 그런 자질로는 의사가 될 수 없다고 생각했죠. 생물학은 재미있었어요. 우리 부모님도 내가 생물학 공부를 계속하면 좋겠다고 말씀드리니까 마음을 바꾸시더라고요.

지금 각 대학의 생명과학부에는 여학생들이 굉장히 많습니다. 선생님이 대학 다니실 때는 어땠나요?

노정혜 당시의 대입 제도는 모집 단위가 굉장히 커서 공대, 약대, 자연대를 전부 자연 계열로 모집했어요. 입학할 때 1100명 정도가 한 계열로 입학해서 S1반, 2반, 3반 하는 식으로 나뉘었죠. 그리고 2학년 때 과를 선택했지요. 그런데 내가 입학했을 때 자연 계열 1100명 학생 중에서 여학생은 14명뿐이었죠. 이 14명 중 한 사람은 공대로, 세 사람은 약대로 가고, 나머지가 자연대로 갔는데 주로 수학이나 통계학 쪽으로 갔어요. 미생물학과 22명 중 여학생은 2명뿐이었죠. 내 바로 위 학년에는 여학생이 1명뿐이었는데 내 밑으로 가면서 좀 많아졌어요.

지금과는 많이 달랐군요. 여학생 수가 적다고 공부할 때 소외당하지는 않으셨어요?

노정혜 그렇지 않았어요. 그냥 같이 잘 놀러 다녔어요. 1학년 때에는 주로 실험 짝이나 반 친구들과 계속 붙어 다녔어요. 그리고 미생물학과 2학년에 단 2명밖에 없는 여학생이라고 선배들이나 동기들 모두 굉장히 잘해 줬지요. (웃음) 그때 학교를 같이 다녔던 사람이 지금 고려 대학교 생명과학부의 백경희 교수예요. 우리 둘은 공부를 비교적 열심히 했는데, 남학생들은 공부를 그리 열심히 안 했죠. 우리가 좋은 학점을 다 가져갔는데도 미워하지 않더군요. (웃음)

인터뷰를 준비하다 보니 학생 시절에 천재 소녀였다는 소문이나 학부 때 결혼을 하셨다는 이야기도 들었다. 그래서 학창 시절에 특별한 일이 있었는지 여쭈어 보았지만, 선생님께서는 웃으시면서 그냥 평범하게 다녔다고 대답하셨다. 선생님의 명강의에 반한 학생들 사이에 퍼진 소문이었던가?

그럼 미생물학이 선생님께 잘 맞았나요? 미생물학의 매력은 무엇이었나요?

노정혜 처음에 미생물학과에 갔을 때에는 뭐가 뭔지 잘 모르고 갔죠. 그냥 생물학에서도 새로 생긴 분야니까 할 게 많을 테고 졸업해도 전망이 밝을 거라는 정도로만 알고 갔죠. 그러나 나중에 가서 공부해 보니까 미생물학을 공부하기 참 잘했다는 생각을 해요.

특히 학교 다닐 때 좋았던 게 실험을 참 많이 했다는 거예요. 지금 학생들은 실험을 너무 적게 하는 거예요. 그때는 거의 대부분의 과목에 대학원생 조교들이 가르쳐 주는 실험이 딸려 있었어요. 실험 시간마다 예비 보고서 내고, 실험하고, 실험한 다음에는 결과 보고서 내고. 그렇게 하면서 실질적으로 공부하는 훈련을 받았죠. 그리고 실험을 가르쳐 주는 대학원생 선배들과 어울리면서 굉장히 끈끈한 관계를 만들었어요. 실험만 한 게 아니라 실험 끝나고 뒤풀이도 하고 여행도 함께 가는 등 많은 시간을 함께 보냈는데, 그게 굉장히 좋았어요.

기껏해야 한 학년에 스무 명 남짓밖에 안 되었기 때문에 가능했던 일이겠죠. 그러다 보니 선배에서 후배로 이어지는 문화 같은 게 만들어졌죠. 그런 게 참 좋았어요.

그러나 학부가 커지고 나서, 한 번에 들어오는 학생들이 많아지고 강의는 대형화되면서 실험을 개별적으로 지도해 주기도 어렵게 되었죠. 그리고 그런 사람 사이의 인간적인 관계 같은 것들이 참 많이 없어진 것 같아요. 그것을 복원해야 할 텐데, 참 아쉬워요.

4년간 정말 좋은 대우(?)를 받으며 대학 생활을 마친 선생님은 미국 위스콘신 대학교로 유학을 간다. 대학원 선배들과의 관계도 좋았고 우리나라에 남아서 학업을 계속할 수 있었을 텐데 굳이 유학을 간 것은 무엇 때문일까?

왜 유학을 가셨나요?

노정혜 아까 이야기했던 것처럼 미생물학과가 생긴 것이 1970년으로 학과 자체가 생긴 게 얼마 되지 않았고, 대학원도 한창 만들어지던 상태였어요. 자기가 하고 싶은 만큼 깊이 있게 공부하기가 어려웠죠. 선배들도 박사까지 하는 경우는 거의 없었던 것 같아요. 그리고 여학생들은 군대 문제가 없으니까, 유학 가려고 생각하면 쉽게 갈 수 있었죠. 그래서 다른 생각 않고 유학을 선택했던 거죠. 그러나 요즘은 국내에도 세계적인 연구실들이 많이 생겼죠. 그런데 선택 범위가 넓어지니까 요새 학생들은 더 많이 고민하는 것 같아요.

그럼 하필 왜 위스콘신 대학교를 가신 거죠? 어떤 계기나 동기가 있었나요?

노정혜 생물학 분야가 큰 학교를 지원했어요. 좀 더 솔직하게 이야기하면, 내가 대학교 1학년 때부터 남자 친구를 만나 사귀기 시작했거든요. 대학 내내 쭉 사귀다가 4학년이 되어 앞으로의 미래에 대해서 함께 계획을 세웠죠. 그리고 유학을 같은 대학으로 함께 가기로 했어요. 남자 친구의 전공은 기계공학이라 기계공학 교수도 많고 생물학 교수도 많은 데를 몇 군데 골라서 지원을 했죠. 내가 먼저 유학을 가고 남자 친구는 군대를 해결하고 올 참이었죠. 마침 위스콘신 대학교에서 학위 끝날 때까지 장학금을 주는 자리를 얻게 되었죠. 우리 남편, 아니 그때 남자 친구는 선택할 것 없이 한 학교, 즉 위스콘신 대학교만 지원해서 나를 따라왔죠. 그리고 결혼을 한 거예요.

그 남자 친구라는 분이 지금 남편이신가요?

노정혜 **그렇죠.**

혹시 학부 때 결혼하셨어요?

노정혜 아니에요. 어디서 그런 헛소문이 도나요. (웃음) 내가 먼저 유학을 간 다음 남편은 1년간 교수 요원으로 군복무를 한 다음 유학 왔죠. 남편이 제대한 다음 내가 한국으로 돌아와서 결혼하고 미국으로 다시 건너갔죠.

노정혜 선생님의 남편이 바로 서울 시립 대학교에서 공과 대학 학장으로 계신 오명도 기계정보공학과 교수님이시다. 노정혜 선생님은 유학 생활 중에 두 자녀(1남 1녀)를 낳았다. 하지만 유학 생활 중에 결혼을 한다는 것은 지금 입장에서 생각할 때 쉬운 일은 아니다. 결혼을 준비하는 과정에서 받게 되는 스트레스, 결혼 후에 아이를 갖게 되면서 겪게 될 육체적 고통, 가정 생활을 하면서 뺏길 시간 등을 생각한다면 1분 1초가 아까운 유학생에게는 힘든 결정이 아니었을까?

유학 생활 중에 결혼하기로 마음먹으신 건데, 쉽게 결정하실 수 있었나요?

노정혜 천만에요. 나 혼자 떠나면서 약혼을 하고 간 상태였으니까 뭐, 때만 되면 빨리 결혼을 한다는 생각이었죠. 나는 요즘 학생들한테 이런 이야기를 많이 해요. 너무 많이 가리지 말라고. 코 낮추고 눈 낮추고 어렸을 때 만난 사람하고 결혼하라고. 시간 자꾸 미루지 말고.

유학하시면서 결혼도 하고 아이도 낳고 가정을 꾸리신 거잖아요. 힘들지는 않으셨나요?

노정혜 사실은 그 문제는 전문직을 가진 여자들이라면 모두 가지고 있는 문제지요. 가장 활발하게 일할 시기랑 결혼해서 애 낳고 기르고 하는 시기가 아주 딱 겹쳐 있거든요. 그러나 그런 것을 계산하면 결혼 못 해요. 그때는 젊으니까 연구든 집안일이든 다 할 수 있다고 생각했어요. 선배들도 다 그렇게 했고. 그러니까 나라고 못할 리는 없다고 생각했죠.

내가 대학원 공부로 한창 바쁠 때 큰아이를 가졌어요. 너무너무 겁이 났거든요. 그래서 미국에서 친하게 지내던 선배 언니에게 의논을 했어요. "이거 어떻게 하면 좋을지 모르겠어요." 그랬더니 그 언니가 좋아하면서 하는 말이 "너무 잘 되었다. 나는 네가 아이 못 낳을 줄 알았어. 그런데, 아이를 가졌다니."라는 거예요. 그 소리를 듣고 나니까 "어, 아이를 못 낳으면 그건 더 큰일이겠다." 하는 생각이 들었죠. 그 후 아이를 가지게 된 것을 감사할 수 있게 되었어요.

왜 그 선배 분은 아이를 못 낳을 거라고 생각하셨대요?

노정혜 그 언니의 말은 이래요. "너는 공부도 잘하고, 가진 것도 많아서 하나님이 네게 모든 것을 주시지 않을 거라고 생각했어." 그 말을 듣고 아이를 가졌다는 사실이 굉장한 축복이라는 것을 깨닫게 되었어요. 그리고 내 계획대로만 생각하고 두려워했다는 사실이 창피하더라고요.

여성 과학자들과의 인터뷰를 진행하면서 우리는 항상 결혼과 출산 그리고 양육 문제를 물었다. 언젠가 우리가 맞닥뜨려야 하는 문제이고, 노정혜 선생님께서 말씀하신 것처럼, '전문직을 가진 여자들이라면 모두 가지고 있는 문제'이기 때문이다. 그러나 실질적으로 남녀 차별적인 한국 사회는 전문직에 진출한 여성들의 출산과 양육에 따른 정신적·신체적·경제적 부담과 두려움을 해결해 주지 않고 있다. 전문직 여성들에 대한 한국 사회의 무기력한 대응 혹은 무능한 대응이 OECD 최악의 출산율 (통계청이 발표한 2005년 합계 출산율은 1.08명이었다. 이것은 현재 인구를 유지할 수 없는 출산율이다.)을 낳은 것은 아닐까?

하지만 노정혜 선생님과 우리가 앞에 인터뷰한 선생님들은 출산과 양육을 모두 별일 아닌 것처럼 짧은 이야기로 끝낸다. 이것은 출산과 양육을 여성의 당연한 일로 알았던 시대 상황 때문일까, 아니면 선생님들에게는 이 모든 일이 이제 다 끝난 일이기 때문일까? 일단 이런 의문은 접어 두고 유학 생활에 대한 이야기로 다시 돌아왔다.

다른 인터뷰를 보니까 대학원생 때, 공부와 실험의 중압감, 실력에 대한 자괴감 같은 것들을 되게 많이 느끼셨다고 했는데, 지금 선생님 모습을 보면 그런 게 전혀 상상이 안 가요.

노정혜 나도, 대학교 나올 때까지는 내가 굉장히 똑똑하다고 생각했어요. (웃음) 고등학교 졸업하고 금방 대학에 붙었으니까 재수 같은 좌절을 경험해 보지도 않았고, 그리고 내가 가고 싶은 학과에 갔고, 워낙 우리 동기생들이 공부를 안 했기 때문에, 좋은 성적 받고 제때 졸업했죠.

막상 미국 가서 영어로 된 논문 읽고 곧바로 실험을 시작하는데, 여기서 실험을 많이 배웠다고 생각했는데, 가 보니까 최신 기술들은 거의 모르는 거였어요. 옛날에는 학기 중에 휴강이 많았어요. 학생들은 데모하고 정부는 학교 휴교시키고. 그러느라 교과서를 제대로 뗀 적이 거의 없었어요. 그래서 우리끼리 스터디 그룹 만들어서 책 한 권씩 떼고 그랬어요. 자립심이 강했고 열심히 했지만 실제로 많이 배우지는 못했던 거죠. 그것 때문에 유학 초기에는 굉장히 고생했어요.

영어도 시험은 잘 봤어요. 그러나 말은 잘 못 했죠. 처음 1~2년 동안은 많이 힘들었고 상당히 우울했죠. 내가 많이 안다고 생각했는데, 내가 이렇게 모르는구나, 너무 형편없구나 하는 생각을 했죠.

영어가 잘 안 되니까 외국 친구들과 어울려 말을 하지 않았죠. 말을 잘 안 하면 외국 친구들은 굉장히 조용하고 소극적인 사람으로 봐요. 그러나 나는 그런 사람이 아니거든요. 바로 이런 데에서 정체성의 문제가 생기는 거예요. 그러나 3~4년이 지나면서 계속 실험 데이터 내고, 데이터가 좋고, 해석을 잘하니까 달리 보기 시작하더라고요. "쟤가 말은 그렇게 못해도 그래도 무언가 좀 하는구나." 라고 인정을 해 주는 것 같더라고요. 자연 과학 쪽에서는 영어를 잘 못하더라도 결과물이 이야기를 해 주잖아요. 그때부터 나도 자신감을 갖게 되어 유학 생활이 주는 중압감을 극복할 수 있었고, 졸업도 할 수 있었던 것 같아요. 언어 소통만의 문제였던 거지, 내가 가진 내용의 문제, 그리고 자질의 문제는 아니었다는 걸 알게 된 거죠. 언어는 도구예요. 그러나 중요한 것은 내용이죠. 그렇기 때문에 기죽을 필요가 하나도 없는 거예요.

그래, 선생님 말씀대로 과학은 '결과물이 이야기를' 한다. 그리고 과학에서 진정 중요한 것은 과학을 할 수 있는 자질일 것이다. 그러나 여성 과학도의 길을 따라가다 보면 온갖 다양한 장애를 만나게 된다. 출산과 양육 문제나 유학 시 겪게 되는 언어 소통 문제도 그런 장애이겠지만, 이러저러한 일들을 겪으면서 맛보는 자신감의 상실이 가장 큰 장애가 아닐까? 그리고 그러한 장애를 극복하는 것은 자신의 자질을, 자신의 과학하는 마음을 투명한 눈으로 바라보는 데에서 출발하지 않을까?

선생님은 유학 생활을 중압감을 극복한 이야기를 하시면서 가족과 가까운 친구들 덕을 많이 봤다고 하셨잖아요. 그분들이 어떤 도움을 주었는지 궁금해요.

노정혜 아까 내가 아이 가졌을 때 나와는 전혀 다른 시각을 가진 선배하고 대화하다가 마음을 새롭게 먹게 되었다는 이야기를 했잖아요. 마찬가지로 실험하고 연구하면서 생기는 어려움이나 자기 정체성에 대한 문제도 전혀 다른 삶을 살고 있는 친한 사람들에게 이야기하다 보면 풀리곤 하죠. "너는 뭐 그런 거 가지고 걱정을 하냐? 너 되게 잘났는데."라는 친구들의 이야기를 들으면서 내가 이렇게 기죽을 필요가 하나 없다는 것을 알게 되죠. 분명 문제 자체에 대한 해답은 아니겠죠. 그러나 내가 처한 문세를 전혀 다른 각도로 볼 수 있는 힌트를 얻게 되는 거예요.

그것은 지금도 마찬가지예요. 집에 가서도 일 문제로 골치 아프게 생각하다 보면 "이게 과연 내게 그렇게 중요한가. 내 삶의 가장 중요한 가치가 어디에 있는가? 과학 자체인가?" 하는 생각이 들거든요. 내게 있어 가장 중요한 것은 사람에 대한 사랑이에요. 내가 만일 혼자 있었으면 문제에 매몰되어 쉽게 벗어나지 못했을 것 같아요. 그런데 가족이 있어 서로 밥도 차려 주고 딴 이야기도 하다 보면 어느 틈에 내게 굉장히 큰 문제였던 게 별 문제가 아닌 걸로 바뀌어 버리죠.

사람을 굉장히 중요하게 생각하시나 봐요?

노정혜 음, 제일 중요한 거예요. 다 그것 때문에 사는 거 아니에요?

Career Plan을 만들어라

대학원 시절부터 지금까지 선생님 연구의 흐름을 말씀해 주실 수 있나요?

노정혜 위스콘신 대학교에서 내가 공부했던 프로그램이, 분자 생물학 프로그램이었어요. 당시는 분자 생물학이 막 각광을 받기 시작하던 때라 여러 학과에서 공동으로 분자 생물학 연구 프로그램을 만들었죠. 내가 참여했던 프로그램 역시 이러한 학제간(interdisciplinary) 프로그램이었죠.

그때 내가 주로 했던 일은 유전자가 전사되는 과정을 살펴보는 것이었어요. 전사를 시작할 때 RNA를 만드는 효소가 전사가 시작되는 DNA 부위를 알아보고, 거기에 결합을 해야 되거든요. 그러면 어떤 메커니즘을 통해 RNA를 만드는 효소가 DNA와 결합하는지, 유전자 전사가 어떻게 시작하는지를 알아내는 게 제 박사 학위 연구 주제였죠. 그때 내 지도 교수님이 분자 생물학 쪽에 있으면서, 물리 화학을 하던 분이었어요. 그래서 전사가 시작되는 메커니즘을 물리 화학적으로 분석하는 일을 했죠.

한국에 돌아와서 한 연구는 그때보다 범위가 훨씬 넓은 것이에요. 하지만 그 바탕이 되는 원리는 같아요. 우리가 실험실에서 하는 일은 세포 하나로 이루어진 생명체인, 세균이나 효모 같은 미생물이 외부 환경의 변화, 예를 들어서 온도의 변화나 아니면 산소의 함유량의 변화를 어떻게 감지하고 어떤 식의 대응을 하는가 하는 의문을 푸는 거예요. 세균이나 효모 같은 미생물들은 외부 환경 변화에 유전자를 발현시켜 대응하지요. 그렇다면 어떤 유전자를 발현시킬 것인지를 어떻게 결정하고 그 결정이 어떤 식으로 집행되는지 조사하지요. 우리의 연구는, 다시 말해 '생명의 단위'가 환경과 어떤 식으로 관계를 맺는가를 탐구하는 거죠.

지금 내가 하는 연구가 대학원 때 했던 것보다 넓고 복잡한 것은 당연한 일이죠. 그러나 현재의 연구 안에는 대학원 시절에 했던 연구가 기본 바탕으로서 들어 있어요.

선생님께서는 질문 속에 담겨 있는 우리의 고민을 간파하시고 명쾌한 지침을 제시해 주셨다. 학생들은 학부에서 석사 과정으로 넘어갈 때, 석사 과정에서 박사 과정으로 넘어갈 때마다 자신이 선택한 전공이 미래로 이어진 길의 출발점인지를 고민한다. 특히 언제나 새로움만이 각광을 받는 자연 과학 분야에서는 자신이 선택한 길이 언제 갑자기 막혀 버릴지 알 수 없기 때문에 과학도들의 고민은 더 크다.

^{노정혜} 학생들이 자기 진로를 정할 때, 어떤 분야를 해야 전망이 있나, 그 다음에 어느 분야로 가야 될까, 유학 갈 때 어느 분야로 가야 될까, 아니면 대학원 어딜 들어갈 때 어느 분야로 가는 게 좋을까 하는 질문을 꼭 해요. 분야는 많은데 학생들은 그중 하나만 골라야 하기 때문이죠. 그럴 때 나는 이런 조언을 해요. "본인이 분명히 아니라고 생각하는 분야를 일단 제치고 난 다음, 나머지 중에서 해도 괜찮겠다 싶은 것은 아무것이나 해라."라고 말이죠.

선생님, 너무 명쾌해요! 마음속으로 탄성을 지르는 사이 선생님의 말씀은 과학자로서 훈련되는 과정으로 이어졌다. 단 한 마디도 놓칠 수 없다고 생각하고 정신을 집중했다.

^{노정혜} 자연 과학 쪽으로 연구를 계속하는 경우 박사 학위 받았다고 해서 연구 훈련이 끝나는 경우는 거의 없어요. 자연 과학 분야라면 어디든 마찬가지일 거예요. 박사 후 과정이 또 있지요. 생물학 쪽은 대개 4~5년 정도 이 과정을 거쳐요. 물론 월급도 비교적 충분히 받기 때문에 고생하는 과정은 아니고 좀 더 진보된 연구를 하는 기간이지요. 이때 한 연구와 이때 쓴 논문들이 연구자로서의 직업을 결정하고 과학자로서의 업적을 결정하게 되지요. 그래서 대학원 과정을 시작할 때에는 자신의 career plan, 즉 경력 관리 계획을 길게, 잘 만들어야 해요.

보통 5년 정도 하는 박사 과정은 신경 세포든, 식물이든, 미생물이든 분야나 연구 주제에 상관없이 과학을 어떻게 하느냐를 배우는 기간이에

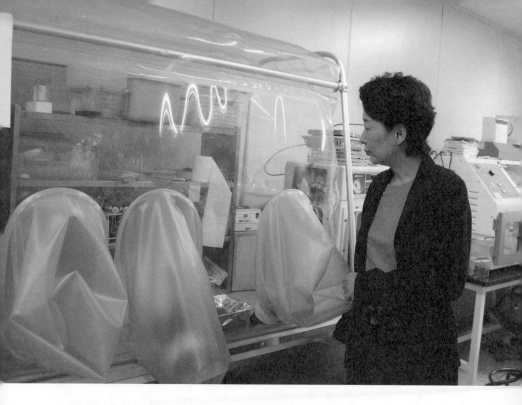

요. 아주 기본적인 것들을 배우죠. 과학적으로 생각하는 방법, 기존의 논문들을 찾고 읽고 이해하는 요령, 그것을 내 것으로 소화한 다음 나름대로의 모델을 만들어 보고 그것을 검증하는 실험을 설계하는 방법, 그렇게 설계한 실험을 실제로 해 보기 위해 알아야만 하는 실험 테크닉들을 배워야 되지요. 어떻게 보면 재료가 뭐냐, 어떤 현상을 공부하느냐 하는 것은 별 차이가 없어요. 과학의 방법론은 기본적으로 거의 다 통해요. 박사 과정까지는 그것을 배우는 것이지요.

이렇게 박사 과정 마칠 때쯤 되면 통찰력이 조금 생겨요. 박사 과정

↑ 연구실의 노정혜 선생님

노정혜, 단순하게 그리고 자연스럽게

시작할 때에는 정말로 아무것도 모르죠. '과학을 한 번 해 볼까? 나는 할 수 있겠지?'나 '이런 분야가 괜찮지 않을까?' 하는 정도에 불과하죠. 하지만 박사 학위를 따고 작게나마 통찰력을 가지게 되면 자기가 하던 분야를 심화해서 갈 건지 조금 다른 쪽으로 바꿀 건지 정하고, 자기가 가서 일할 연구실을 고르는 안목도 생겨요. 자신이 고른 연구실에서 박사 후 과정을 보통 3~5년 하지요. 거기서 잘하면 좋은 업적과 좋은 논문이 나오고, 그 결과 자신이 원하는 직장을 잡을 수 있게 되죠. 그리고 그 일을 쭉 하거나 또는 연결된 일을 하게 되는 거예요.

그래서 처음에 박사 과정 분야 정할 때, 너무 걱정 안 해도 된다는 거예요. 어차피 처음에는 잘 몰라요. 그리고 할 수 있는 것은 많아도 실제로 자기가 하는 건 한 가지밖에 없거든요. 남자들이 아무리 많아도 결혼하는 건 한 사람뿐이잖아요. 많은 것 중 싫지 않은 하나를 정하고 애정을 갖고 쭉 밀고 나가면 잘하게 되요. 그 다음에는 길도 더 잘 보이고요.

사람 마음이라는 게 원래 욕심이 많은 건데, 딱 하나를 결정하고 곁가지를 쳐낸다는 게 좀 힘들지 않을까요? 하나의 길을 선택하는 것이 쉽지만은 않은 일인데 '선택의 기술'이라도 있으세요?

노정혜 어렵죠. 마치 가지 않은 길이 훨씬 더 좋은 것 같고 무언가 놓친 것 같다는 생각이 분명히 들 거예요. 그러나 아까 이야기한 것처럼 과학의 길은 모두 통해요. 실제로, 과학을 하는 기본적인 자세를 배우게 되면, 자기가 필요한 것들은 얼마든지 그때그때 더 배울 수 있게 돼요. 그리고 배울 수 있는 능력도 훨씬 더 커지죠. 그래서 그 후에는 더 쉽게, 배울 수가 있고요.

그렇지만 여러 군데 관심이 많아 이것도 했다 저것도 했다 분산되면 절대로 전문가가 될 수 없어요. 물리학이든 수학이든 생물학이든 사회 과학이든 하나에 집중해서 전문가가 되면 다른 분야의 전문가들과 이야기할 때 서로 다 통해요. 그렇기 때문에 내가 가지 않은 길을 쳐낸다는 것을 손해라고 생각해서는 안 돼요. 결국에는 안목을 공유할 수 있게 되죠. 여러분도 연륜을 쌓으면 다 경험하게 될 거예요.

다만 자기 분야에서 전문가가 되지 못하면 다른 분야와 공유할 수가 없어요. 경지에 이르지 못한 거죠. 하나를 선택하고 그것이 세상에서 제일 좋은 분야이고 그게 다라고 생각하며 애정을 쏟으면 잘할 수밖에 없게 돼 있어요. 그것이 전문가가 되는 지름길인 거죠.

과학의 길은 결국 다 통한다

과학의 길이 다 통한다는 사실을 언젠가는 깨달을 수 있다니 기대가 많이 돼요. 어렴풋하기는 하지만 과학이 서로 통하는 것은 이해가 돼요. 그런데 과학 이외의 다른 분야의 전문가와 대화가 통한다고 말씀하신 건 어떤 의미인지 잘 모르겠어요.

노정혜 예를 들어 사회 과학이나 인문 과학이나 예술 같은 분야에서 나름대로 일가견을 가진, 경지에 오른 분들의 이야기를 들어 보면 사물을 보는 눈이나 거기서 생겨나는 인생 철학이 굉장히 많이 통하게 되는 것 같아요. 세부 사항이야 어차피 전문 분야별로 다 다르니까 그건 모를 수밖에 없겠죠. 그러나 그런 지식 속에서 도출된 세계관이나 지혜는 다 같다고 생각해요.

그런데 우리나라에서는 과학을 쭉 해 나간다는 것이 힘든 일인 것 같아요. 돈 문제도 있고 사회적 지위 상승에 한계가 있죠. 그래서 학사나 석사까지만 공부하다가 그만두는 경우가 많잖아요. 전에 다른 인터뷰를 하셨을 때, 돈으로 환산되지 않는 가치를 자랑스러워하는 배짱을 가져야 된다고 말씀하셨죠. 그러나 요새 생명과학부를 졸업하고 의대를 간다는 사람들이 많은걸 보면 돈을 생각하지 않고 공부만 할 수는 없는 것 같아요.

노정혜 그렇죠. 그게 현실이니까요. 그러나 대학이든, 연구소든, 기업체든 관계없이 전문가가 된다면 평균 이상으로 잘 살아요. "내가 이렇게 노력하는 데 비해서 기껏 돌아오는 보상이 이거밖에 안 되나." 싶어도 그렇게 부족한 건 아닐 거예요. 나는 과학을 했어도 나름대로 잘 먹고 잘 살고 있어요. 필요한 만큼은 쓰고 살 수도 있죠. 따라서 그런 수준보다 훨씬 더 풍족하게 살고 싶은 건지, 아니면 어느 정도 의식주만 해결되면 되고 내가 좋아하는 것을 하면서 그대로 쭉 살 건지를 스스로에게 물어 봐야 해요. 아마도 이것은 인생관의 문제이겠죠.

그런데 대학 다닐 때까지는 부모님이나 주변에 있는 굉장히 현실적으로 생각해 주는 좋은(?) 분들의 영향이 크잖아요. 그분들은 인생을 많이 살았기 때문에, 굴곡이 있는 것 또는 불확실성이 있는 것을 굉장히 안 좋게 생각하죠. 그래서 안정된 직업, 돈 많이 받는 직업 등을 자꾸 권하

죠. 그건 당연한 일이에요. 그러나 그게 다가 아니에요. 친구 중에 의사가 된 친구들이 많은데, 오히려 학교에 있는 저를 부러워하는 친구들이 많아요. 의사 일이 적성에 맞는 것도 아닌데, 하루 종일 환자 보고 있으면 그럴 만하죠. 자기 적성과 관계없이 주변에서 하도 가라고 해서 가는 경우가 많으니까 그렇죠.

내가 볼 때에도 생명 과학을 하면서 의과 대학 준비하는 사람들 중에는 자기 자신의 선택이라기보다는 주변의 분위기 때문에 그러는 경우가 많은 것 같아요. 인생이라는 게 그렇게 걱정할 필요가 없는 것인데 말이죠. 물론 과학을 하는 것이 불확실성은 더 커요. 이걸 끝까지 했을 때, 내가 어디에 자리를 잡을지 분명하지 않죠. 확실히 불확실성은 크지만, 그래도 어딘가 다 자리 잡죠.

'그래도 어딘가 다 자리를 잡는다.' 노정혜 선생님은 위스콘신 대학교의 매카들 암 연구소[3]에서 박사 후 과정을 마친 후 1986년 서울 대학교 생물학과 조교수로 부임한다. 서른 살도 되지 않은 스물아홉 살의 여성 과학자가 교수로 임용되면서 사회적으로 화제가 되었다. 노정혜 선생님은 서울 대학교 미생물학과의 첫 번째 여성 교수였다.

박사 후 과정 마치고, 한국에 들어오셨잖아요. 그때 바로 교수로 임용되신 거죠? 여자 선생님들의 숫자가 적어서 주목을 많이 받으셨다고 하던데요.

노정혜 1985년에 서울 대학교에서 분자 생물학 쪽으로 교수를 뽑는다는 공채가 신문에 난 걸, 이웃분이 보고 와서 저한테 말해 주셨죠. 나는 이것저것 따지지 않는 성격이기 때문에, 그때까지 장래에 대해서 별로 생각 안 하고 있었죠. 그러다가 '한번 해 볼까? 되면 좋겠다.' 하는 정도로만 생각하고 지원을 했는데, 되었어요. (웃음)

나를 뽑을 때 미생물학과 교수님들 사이에 의견이 분분했던 거 같아요. 처음 여자 교수 뽑는 거고, 서른도 안 된 교수를 뽑는 거니까 그랬겠지요. 내부적으로 찬반 논란이 있었지만, 결정이 되어 내가 들어온 후에는 정말 잘해 주셨어요. 반대 의견을 가졌던 분들도 분명히 있었을 텐데, 그리고 여자를 동료로서 옆에 두어 본 경험이 없어 불편했을 텐데 말이죠. 일단 한 식구가 되니까 굉장히 잘해 주셨죠.

지금은 여자 교수님들이 많아져서, 편해지거나 그런 건 없나요?

노정혜 나는 10년 넘게 거의 막내인 상태로 있었어요. 그 다음에 후배들이 들어오고, 2000년에 세 학과가 합쳐지면서 과가 커진 다음에 여자 교수님들이 여러 분 들어오게 되었어요. 여자들하고 같이 일하는 분위기, 동료로 어색해 하지 않는 그런 풍토가 이제는 웬만큼 자리 잡았다고 생각해요. 그래서 우리 과만 하더라도 이제는 더 이상 신임 교수를 뽑을 때, 여자냐 남자냐를 염두에 안 두고, 그냥 그 분야에서 제일 좋은 논문을 쓴 사람을 뽑고, 뽑고 보니까 여자더라 하는 식으로 많이 진보한 것 같아요.

저는 선생님 수업 들으면서 많이 좋았어요. 생물학 강의하시는 분 중 여자 선생님이 별로 없는 편인 데다가, 강의도 너무 잘하시는 거예요.

학생들은 정말 선생님의 수업을 좋아했어요. 특별한 교수법이라도 따로 가지고 계신가요? 학생들을 가르치시는 게 적성에 맞으시는 건지 아니면, 특별히 어떻게 해야겠다는 게 있는지요?

노정혜 별로 그런 거 없어요. 나는 개강할 때쯤 되면 너무 괴로워요. 강의만 안 하고 살 수 있으면 얼마나 좋을까 하는 생각을 하곤 하죠. 강의가 시작돼서 수업에 들어가면 첫 시간이 제일 어려워요. 강의도 활성화 장벽[4]을 넘어야 하죠. 그러나 막상 학생들 얼굴을 보면 어떻게 해서든지 이해를 시켜 줘야겠다는 생각이 들어요. 그런 생각에 따라 최선을 다하는 것뿐이죠.

과학은 정직함 위에 만들어진다

노정혜 선생님은 뛰어난 연구자이자 교사일 뿐만 아니라 연구처장이라는 보직도 맡으셨다. 여성으로서 연구처장을 맡은 것은 서울 대학교 60년 역사에서 노정혜 선생님이 처음이다. 그리고 노정혜 선생님이 연구처장으로 있으면서 서울 대학교 아니 한국 과학계의 위신이 걸린 '황우석 사건'을 처리해야 했다. 연구처장으로 있으면서 온갖 기대와 시샘을 다 받았으리라. 노정혜 선생님은 그 어려움을 어떤 식으로 해결해 오셨을까? 먼저 연구처장이라는 자리가 어떤 일을 하는지 여쭈어 보았다.

연구처장으로 계신데, 어떤 일을 담당하세요?

노정혜 이제 103일 남았어요.[5] (웃음) 처음에 정운찬 총장님이 하라고 그러실 때에는 연구처가 제일 일이 적다고 하셔서 거기에 혹해서 시작했죠.

연구처에서 하는 일은 크게 두 가지예요. 하나는 우리 학교에 오는 모든 연구 과제를 관리하는 역할이죠. 전임 교수가 한 1700명, 기금 교수까지 다 합치면 약 2000명, 연구비는 대략 3000억 원이죠. 그 연구비로 학교에 있는 대학원생, 연구원, 박사 후 과정 연구원, 교수들이 연구실이나 실험실을 운영할 수 있게 관리하고, 연구 과제를 따내는 게 가장 큰 일이죠. 또 다른 부분은 교수들의 학술 활동을 지원하는 거예요. 학내 연구소들의 활동을 도와주고 교수나 학생들이 외국 학술 대회에 참가하거나 학자들을 불러서 학술 대회를 열 때 지원하는 부서가 연구처예요. 지금 학교에서 연구가 차지하는 비중이 점점 커지기 때문에 연구처의 기능이 점점 많아져요.

서울 대학교 역사상 최초의 여성 연구처장이었기 때문에 언론과 사람들의 주목을 받으셨잖아요. 그런데 주목받는 자리에 서게 되시면서 어려운 점은 없으셨나요?

노정혜 남의 주목을 받는 데 별로 익숙하지 않고 실험실에서 박혀 살다가 보직을 맡아 여러 사람의 시선에 드러나게 되니까 처음에는 굉장히 부담스러웠어요. 그리고 상당히 싫었죠. 그러나 내가 맡은 일이니까, 내 임무니까 일을 맡은 이상 제대로 노력해야 하죠.

그러나 그런 와중에도 좋은 친구가 될 수 있는 사람들을 여럿 만나게 되었어요. 행정 보직을 맡으신 선생님 몇 분과는 친구가 될 수 있었죠. 그런 것들이 나름대로 좋았지요.

연구처장을 하기 전 1997년에 자연대 부학장을 한 적이 있었어요. 그 때 처음 실험실 밖으로 나와 보직을 맡은 거였죠. 사람들 많이 만나고 와 글와글하는 것이 싫었어요. 그런데 싫어하다 보면 병 날 것 같더라고요. "좋아하자. 새로운 사람을 만나는 좋은 기회다. 좋아하자."라고 마음을 바꾸고 좋은 점을 고마워하다 보니 무사히 2년을 보낼 수 있었죠.. 이번 에도 마찬가지로 연구처장 일에서 좋은 점을 발견하고 감사하는 마음을 갖기 위해 노력했어요. 그리고 전혀 다른 분야에서 활동하는 좋은 분들 을 많이 만날 수 있다는 큰 소득을 얻었지요.

이번에 연구처장 하시면서 일이 많으셨잖아요. 특히 대형 사고가 터졌 죠. 저는 황우석 전 교수 연구팀의 논문 조작 사건이 과학 전반에 대한 불신감을 많이 심어 주고, 동시에 과학에 관한 시민들의 인식 수준이 굉 장히 낮다는 것을 드러낸 사건이라고 생각해요. 선생님께서는 그 사건 을 어떻게 바라보고 계신지요?

노정혜 그 사건이 과학계 자체로 보면 굉장히 불행한 사건인 건 확실해요. 근거 없는 환상을 잔뜩 불어넣은 풍선이 펑 하고 터지면서 모두 다 허위 였다고 밝혀진 사건이니까요. 그러나 나는 그 사건에 그렇게 불행한 면 못지않은 긍정적인 면이 많다고 생각해요. 우선 우리 학계와 과학계에 그런 잘못을 바로잡을 능력이 있다는 것을 보였죠. 그것은 우리의 판단 기준이 그만큼 높다는 걸 반증하죠.

또 하나는 이 사건이 우리로 하여금 어느 분야에 있든지, 자연 과학이 든, 인문학이든, 사회 과학이든, 연구자든, 교수든, 학생이든, 자기가 하는 일의 어느 만큼이 진실이고, 어느 만큼이 거짓인가를 돌이켜볼 수 있는, 아프지만 굉장히 좋은 기회가 되었다는 거예요.

예를 들어 학생들은 리포트를 쓸 때나 숙제를 할 때 아무 생각 없이 표절하죠. 인터넷이나 친구 숙제에서 긁어다 짜깁기해서 제출하죠. 시험 볼 때에도 남이 고생해서 공부한 것을 커닝하죠. 이것도 지적 재산권 침해예요. 과학계뿐만 아니라 인문 사회 분야에서도 남의 논문을 인용 표시 하나 없이 도용해 자기 아이디어인 것처럼 쓰는 경우가 상당히 많죠. 이번 사건은 생활 전반에 걸쳐서 참되지 않은 부분을 돌아보게 만들어 줬어요. 이것은 좋은 기회라고 생각해요. 이걸 통해서 오히려 많은 것을 배울 수 있을 것이라고 생각해요.

우리는 선생님께 연구처장 일에 대해서 묻는 데 조금 주저했었다. 작년 10월 이후 서울 대학교의 명예가 걸린 황우석 연구팀의 논문 검증에 매달려야 했고, 사회적 이슈의 중심부에 있었기 때문에 언론의 등쌀에 시달려 했다. 게다가 지난 2월에는 봉변도 당하시지 않았던가.[6] 하지만 선생님은 이 사건을 또 다른 각도로 바라보실 수 있는 긍정적인 안목을 갖고 계셨다.

이번 사건을 통해 과학자의 윤리 의식이 중요한 문제로 떠올랐는데 어떻게 그런 윤리 의식을 높여 갈 수 있을까요? 우리는 어떤 노력을 해야 될까요?

노정혜 사실 과학은 '진실'은 철저하게 추구해야 하는 학문이지요. 진실된 데이터와 진실된 분석이 있어야만 과학은 성립할 수 있어요. 과학자들은 그렇게 다른 사람들이 만들어 놓은 진실된 데이터와 분석 위에 자기 것을 쌓아 가요. 만약 내가 기반으로 삼은 다른 사람의 일에 거짓된 부분이 있으면 그 위에 쌓은 나의 연구는 다 무너져 내리죠. 그래서 과학계라는 커뮤니티는 다른 어떤 분야보다도 철저하게 진실성을 추구하죠.

진실을 추구하는 데에는 나이와 지위 고하가 없어요. 자기 손으로 얻은 데이터에 대한 진실성과 그걸 분석하고 발표하는 과정의 진실성을 유지해야 하죠. 이제 우리는 이러한 기본적인 윤리를 학부 학생들부터 잘 가르칠 필요가 있어요.

성장 중심주의 사회에 살아오면서 우리는 아이들과 후배들에게 결과만 좋으면 다 좋다, 중간에 사기를 쳐도 괜찮다는 식으로 가르쳐 왔어요. 그러나 그게 아니라 과정이 더 중요할 수 있다는 것을 어렸을 때부터 가르쳐야 해요.

과학계는 굉장히 엄격하게 스스로를 통제하죠. 이번 사건도 과학계 밖의 사람들은 "저 사람들 왜 저렇게 과민 반응을 하고 있어?"라고 보기도 하지요. "과학자들이 너무 순진해서, 별것도 아닌 잘못을 가지고 큰일처럼 그런다."라고 비판하기도 하지요.

'논문 조작쯤이야 어때.' 하는 생각을 가진 사람들도 있는 것 같더라고요. 그게 핵심인데 말이죠.

노정혜 맞아요. 과학에서는 진실성이 핵심이에요. 과학계의 반응을 호들갑이라고 보는 사람들도 있어요. 그러나 이번 사건을 통해 진실성과 정직

성이 우리 사회에서 가장 중요한 덕목이 되어야 해요. 과학계는 그것을 좀 더 강하게 실천해야 하죠. 그 과정을 통해 진실성과 정직성이 가장 중요하다는 생각이 사회 전반에 확산되어야 할 것 같아요.

황우석 사건이라는 커다란 고개를 넘어오고 나서 우리는 잠시 침묵했다. 높은 정직성을 요구하는 과학계의 윤리 문제가 우리 머릿속을 가득 채웠기 때문이다. 선생님의 말씀대로 과학은 '진실된 데이터와 진실된 분석' 위에서 세워진 것이다. 그러기에 과학자들은 돈 한 푼 받지 않고 학술지의 심사 위원을 하고 자기 연구에 도움이 되지 않지만 남의 연구 논문을 치밀하게 심사한다.

우리의 침묵과 그 안에 담긴 부담을 알아차리신 선생님은 오히려 우리에게 물어 볼 게 더 많다고 하셨다. 겸손한 모습과 세심한 배려를 느낄 수 있는 말씀이었다. 우리는 정신을 차리고 화제를 선생님이 2001년에 받은 '한국 로레알 유네스코 여성 생명 과학 진흥상'으로 옮겼다.

한국 로레알 유네스코 여성 생명 과학 진흥상은 랑콤, 랄프로렌 같은 유명한 브랜드를 다수 소유한 세계 1위의 화장품 회사인 로레알이 유네스코와 손을 잡고 생명 과학 분야에 공헌한 여성 과학자에게 주는 상이다. 노정혜 선생님은 바로 그 상이 제정된 2002년의 제1회 수상자이다.[7] 먼저 선생님의 소감을 들었다.

노정혜 상을 받은 건 좀 뜻밖이었어요. 처음에는 여성들만을 대상으로 한 상이 무슨 필요가 있겠냐는 생각을 했죠. 그러나 여성 과학자의 사회적 지위를 고려할 때 하나의 자극이나 격려가 될 수 있겠다 싶었어요. 그래서 좋게 받아들였죠.

세상 물정을 잘 모를 때에는 여성만 따로 챙기자는 주장이나 행동을 보면 '구태여 그럴 필요가 있나 다 섞여서 사는 건데.'라는 생각을 했어요. 그러나 이제는 그런 생각은 많이 없어졌어요. 어차피 여자들만이 겪는 특수한 어려움이 있잖아요. 여자들은 아이를 낳아서 기르고 가정을 유지하는, 여자들 아니면 할 수 없는 일들을 하는 동시에 전문적인 일도 해야 하죠. 서로 격려해 주고 어려운 거 서로 나누고 북돋아 주는 여성 연구자들의 커뮤니티가 있는 건 좋은 일이라고 생각돼요.

그 범위를 안 벗어나고 바깥쪽을 안 보려 할 때에는 문제가 되겠지만 그런 커뮤니티는 다양하게 필요해요. 압력 단체 같은 게 아니고 서로 힘을 주는 공동체 같은 거 말이죠. 어떻게 보면 우리가 아이 낳아서 기를 때 그걸 실질적으로 도와주는 사람도 다 여자들이거든요. 내 경우에도 내가 일할 때 아이들을 대신 봐 준 아줌마나 할머니들이 있었고 나는 그 시간 동안 일할 수 있었죠. 여자들은 같은 여자들의 힘을 빌려서 살아가게 되어 있어요. 그런 의미에서 여성들끼리 서로 돕는 커뮤니티가 필요하죠.

아이를 기를 때 도와준 사람이 있다는 이야기를 들으니 선생님의 육아 이야기가 궁금해졌다. 원래 노정혜 선생님은 다른 인터뷰에서 이렇게 말씀하신 적이 있다.

전문가가 되려는 여자들은 생애 주기 상, 가장 활발하게 일을 해야 할 시기가 바로 출산과 육아의 책임이 가장 막중한 시기와 정확하게 겹친다는 사실 때문에 괴로움을 겪고 있다. 거부할 수 없는 어려움이다.

그러나 할 마음이 분명하면 둘 다 훌륭히 잘할 수 있다. 가정 일에 대해서는 최대한 외부로부터 도움의 손길을 구하고, 자기 스스로도 가족에게 전업주부들과 같은 섬세한 서비스를 하려는 과대망상에서 벗어나야 한다. 일과 가정을 병행하는 상황에서 포기할 수밖에 없는 것들을 과감히 포기해 버리고(마음으로도 지워 버리고), 할 수 있는 일은 수준 높은 quality로 해 나가면, 양쪽 다 만족스럽게 잘해 갈 수 있다.[8]

그렇다면 선생님은 어떤 것을 포기하고 어떤 것을 챙겼을까?

노정혜 우리 아이들은, 사교육도 그렇게 많이 못 시켰어요. "피아노 치고 싶니? 그럼 집 앞에 있는 피아노 학원을 다니자." "바둑 배우고 싶니? 그럼 집 앞에 있는 바둑 학원 가자." 이런 식으로 집 앞에 있는 것 중에서만 골라서 보냈죠. 또 내가 집에 있는 시간이 그리 많지 않았기 때문에, 아이가 학교 가 있는 시간이나 학원 가 있는 시간 말고 다른 시간을 어떻게 써야 할지 세심하게 챙겨 주지 못했죠.

그래서 아예 신경을 딱 꺼 버리고 "그건 어차피 엄마가 못 해 주는 거니까 네가 알아서 해야 한다."라고 선을 그었죠. 포기할 건 확 포기해 버리되 그 대신에 틈이 나는 대로 같이 이야기하거나 책방에 가거나 영화를 보러 갔죠. 그랬더니 아이들도 엄마한테 기대면 앞길이 곤란하겠다 싶었던 것 같아요. 자기들 나름대로 자기 길을 개척했죠. 그 덕분에 아이들은 독립심을 더 키울 수 있었던 것 같아요. 변명이긴 하지만 (웃음) 지나고 나니까 그게 옳은 양육 방법이었다는 생각이 들어요. 아이들 뒤를 계속 쫓아가면서 너 숙제 했냐, 뭐 했냐, 언제 시험이냐 하면서 신경 쓸 여유가 전혀 없기도 했지만, 아이들은 내버려 뒀을 때 오히려 자신을 더 잘 챙기는 것 같아요. 자기들도 그게 편했다고 하더군요. (웃음) 첫째는 지금 대학원 1학년이고 둘째는 대학 1학년이죠.

미생물의 힘

선생님이 저자 중 한 사람으로 참여하신 『21세기 과학의 포커스』(사계절, 1996)를 읽은 적이 있어요. 선생님께서 쓰신 미생물 부분만 읽었는데, 무척 재미있더라고요. 미생물 세계가 엄청나게 거대하고 현실 응용 가능성이 높은 게 흥미롭더라고요. 그래서 선생님께서 전공하고 계신 미생물학을 학생들을 위해 좀 설명을 해 주셨으면 합니다.

노정혜 미생물은 영어로 micro-organism이라고 하죠. 동물과 식물이 아닌 작은 생물들을 통틀어서 그렇게 부르는 거죠. 연구 대상으로서 미생물의 장점은 대부분이 하나의 세포로 이루어진 단세포 생물이라는 거예요. 단세포 생물이지만 생명의 기본적인 특징은 다 가지고 있어요. 그래서 복잡한 생물보다 생명 현상을 연구하기 쉽지요. 기초 과학의 재료로서 굉장히 유용합니다.

그러나 우리는 이렇게 간단한 단세포 생물들에 대해서도 모르는 게 많아요. 예를 들어 유전체(genome)의 염기 서열을 다 분석해서 풀었다고 생명의 비밀을 푼 게 아니거든요. 암호문의 문자만 늘어놓은 거지 유전자 하나하나가 어떤 기능을 하고, 어떻게 상호 작용을 하는지는 아직도 대부분 미지수이거든요. '연구하기 좋은 미지의 대상'이 연구 대상으로서의 미생물의 장점인 거죠.

그리고 미생물은 우리 생활에서 관련이 안 되어 있는 부분이 거의 없어요. 우리가 먹고 마시는 발효 음식이나 병을 고치는 약도 대부분 미생물에서 만들어지죠. 심지어는 우리 몸속에도 미생물(세균)이 잔뜩 있지요. 우리 몸을 이루는 세포 수보다도 10배 이상 많은 세균(예를 들어 대장균)들이 우리 장(腸) 안에 진을 치고 있어요. 그게 없으면 소화 활동이 제대로 안 이루어지죠. 대기 오염이나 수질 오염을 일으키는 것도 미생물이고, 정화하는 것도 미생물이지요. 여러 가지 병을 일으키는 것도 미생물이고, 생화학 무기처럼 사람을 해치는 데도 이용할 수 있고 환경을 바꿀 수도 있는 것이 미생물이죠. 지구상에 없는 데가 없기 때문에 이용 가능성이 많지요.

만약에 우리가 외계에 지구 생물을 보내야 한다면 미생물을 보내야 해요. 아주 척박한 환경에서도 생명을 유지할 수 있는 가장 단순한 형태의 생물이기 때문이죠. 그래서 우주 생물학(space biology)에서도 관심의 대상이 되지요. 지구의 에너지 문제를 해결하는 수소 에너지 개발에서도 미생물들의 역할이 커요. 이처럼 미생물은 관련된 분야가 굉장히 많아요.

생명 과학을 크게 두 축으로 나눠 볼 때, 인간 자신의 비밀을 풀어 병 안 걸리고 오래 살게 해 주는 의과학 분야가 하나의 축이라면, 다른 하나의 축은 우리 주변의 환경을 유지하는 분야가 되어야 해요. 환경이 제대로 보존돼야 지구 자체가 유지되잖아요. 그러려면 우리 주변에 있는 생물체에 대한 관심도 더 높아져야 하죠. 그런 면으로 미생물학이 큰 몫을 할 수 있겠죠. 이 정도면 미생물학과 광고가 충분히 되었겠지요? (웃음)

선생님께서 현재 하고 계신 연구에 대해 간략한 설명을 부탁드렸다.

노정혜 우리 연구실은 미생물이 환경의 변화를 어떻게 감지하여 유전자의 발현을 조절하는가, 발현된 유전자 산물(gene product)은 왜 그 환경에 대한 적응을 가능하게 해 주는가를 연구하고 있어요. 박사 후 연구원 4명, 박사 과정 대학원생 12명, 석사 과정 대학원생 4명이 함께 일하고 있죠.

여러 환경 조건 중 특히 산화적 환경과 빈영양 상태에서 살아남는 방식에 대해 연구하고 있어요. 산화적 환경은 공기에 노출된 모든 생물에 적용되기도 하고, 특수한 경우는 병원성 세균이 인체의 면역 시스템에 노출될 때 겪게 되는 환경이죠. 여기서 살아남으려면 활성 산소족(reactive oxygen species)의 독성을 극복하는 것이 관건이예요. 또 빈영양 상태는 자연계의 모든 미생물이 생태계에서 겪고 있는 환경으로, 영양분이 고갈되면 생리 현상을 성장에서 유지로 전화시켜야 살아남을 수 있습니다. 서로 관계없어 보이는 이런 환경들이 실은 서로 연결되어 있고, 그 중심에 이러한 환경을 감지할 수 있는 조절 인자(regulator)가 있어서 이러한 환경 변화에 대응할 수 있는 유전자들을 발현시켜요.

어떻게 이들 조절 인자의 활성이 산화 환원에 따라, 영양분 고갈에 따라 조절되는가를 보는 게 우리의 과제예요. 그래서 이 연구를 위해 조절 인자의 생화학적, 물리 화학적, 구조적 분석과 함께 DNA-핵산 상호 작용 분석, 유전자 산물과 유전체 차원에서의 분석을 병행하고 있어요.

처음에는 DNA와 단백질이 붙었다 떨어지는 것을 보는 생화학적인 실험으로 시작했지만 1990년부터는 미생물의 환경 스트레스 적응이라는 새로운 주제를 잡았죠.

우리는 매우 새로운 조절 양상들과 특이한 유전자 기능들, 예를 들어, 산화 환원(redox)에 의해 활성이 조절되는 새로운 인자를 여러 가지 찾아냈어요. 산화적 스트레스에 대한 연구는 병원성 미생물의 제어, 식물 공생 세균의 생존, 고등생물의 노화와 노화기의 생존 전략, 그리고 활성 산소족의 독성으로 야기되는 각종 질병들을 이해하고 제어하는 데 기본적인 열쇠를 제공하는 등 다양한 분야로 적용이 가능해요. 그래서 세계 유수의 대학들과 연구소들이 점점 많은 연구력을 투입하고 있죠.

우리나라의 미생물학 연구 기반은 상당히 탄탄하고 정보과학 인프라가 잘 갖춰져 있어 국제적 경쟁력을 갖고 있습니다. 또 생명 과학의 다양한 응용 분야에서 미생물을 이용하고 있기 때문에 연구 결과의 산업화도 신속히 이루어질 수 있어요.[9]

다른 자연 과학 전공에 비해서 생물학을 선택하는 여학생이 유독 많은 이유가 어디에 있다고 생각하세요?

노정혜 나는 성별에 관계없이 '이과 성향'이 있는 사람들은 대개 물리·화

분자 미생물학 연구실의 노정혜 선생님 →

학·생물을 다 잘한다고 생각해요. 굳이 차이를 이야기하자면 물리·화학은 기본 원리를 알면 답이 대개 딱딱 떨어지지만 생물은 거미줄처럼 복잡하게 얽혀 있는 게 굉장히 많거든요? 그런 것이 남학생들보다 여학생들 성향에 더 맞는 건 아닐까 하는 생각을 하기도 합니다.

대학교 1학년이 보는 과학 교과서들 중 일반 생물학 교과서가 제일 어렵고 복잡해요. 다루는 주제가 굉장히 많고 복잡하기 때문이죠. 소립자가 모여 원자를 이루고 원자들이 모여 분자를 만들죠. 여기까지가 물리학과 화학에서 주로 다루는 내용이죠. 그러나 생물학은 분자들이 상호작용하면서 일어나는 여러 현상들이 총체적으로 모인 생명 현상을 다루죠. 그러니까 생물학 자체뿐만 아니라 그것을 기술하는 방식도 상당히 복잡할 수밖에 없는 거죠.

단순하고 자연스럽게

미생물학을 하시면서 가지게 된 인생 철학 같은 거라도 있나요?

노정혜 'simple 하고 natural 하게 살자.' 예요. 단순하고 자연스럽게. (웃음)

어떻게 그런 인생 철학을 가지게 되셨어요?

노정혜 복잡하고 꾸미면서 사는 건 너무 피곤하고 맘에 맞지 않아요.

전의 인터뷰를 보면 선생님께서는 인간적인 성숙을 강조하시는 것 같았어요. 인간적으로 성숙하려면 어떻게 해야 할까요?

노정혜 글쎄요, 잘은 모르겠지만 나와 생각은 달라도 내가 좋아하는 친구를 오랫동안 사귀는 게 굉장히 중요한 거 같아요. 나랑 전공이나, 사는 게 전혀 다른 친구들은 내 시야를 넓히는 데 큰 도움을 줘요. 전혀 내가 보지 못하던 눈으로 세상을 볼 수 있게 해 주는 거죠. 우리가 길을 가는 중간에 만나는 사람들은 모두 다 좋은 친구가 될 수 있어요.

솔직하고 자연스럽게 사는 것, 그리고 '척' 하면서 살지 않는 것, 있는 그대로 이야기하고, 있는 그대로 믿고, 잔 생각 너무 많이 하지 말고 큰 길 하나 정했으면 그냥 쭉 그리로 가는 것. 그렇게 편안하게 사는 게 제일인 것 같아요. 특별한 건 없어요.

요즘 학생들은 어떤 것 같으세요?

노정혜 우리 때는 없는 게 많았으니까 저렇게 되어 봤으면, 저렇게 살아 봤으면 저것 좀 해 봤으면 하는 게 있었는데 요즘에는 옛날보다 풍족하게 사니까 내가 뭐가 되어서 어떻게 살아야겠다는 생각을 덜 하는 것 같아요. 어떻게 보면 시대 조류일 수도 있겠죠. 그렇지만 반대로 거슬러서 살려고 자꾸 노력해야 할 것 같아요.

에너지를 써서 노력하지 않으면 그냥 흘러가면서 살게 되고, 흘러가면서 살게 되면 별로 재미가 없거든요. 내가 좋다고 생각하면 좀 에너지를 쓰고 반대를 무릅쓰고 무언가를 해야 "이건 내가 좋아서 한 거니까 이렇게 해냈다."라고 스스로도 만족할 수 있잖아요. 이왕 공부할 거 되는 대로 할 게 아니라 내가 좋아해서 하는 게 훨씬 좋을 거예요

요새 학생들에 대한 선생님의 말씀은 정곡을 찌르는 것 같았다. 우리는 흐름을 만들려고 하지 않고 흐름에 몸을 맡긴 채 그저 흘러가고만 있는 것은 아닐까? 그리고 항상 갈림길에 설 때마다 이곳저곳 기웃거리기만 하고 확실한 자기 결단을 회피하고 있는 것은 아닐까?

자신이 아니라고 생각하는 것은 잘라내고, 어쩔 수 없이 해야 하는 것이라면 좋아하려고 노력해야 한다고 하셨는데, 어떻게 그런 게 쉽게 되시는지 궁금해요

노정혜 싫어하는데도 그 일을 해야만 하면 병나요. 좋아하겠다고 마음먹은 일이라면 분명히 거기에 좋은 구석이 있거든요. 그 좋은 구석을 발견하여 일하는 데 원동력으로 삼아야 해요. 싫은 것을 억지로 할 필요는 없죠. 자기 체질을 거스를 필요는 없어요. 좋으면 좋고 싫으면 싫은 게 자연스러운 일이죠. 그러나 억지로 그 일을 할 수밖에 없게 되었다면 이왕 하는 거 제대로 잘하고 좋아하면서 하는 게 좋다는 거죠. 그런 생각이에요.

선생님 스스로 성격이 연구하는 데 맞다고 생각하시나요?

노정혜 어렸을 때 아버지께서 저보고 법학을 하라고 그러셨어요. 어렸을 때에는 내가 말도 잘하고 사람들 앞에 나가서 장기 자랑도 잘했지요. 그런데 중·고등학교에 가고, 대학교에 진학하면서 그런 걸 못 하게 되고 안하게 되고 또 싫어하게 되었어요. 하지만 그런 쪽에 적성이 아직 남아 있을지도 모르지요.

항상 자신을 하나의 스테레오 타입으로 고정할 필요는 없는 것 같아요. 진정성만 있다면 이런 삶을 살다가, 다른 삶을 사는 것도 좋아요. 나는 이런 타입의 사람이야 하고 이렇게 딱 고정할 필요는 없는 것 같아요. 바뀌는 게 나쁜 게 아니거든요? 생물은 바뀔 수밖에 없어요. 그것이 생물의 장점이죠. 그 변화가 거짓만 아니면 괜찮아요.

제 진로가 확실하게 정해진 게 아니라서 고민을 많이 하고 있거든요. 어제 어머니와 이야기하면서 "제 성격이 어떤 성격인 것 같아요? 키우셨으니까 아실 것 아녜요. 그리고 어떤 일을 하면 좋을 것 같아요?" 하고 여쭈어 봤더니 "너는 하도 많이 바뀌어서 모르겠다."라고 하시더라고요. (웃음)

노정혜 우리 딸이 딱 그래요. (웃음) 우리 딸도 수시로 바뀌는데 거기에 나름의 일관성 같은 게 있어 보여요. 자기 길을 찾아가려고 성실하게 노력하는 것 같아요. 그러나 이리저리 따져 보지만 결정을 해야 할 시점이 있어요. 졸업을 앞두거나 어떤 과정이 끝날 때에는 결정을 하고, 일단 결정하면 자신이 고른 길을 좋아해야 해요. "아 이게 나한테는 최고로 좋은 거야." 이렇게 생각하고 살아야죠.

그런 부분에서 너무 이것저것 찔러 보고 재 보는 사람을 설득하려면 어떻게 해야 할까요?

노정혜 사람이라는 게 자기가 깨닫기 전에는 설득이 안 되는 존재예요. 틈틈이 이야기해 주면서 돌아오기를 기도해야죠. (웃음) 내가 옳다고 생각차는 길을 아무리 이야기해 줘도 자세가 안 되어 있는 사람은 절대로 안 들어요. 아이를 키우면서 항상 느끼는 건데 아직 준비가 안 되어 있는 애한테 어떻게 해야 한다고 아무리 이야기를 해도 본인이 그 길을 좋아하기 전에는 안 바뀌어요. 오히려 그건 귀찮은 간섭일 뿐이죠. 또 사정을 알아보지도 않고 무조건 강요만 한다고 반발할 수도 있고요.

만일 친구가 그렇다면 그 고민을 계속 들어는 주되 "그것보다는 하나를 정해야지."라고 말해 주고, 속으로 기도해 주는 게 좋은 방법일 것 같아요.

자신이 좋아하는 것을 발견하고 그것을 꼭 붙잡고 오신 노정혜 선생님. 그렇다면 선생님들은 선생님 밑에서 공부하는 학생들을 어떻게 인도해 주고 계실까?

실험실 홈페이지 보니까 다같이 등산 다니시는 사진이 있던데 자주 가시는 편인가요?

노정혜 네, 주기적으로 산에 잘 가요. 실험실에서 1년에 두 번은 꼭 가지요. 관악산은 토요일이나 금요일 오후에 시간 되는 대로 틈틈이 가요. 연구처 일 때문에 자주는 못 가지만 틈만 나면 함께하려고 노력하고 있어요.

실험실 학생들과는 매주 실험 결과 발표하는 시간에 만나지요. 내가 아무리 바빠도 그 시간은 거의 변경하거나 빠진 적이 없어요. 그렇게 자기 실험 발표하고 그 결과를 토론하는 시간을 매주 갖고 있어요. 연구처장 임기가 끝나면, 학생들과 만나는 시간이 더 많아지겠지요.

선생님께서 이 책을 읽을 학생들에게 조언을 해 주시겠어요?

노정혜 대학원생들한테 하고 싶은 말이 있어요. "미래에 대해서 불안해하지 말고 미리 걱정하지 말고, 일단 좋아하는 길을 자기가 찾았으면 거기에 마음을 들여서 끝까지 밀고 나가라. 그럼 분명히 결과가 좋을 거다. 좋을 수밖에 없다." 그런 사실을 좀 단순한 마음으로 믿고 살았으면 좋겠어요. 머리가 복잡해지면 아무것도 못하거든요? 어떻게 보면 예술가와 참 비슷해요. 자기가 좋아서 거기에 붙들려서 쭉 하면은 뭐가 나오게 되어 있거든요.

나는 학생들에게 단순하고 자연스럽게 살라고 말하고 싶어요. 너무 앞일 걱정하지 말고, 한길 정해서 계속해서 죽 밀고 나가면 전문가가 될 거고, 전문가가 되면 어느 위치에서든 유용하게 쓰임을 받을 수 있으니까요. 자신이 몸담을 분야와 어떤 태도로 살겠다는 것만 정하면 자기에게 가장 맞는 길이 열리고 거기로 가서 살게 되어 있는 것 같아요.

걱정하는 것, 그것 역시 자연스러운 일이다

2시간 넘게 이어진 인터뷰 내내 노정혜 선생님의 부드러운 미소, 털털하고 솔직한 말투와 군더더기 없이 조리 있는 말씀 덕분에 편안하게 말씀을 나눌 수 있었다. 마치 손수 타 주신 차(茶)처럼, 선생님께서 살아오신 세월의 깊이가 대화를 통해 은은하게 우러나오는 것 같았다. 노정혜 선생님 연구실의 학생들은 다들 선생님을 닮고 싶어한다고 한다. 사람 사

이의 사랑을 가장 소중하게 여기시는 선생님이기에 연구실 학생들의 사랑을 받는 것이겠지.

우리가 "질문이 다 떨어졌어요."라고 털어놓으니까, 선생님께서는 웃으시면서 한 가지 이야기를 마지막으로 들려주셨다.

노정혜 이야기를 하나 하지요. 내가 유학 가 있는 동안 아버지께서 돌아가셨어요. 명당자리 같은 것을 전혀 안 가리는 집이고 선산에 남아 있는 자리 중에 좋다는 자리는 손위 친척이 가져가셨고 해서, 묏자리의 방향도 약간 비껴 있고 물도 지나가는, 겉보기에도 별로 안 좋은 곳에 아버지를 모셨어요. 그런데 어머니와 같이 서예를 하시는 분 중에 풍수를 굉장히 잘 보시는 분이 있대요. 그래서 어머니께서 호기심으로 그분을 모셔 갔더니 아버지의 묏자리가 그 산에서도 명당이라고 하면서 이런 이야기를 하셨대요. 사람들이 좋은 묏자리를 잡는다고 이것저것 많이 고르지만, 땅이 주인을 알아보기 때문에 평소에 착하게 사신 분들은 다 좋은 땅으로 가신다고.

학생 때에는 미래가 불확실하기 때문에 어려워요. 매일 그것 때문에 걱정하는데 그때는 그렇게 걱정하는 게 당연해요. 그러나 그것을 다 겪어 본 사람이 볼 때에는, 걱정 안 해도 되는 일이죠. (웃음) 걱정하는 거 자체가 자연스러운 거예요. 심각하게만 안 하면 되죠. 걱정하면서도 안 하는 척 하는 것도 거짓이지만 심각하게 걱정할 건 없어요. 물론 케 세라, 세라[10] 하며 살면 안 되겠죠.

선생님께 배우고 싶은 점은 여러 가지가 있었지만, 그중에서도 욕심 부리지 않는 소박함과 긍정적인 태도를 배우고 싶다. 결정의 시기에 많이 고민하지 않고 단순하게 자신이 좋아하는 길을 선택할 수 있는 용기와, 어려움 가운데에서도 긍정적인 면을 바라볼 수 있는 안목이 부러웠다.

선생님은 "생물은 변하는 것이 자연스러운 것이다. 자연스럽게 살자."라는 생물학자적인 철학을 가지고 계셨다. 이렇게 변화를 두려워하지 않고 자연스럽게 수용하는 자세는 세월이 가도 선생님의 삶을 빛나게 해 주는 큰 힘이 될 것 같다.

선생님의 인생관에서의 가장 중요한 것은 물질적인 풍요나 학문적인 성공에 있지 않았다. 그 관심의 초점은 사람에게 있었고, 그것을 위해서 사는 것이라고 하셨다. 많은 사람들이 주어진 환경에 따라 어쩔 수 없는 선택을 한다고 생각하지만, 사실은 그들의 선택은 그들의 인생관에 따라 내려진 스스로의 것이라는 것을 다시금 생각하게 되기도 했다.

결국 우리의 삶은 우리가 어떤 것에 더 중요한 가치를 두느냐에 따라, 또한 어떤 자세로 얼마나 노력하느냐에 따라 달라질 것이다. 우리의 삶의 모양새는 달라질지라도 올바른 가치관을 가지고 열심히 노력한다면 선생님 말씀대로 분야의 전문가가 되고, 서로를 도우며, 삶을 공유하고, 풍성한 대화를 함께할 수 있을 것이다. 우리가 함께 갈 미래가 기대된다.

NOTE

1. **생물학 연구 정보 센터**(Biological Research Information Center, BRIC)는 생물학 분야에서의 국가 경쟁력 확보에 있어서 정보 및 정보 분석 도구의 중요성에 대한 인식을 바탕으로 한국 과학 재단과 포항 공과 대학의 지원으로 1996년 1월에 설립된 국가 지정 기관이다. 생물학 관련 정보의 수집, 가공, 제공과 생물학자들의 커뮤니케이션 공간의 마련 등을 목적으로 하고 있다. 황우석 전 교수 사태가 한창 진행되고 있을 때 젊은 과학자들이 BRIC의 게시판을 중심으로 황우석 연구진의 논문 조작 의혹을 제기하여 사태의 진전에 결정적인 역할을 했다.

2. **한국 로레알 유네스코 여성 생명 과학 진흥상**은 랑콤, 랄프로렌 같은 유명한 브랜드를 다수 소유한 세계 1위의 화장품 회사인 로레알이 유네스코와 손을 잡고 생명 과학 분야에 공헌한 여성 과학자에게 주는 상이다.

3. **매카들 암 연구소**(McArdle Laboratory for Cancer Research)는 위스콘신 대학교 부설 암 연구소로서 암의 생물학적 특징과 메커니즘을 분석하고 박사 이상의 연구자를 양성하는 것을 목적으로 한 기관이다.

4. 화학 반응이 일어나는 데 필요한 최소한의 에너지를 **활성화 에너지**라고 한다. 에너지가 이 활성화 에너지 값보다 작으면 화학 반응이 일어나지 않는다. 이 에너지보다 커야 반응이 일어나기 때문에 이를 활성화 장벽이라고 하기도 한다.

5. 노정혜 선생님은 **2006년 7월 31일**을 마지막으로 연구처장 임기를 마치셨다.

6. 2006년 2월 22일 서울 대학교 정문 앞에서 시위를 하던 황우석 전 교수의 지지자들이 노정혜 선생님을 폭행했다. 다행히 선생님은 크게 다치지 않았고 선생님도 법적 처리를 바라지 않아 사건이 크게 확대되지는 않았다.

7. 2006년 올해의 제5회 수상자는 노정혜 선생님의 학부 동기인 **백경희 고려 대학교 교수**이다.

8. http://bric.postech.ac.kr/webzine/iv/2004/iv_040504.html

9. BRIC 인터뷰 참조

10. 케 세라, 세라(Que sera, sera)는 '될 대로 되어라.'라는 뜻의 라틴 어 어구이다.

오래전 떠나온 길에서

시카고에서 학생들과

지인이 보내온 이메일 한 통으로 나와 "세계의 여성 과학자를 만나다"프로젝트의 인연은 시작되었다. 사진 작가로서 여학생들과 함께 5일간 뉴욕, 워싱턴, 시카고를 돌아야 하는 빈틈없는 여정이었다. 타국의 낯선 꽃샘추위가 심술을 부리던 3월의 5일간, 나는 20대 여성 과학도들의 패기와 4, 50대 여성 과학자들의 성숙함이 만나는 자리에 동참하게 되었다.

나는 사진 찍는 일에 몰두해야 했기 때문에 세 분 선생님의 말씀을 잘 듣지는 못했지만 그들 모두에게서 뿜어져 나오는 인생에 대한 자부심과 정열은 내 감성은 자극하고도 남았다. 과학자로서, 한 사람의 인간으로서 자신의 꿈을 성취한 분들이었다. 나의 피사체가 된 그분들의 얼굴 표정과 몸짓에서 흘러나오는 자신감은 내 카메라를 채우고 넘쳤다.

그리고 이 프로젝트를 함께하면서 잊은 지 오랜 기억과 열정이 되살아났다. 사실 나 역시 15년 전 미국으로 유학을 올 때까지만 해도 한 사람의 여성 과학도였다. 화학자 집안에서 자라서인지 망설임 없이 대학 때 전공으로 선택했던 화학을 계속 공부할 생각이었다. 그러나 우연히 접한 사진 수업으로 인해 인생행로가 바뀌어 사진을 시작하면서 과학적인 사고 방식을 버리고 가슴으로 사고하는 법을 배웠다. 그 뒤로는 과학과는 다시는 인연이 없을 줄 알았는데, 이렇게 삶의 교차로에서 다시 만날 줄이야! 내가 떠나온 길을 당당하게 걸어가고 있는 여학생들과 선생님들이 정말 사랑스럽다.

곽민정

아트 센터 디자인 대학(Art Center College of Design)에서 사진학 학사 학위를 받았고 뉴욕의 영상 예술 대학(School of Visual Arts)에서 사진학 석사 학위를 받았다. 현재 뉴욕에 거주하며 사진 작가로 활동하고 있다.

살아남아야겠다는

마음을 가져라

배터리와 결혼한 여자, 김유미 선생님

2006년 5월 22일 | 장소 — KTX 천안·아산역 | 진행 — 안여림 | 정리 — 안여림

여성 과학도의 길은 정말 여러 가지가 있다. 그러나 대학에서 공부할 때에는 그것을 알기 힘들다. 그래서 불안하다. 그 불안을 조금이라도 잊어보려고 자격증 시험이나 토익, 토플을 준비하는 데 많은 시간을 보낸다. 대학원에 가서 석사 학위를 따는 것도 과학에 대한 열정보다 안전판을 하나라도 더 만들어 두어야 한다는 강박 관념 때문인 경우가 많다. 그러나 과학이라는 출발점에서 나온 길은 하나가 아니다. 작은 샘에서 시작해 수많은 물길과 만났다 헤어지면서 거대한 물길을 만드는 강처럼 여러 갈림길이 있다.

우리의 '세계의 여성 과학자를 만나다' 프로젝트에서 마지막으로 만난 김유미 선생님은 우리가 지금껏 만나 본 선생님들과는 완전히 다른 길을 가신 분이다. 학문의 세계가 아니라 기업의 세계에서 자신의 길을 만들고 계신다.

세계적인 디스플레이 생산 기업이자 전지 사업체인 삼성 SDI의 역사상 첫 번째 임원(상무보)이 되신 김유미 선생님은 충남 대학교 화학과를 졸업하고 같은 대학원에 진학했다. 선생님은 대학원을 다니던 중인 1982년 화학 연구소에 입사해 무기 제1연구실에서 전지와 처음 인연을 맺게 된다. 그 후 표준 연구소(현재 한국 표준 과학 연구원)로 옮겨 전지 관련 연구를 계속했다. 1996년 삼성 SDI 연구소에 입사, 현재는 리튬-이온 전지 개발에 주력하고 있다. 새로운 기종 개발 및 신규 고객 확보와 함께 2002년 170만개였던 리튬 이온 폴리머 전지 판매량을 2003년 1300만 개로 늘려 삼성 SDI를 세계 전지 시장 점유율 3위로 끌어올리고 2005년 삼성 SDI 창립 35주년 만에 첫 여성 임원이 되었다. 그리고 같은 해에 과학계와 산업계에 큰 공헌을 한 사람에게 주는 훈장인 국민 포장[1]을 받았다.

내가 삼성 SDI 최초의 여성 임원을 만난다는 이야기를 주위 사람들에게 했더니 취업 준비 중인 친구들이 무척 부러워했다. 원래 계획은 김유미 선생님과 저녁을 함께한 후 삼성 SDI를 견학하는 거였다. 그런데 마침 인터뷰 날 저녁 유전학 실험이 잡힌 것이 아닌가. 실험 시간은 오후 8시, 삼성 SDI가 있는 천안까지 가서 인터뷰할 시간이 전혀 없었다. 그러나 KTX 시간표를 보니 6시 50분에 대전으로 출발하는 열차가 있었다. 30분 안에 대전역에 도착하기 때문에 실험 시간에 늦지 않을 것 같았다. 게다가 김유미 선생님도 일이 생겨 저녁 식사와 인터뷰를 동시에 진행하기 힘든 상황이었다. 결국 김유미 선생님과의 인터뷰는 오후 5시부터 6시 40분까지 천안역 역사 안에 있는 식당에서 진행키로 했다.

조금 일찍 도착해서 둘러본 KTX 천안·아산역은 생각보다 한산했다. 이번 인터뷰는 나 혼자 하게 되었으니 미국에서의 인터뷰와는 또 다른 부담감이 밀려왔다. 카이스트 신문사에서 인터뷰 전담 기자로 일하는 친구의 조언을 떠올렸다. "좋은 인터뷰는 질문, 답, 질문, 답 이렇게 하면 안돼. 그 사람 말에서 이야기가 될 만한 걸 집어내는 능력이 필요해. 인터뷰 받는 사람이 인터뷰에 빠져서 자기도 모르게 많은 이야기를 할 수 있게. 그러니까 질문지 순서대로 질문지 질문 그대로 진행되지 않는 게 당연한 거야."

김유미 선생님 인터뷰를 준비하면서 가장 인상 깊었던 것은 다른 인터뷰에서 "에너지가 많이 소모되는 일을 하지 않으려 화장을 한 번도 한 적이 없다."라고 하신 말씀이었다. 이공계 여성은 화장이나 몸치장을 하

지 않는다는 고정 관념은 사회에 넓게 퍼져 있다. 특히 성공한 이공계 여성인 김유미 선생님의 이런 말씀은 여성 과학도로서 성공하기 위해서는 여성성을 버려야 한다는 이야기로 들린다. 그렇다면 여성 과학도는 과학자로서, 혹은 기술자로서 성공하기 위해서는 자신이 가진 여성성을 버려야 하는 것일까? 여성성을 버리지 않고는 성공할 수 없는 것일까? 나는 그렇게 생각하지 않는다. 나는 김유미 선생님과의 인터뷰에서 이 물음을 해결하고 싶었다.

약속 시간이 되자 회색 바지 정장에 짧은 머리의 김유미 선생님이 약속 장소로 오셨다. 우리는 천안역 역사 내에 있는 한 식당에서 식사를 함께하면서 인터뷰를 시작했다.

연구소에서 삼성으로

김유미 선생님은 충남 대학교 화학과를 나오셨다. 무엇이 김유미 선생님을 화학으로 이끌었을까?

화학과를 선택하신 이유가 있나요? 고등학교 때부터 화학에 관심이 많으셨나요?

김유미 어렸을 때부터 과학 분야에서 일해야겠다고 생각했어요. 그리고 여러 과학 분야 중에서 가장 익숙하고 자연스럽게 느껴진 것이 화학이었어요. 꼭 맞는 옷처럼 느껴졌죠. 그래서 대학에서 화학을 전공했고, 대학원에서도 당연히 화학을 했죠.

대학원에 입학할 때 충남 대학교가 대덕 연구 단지 내로 이전을 해 대학원은 대덕 연구 단지의 캠퍼스에서 다녔어요. 그런데 대학원 재학 중 (대학원 1학년 2학기) 운이 좋게도 같은 대덕 연구 단지에 있던 화학 연구소 (현재 한국 화학 연구원)의 공채에 합격하여 다니게 되었어요. 1982년 대학원 2학년 때부터는 일을 하면서 학교를 다녔죠. 신입 사원이고 정부 연구소이다 보니까 가능했던 일이겠죠.

화학 연구소에서는 전공이 무기 분석 화학이라서 무기 제1연구실에 배치되었는데, 그곳은 전지 관련 연구·개발을 하는 연구실이었어요. 그곳에서 그곳의 실장님이었던 강홍렬 박사님(현재 정보 통신 정책 연구원 (KISDI) 미래 전략 연구실 실장으로 재직 중이다.)을 만나게 되었어요. 그분은 내게 멘토 같은 분이세요. 남녀 차별을 하지 않는 분이셨죠. 강홍렬 박사님 밑에서 전지 연구를 하다가, 1년 뒤 표준 연구소에 전기 화학 연구실이 만들어지고 그분이 그곳으로 옮기자 나도 그 연구실로 옮겨서 일하게 되었죠. 그 후 10여 년간, 삼성 SDI에 오기 전까지 표준 연구소에서 전지를 연구했죠.

삼성 SDI로는 어떻게 옮기시게 되었나요?

김유미 1996년에 강홍렬 박사님이 삼성으로 옮기시죠. 그때 삼성에서 전지 사업을 검토하고 있었는데 우리나라에서 그분만큼 아는 분이 없으니까 바로 모셔간 거죠. 그리고 그곳에서 일하시다가 나를 부르셨죠.

마침 그때 연구소에 있으면서 답답함을 느끼고 있었어요. 무언가 실질적인 일을 해 보고 싶었던 때였죠. 연구소에서는 연구 성과를 여러 사람들 유용하게 쓸 수 있도록 상품화하는 것이 쉽지 않아요. 그래서 강홍렬 박사님 말씀대로 삼성 SDI에 지원을 했죠. 그러나 한동안 소식이 없었어요. 그래서 연구소에서 답답하지만 편하게 살자고 마음먹고 있는데, 삼성에서 갑자기 일하러 오라고 연락이 왔어요.

상무님의 옛날이야기를 듣고 있다 보니 연구소의 생활이 궁금해졌다. 학교에서 실험실에서 일하는 선배들의 모습은 많이 보았지만 아직 연구소에서의 생활은 경험해 본 적이 없기 때문이었다. 대학 실험실과 연구소는 어떻게 다를까?

김유미 일할 때에는 비슷한 부분도 있겠지만 학교에 비해 연구소는 좀 더 목적 지향적이죠. 대부분이 팀으로 일하고 외부에서 연구비를 받아서 일을 한다는 것도 큰 차이일 거예요. 학교에서는 혼자서도 실험을 해 나갈 수 있지만 연구소는 적어도 몇 명 또는 수십 명이 함께 일을 해야만 성과를 낼 수 있지요. 그리고 연구소에서 하는 일은 순수하게 학문적인 원리를 알아내는 일보다는 새로운 측정 방법을 확립한다거나, 기업을 도와 신기술, 신제품을 개발한다거나 하는 일을 주로 합니다.

기업 연구소는 국책 연구소와는 달라서 연구·개발된 기술이 상품화되어 판매가 되어야 그 연구가 꽃을 피우게 돼요. 따라서 기업 연구소의 연구원들은 두 갈래의 갈림길에서 선택을 하게 되죠. 자신의 연구가 마무리되어 상품화되는 단계에 오면 연구 주제를 바꿔 계속 연구를 할 것인지 상품화 과정에 참여할 것인지 선택하죠. 저희 회사는 그 단계에서 사업부 내의 개발팀으로 자리를 옮겨야 하지요.

내가 입사했을 때에는 아직 삼성이 리튬-이온 전지 사업을 본격적으로 추진할 것인지가 결정되어 있지 않은 상태였어요. 연구소에서는 개발이 진행 중이었고. 나도 선임 연구원(과장)으로 입사하여 프로젝트 리더의 역할을 맡았습니다. 1년 뒤 사업화 결정이 되었고, 연구소에 남아 있을지 사업팀으로 갈 것인지를 선택할 기회가 있었고, 당연히 사업부를 선택했죠.

임원, 연구직, 사무직, 모든 용어가 내게 낯설었다. 임원이란 단어 자체의 개념이 없는 내게 상무님은 임원에 대해 설명해 주셨다.

김유미 나는 직급은 상무보이면서 연구 임원입니다. 개발팀이나 연구소에 있는 임원들은 대부분 연구 임원이지요. 경영 관련 업무를 주로 하지만 기술적인 문제에 대해서도 깊이 관여하는 경우도 많이 있습니다. 역시 기술자이니까요. 다른 부문의 임원들은 역시 경영 업무가 대부분입니다만, 지금의 상황은 임원이 기술에 대해서도 깊이 이해하기를 요구하고 있습니다.

15년 가까이 연구만 하던 사람이 삼성 SDI라는 거대한 회사에 들어가 연구직에서 관리직으로 전환하는 것이 쉽지는 않았을 것이다. 그러나 연구(Research) 성과를 바탕으로 개발(Develope)을 해야 하는 기업 현실 속에서는 연구자 출신 관리자는 새로운 길일 수 있을 것 같았다. 그럼 김유미 선생님은 구체적으로 어떤 길을 만들어 왔을까? 우선 선생님께서 지금 매달리고 있는 분야인 전지에 대해 물었다.

배터리와 결혼한 여자

언론과 인터뷰하신 것을 보니까 "배터리와 결혼한 여자", "2차 전지의 국보급 연구원"이라는 별명이 있다고 하더군요. 지금 하고 계신 분야가 대체적으로 어떤 것인지, 그리고 어떤 매력이 있는지 소개해 주시겠어요?

김유미 "배터리와 결혼한 여자" 그거 내가 한 말이 아니에요. 예전에 사업부장이셨던 분이 "이 친구는 배터리랑 결혼했어요."라고 말씀하셨던 게 퍼진 거죠. 나도 그 별명이 그리 싫지 않아요. 언젠가는 한 일본인이 내가 결혼 안 한 걸 모르고 "남편은 건강하신가요?"라고 묻기에 "요새 전지 사업 분야가 흑자인 걸 보니 건강한 것 같아요."라고 대답해 준 적도 있죠. (웃음)

아무튼 우리가 연구하고 있는 2차 전지는 충·방전이 가능한 전지예요. 예를 들어 휴대폰의 '배터리'가 대표적인 2차 전지이지요. 배터리가 떨어지면 충전기에 꽂았다가 다시 쓰잖아요. 반대로 1차 전지는 한번 쓰고 버리는 것으로, 시중에서 파는 알칼리 전지가 대표적인 예일 거예요. 텔레비전 리모콘에 쓰는 전지는 대부분 사용 후 버리지요. 나는 1982년부터 1차 전지와 2차 전지를 모두 다루어 봤지요. 카메라에 쓰이는 전지나 군용으로 미사일의 부품으로 쓰이는 전지도 다루었지요.

내가 지금 다루고 있는 2차 전지는 리튬-이온 전지입니다. 휴대폰이나 노트북에 들어가 있는 게 바로 리튬-이온 전지이지요. 현재는 일본 업체들이 주도권을 쥐고 있고, 삼성은 세계 2, 3위 수준에 있지요. 우리나라의 전지 기술도 단기간에 빠르게 발전하고 있습니다.

기본적으로 전지는 셀(cell)과 팩(pack)으로 이루어져 있어요. 셀은 전기가 충전되고 방전되는 화학 물질이 들어 있는 부분이고 팩은 셀을 싸고 있는 케이스와 보호 회로로 이루어져 있어요. 현재 세계인들이 쓰고 있는 2차 전지의 셀은 한국 아니면 일본 제품이고 팩은 거의 대부분 '메이드 인 코리아'에요. 그것도 대부분 삼성 제품이지요.

전지는 종류와 용도가 다양하여 연구 분야가 무궁무진합니다. 요즘처럼 유가가 급등하고, 자동차 배기 가스로 인한 환경 오염 문제가 심각해지고 있는 요즈음, 환경 친화적인 대체 에너지원을 만들어 낼 전지 연구는 점점 더 중요성이 커지고 있어요. 2차 전지 기술은 에너지를 저장할 수 있으며, 효율적으로 사용할 수 있게 해 줍니다. 전지는 그린 발전 같은 신에너지 기술의 적용 범위를 넓혀 주고 하이브리드 자동차의 연료 사용 효율을 높여 공해를 줄일 수 있도록 하는 핵심 기술입니다.[2]

사업적 측면에서 볼 때, 2차 전지 사업의 가장 좋은 점은 확장성이 무한하다는 거죠. 이쪽 기술이 있으면 어떤 에너지 비즈니스에도 쉽게 접근할 수 있다는 게 제일 큰 장점이에요. 또 하나는 이 비즈니스 자체가 굉장히 여러 분야의 학문적 배경 지식을 필요로 한다는 거예요. 그래서 거의 모든 분야의 사람들이 다 필요해요. 화학, 화학 공학, 재료 공학, 기계

공학 등 여러 분야의 인력이 동원되죠. 기술자 개인으로서는 여러 사람에게서 다양한 분야를 배울 수 있다는 장점이 있어요.

가장 중요한 장점은 석유 자원이 전무한 우리나라에서 2차 전지 사업을 기반으로 에너지 비즈니스에서 세계를 선도할 수 있는 기회가 생길 수도 있다는 것이죠. 한번 해 볼 만한 것 아니겠어요? 내 인생만 생각하면서 사는 건 재미없잖아요.

전지에 대한 이야기가 나오자 선생님의 표정부터 바뀐 듯했다. 전지의 종류와 원리 그리고 그 가치에 대한 말씀을 듣다 보니 어느새 이야기의 주제는 전지 사업 분야와 밀접한 관계에 있고, 전지 사업의 발전 가능성을 크게 키워 줄 하이브리드 자동차로 바뀌었다.

김유미 전지 사업 분야에서 세계적으로 열심히 연구 개발되고 있는 것은 하이브리드 자동차(HEV)[3]용 전지예요. 가솔린 엔진과 함께 전지를 동력원으로 하는 전기 모터를 사용하는 하이브리드 자동차는 연비를 향상시켜 화석 연료의 사용량과 공해도 줄일 수 있다는 장점이 있지요. 리튬-이온 전지를 사용하는 하이브리드 자동차는 2008~2009년 정도면 기술이 완성될 거고, 시장에도 나갈 거예요. 그렇게 되면 리튬-이온 전지 시장이 커지게 되고, 우리나라 전지 산업의 위상도 점점 높아지겠지요.

전지로만 구동되는 전기 자동차는 아직 충전 시간이 길고 배터리 용량도 부족하며 전기를 충전할 수 있는 충전소 같은 기반 시설이 충분하지 못하기 때문에 당장 상용화하기가 힘들어요. 그래서 동력원으로 가솔

린과 전기를 함께 쓰는 하이브리드 자동차가 각광을 받는 거죠.

그래도 연료 전지[4]가 완전하게 상용화된다면 전기 자동차가 본격적으로 활용될 거예요. 연료 전지는 전지라기보다는 수소를 태워서 전기를 만들어 내는 일종의 발전기죠. 수소를 태워서 나오는 것은 물뿐이므로 친환경적이죠. 물론 수소의 제조 방법에 따라 환경에 나쁜 영향을 줄 수도 있죠. 그러나 이런 문제는 여러분과 같은 젊은 과학도들이 열심히 연구한다면 해결할 수 있는 문제라고 생각합니다.

학위? 자격증? 그런 것은 아무것도 아니다

이제 전지 이야기에서 벗어나 김유미 선생님의 회사 생활에 대해 물어보았다. 기업체는 생각보다 보수적인 공간이다. 이윤을 위해서라면 어떤 일이라도 가리지 않고 하겠지만 단 돈 10원도 이윤이 되지 않는 일에는 꼼짝도 하지 않는 게 기업일 것이다. 여성을 중용하는 것이 돈을 버는 데 큰 도움을 주지 못했던 사회 체제 안에서 우리나라 기업들은 여성의 사회 참여를 그리 진지하게 고민하지 않았다. 정치계와 관료 사회에서 여성 국회 의원, 여성 장관이 나오고 나서야 우리 기업에도 여성 임원이 생기기 시작했다는 게 그 단적인 증거일 것이다. 삼성 SDI 35년 역사에 처음으로 여성 임원이 된 김유미 선생님의 경험은 여성 과학도에게 있어 정말 귀한 게 아닐까?

먼저 선생님은 스스로를 어떻게 위치 지우고 있는지 여쭈어 보았다.

상무님은 동료들과 사원들에게 어떠한 동료이자 상사이신가요?

김유미 나는 그동안 좋은 사람들과 일을 많이 했어요. 지금도, '나는 운이 좋은 사람이다. 주위 사람들을 아주 잘 만났다.'라고 생각하죠. 나의 상사들은 물론 동료들과 부하 사원들이 나를 많이 봐 준다고 생각해요. 내가 임원 사회에 처음 들어간 여자다 보니까 함께 대화하거나 생활하는 데 재미있지는 않겠죠. 그러나 그런 것을 가지고 무시하거나 협력을 거부하거나 하지 않죠.

대신 일은 철저하게 따지죠. 그냥 넘어가거나 봐 주는 일이 없어요. 그들도 내게 그렇게 하고 나도 그렇게 하죠. 예를 들어 데이터가 좋지 않게 나온 것을 모면해 보겠다고 나쁜 데이터는 지우고 그럴듯한 데이터만 남겨 두는 게 나한테 걸리면 가만두지 않죠. 눈물 날 정도로 혼쭐을 내 주죠.

그리고 돌아가신 아버지께서 내가 임원이 될 때 하신 말씀이 있어요. 사람이 높이 올라가면 올라갈수록 위는 밝아지니까 잘 보이지만 아래는 그늘이 커져서 보이지 않는 부분이 많아지니 아래쪽을 잘 살펴봐야 한다고요. 그 말씀을 항상 명심하며 상사, 동료, 부하 사원들을 대하려고 노력하죠. 물론 내가 이렇게 생각한다고 그들도 꼭 그렇게 봐 주는 것은 아니겠죠. (웃음)

대인 관계 이야기가 나오다 보니 여쭤어 보고 싶은 게 생겼습니다. 제가 카이스트를 다니는데 "카이스트 출신자들은 일은 잘하는데 대인 관계는 그리 안 좋다." 하는 평을 듣는 경우가 있어요. 선생님께서 만난 신입 사원들 중에도 이런 사람이 있었을 것 같아요. 선생님께서는 이런 사람들을 어떻게 생각하시는지요?

김유미 우리 회사에도 그런 성격의 사람들이 종종 들어오곤 하지요. 그들은 일을 평생 하려고 하지 않아요. '내가 공부도 좀 잘했고 시험이라면 누구에게도 뒤지지 않는다. 한의사 시험 보거나 어떤 자격증을 따서 한방에 이 구질구질한 삶을 벗어나겠다.' 하고 생각하는 경우도 있죠. 그러나 나는 그 생각이 잘못되었다고 봐요. 어떤 학교에 입학했다고, 자격증을 땄다고, 고시에 합격했다고, 어떤 회사에 취직했다고 '불행 끝, 행복 시작'인 것은 아니거든요. 지금까지 살아온 것보다 조금 더 넓은 세계가 그때부터 펼쳐지는 거지요. 거기서부터 새로운 것을 다시 배워야 하는 거죠. 이런 식으로 사람은 평생 일하면서 공부할 수밖에 없어요.

오늘 자격증을 땄다고 내일부터 그 자격증으로 벌어먹고 살 수는 없어요. 한 가지 일을 10년, 15년 해야 비로소 다른 사람들의 인정을 받을 수 있죠.

이것을 잘 모르는 사람들은 세상에 별 도움을 줄 수 없어요. 자신은 스스로 잘났다고 느끼겠지만 세상에 필요한 사람이 될 수 없죠. 자신의 잘남을 감당하지 못하고 침몰하고 말죠. 어떤 의미에서는 카이스트처럼 좁은 길을 따라 빠르게 올라온 사람일수록 그것을 빨리 배워야 하죠.

김유미 선생님의 날카로운 충고였다. 나는 과연 어떨까? 김유미 선생님의 날카로운 평가를 통과할 수 있을까?

그럼 신입 사원 뽑을 때 어떤 자질을 중요하게 보시나요?

김유미 평생 일을 할 만한 사람인가를 보려고 해요. '취직을 했으니 이제 할 일을 다 했다.' 이러는 것이 아니라, 이 일 자체가 자신에게 어떤 의미가 있는가 생각해 보는 친구들이 좋아요.

우리 팀에 배치를 받으면 재미 삼아 물어 보는 게 있긴 해요. 축구 잘 하느냐고. 축구는 이겨야 하는 게임이잖아요. 축구를 좋아한다면 승부욕이나 의지력, 그리고 체력이 있지 않을까 싶어서 묻는 거지요. 또 축구는 단체 경기다 보니 협력을 중시하지요. 축구를 좋아한다면 협력에 대한 감 정도는 있겠지요. 실제로 회사에서는 혼자 열심히 하는 것보다 함께 어울려서 성과를 이루어 내는 자질이 더 중요합니다. 축구 시합 중에 골문 앞에 서서 슈팅 기회만 기다리고 있으면 상사인 내가 괴롭죠.

살아남아야겠다는 마음을 가져라

회사에서 대인 관계의 중요성은 말씀대로 정말 중요한 것 같습니다. 이번에는 선생님 자신에 대해 좀 더 알고 싶습니다. 선생님은 삼성 SDI 창사 35년 만에 처음으로 여성 임원이 되셨습니다. 특히 부품이나 소재를 생산하는 업체는 보수성이 강해 임원진은 '금녀의 땅'이나 마찬가지였습니다. 선생님의 승진이 개인적으로나 기업 차원에서는 어떤 의미가 있을까요? 그리고 여성 임원이 상대적으로 적기 때문에 겪었던 어려운 점은 없었나요?

김유미 지속 가능성(sustainability)이라는 용어 아시죠? 현재의 발전이 미래의 발전 가능성을 파괴하지 않는 범위에서 이루어져야 한다는 개념이죠. 그래서 우리는 자원을 과도하게 개발하지 않고 환경을 파괴하지 않고 우리 다음 세대에게 물려줘야 하는 거예요. 이것은 자연 자원에만 해당하는 이야기가 아니에요. 인적 자원에도 적용되지요. '인적 자원의 지속 가능한 개발', 이것이 우리 회사의 경영 철학 중 하나이지요.

여성이라는 인적 자원을 제대로 개발하지 않는 것도 미래의 발전 가능성을 파괴하는 일이에요. 세상의 반을 활용하지 않는데 무슨 효율적인 사회, 효율적인 기술 발전이 가능하겠어요. 특히 우리나라처럼 자원이 부족한 상태에서 능력이 있는 여성을 방치한다는 것은 회사 차원에서나 국가 차원에서도 바람직하지 않죠. 당연히 여성 인력 자원을 활용해야 해요.

그러나 그렇게 되기 위해서는 기회를 평등하게 보장해 주어야 해요. 삼성에서는 그룹 정책적으로 고급 여성 인력을 20~30퍼센트까지 쓰도록 강제하고 있어요. 물론 현장에서는 여성에게 아무 일이나 막 시킬 수 없으니까 꺼려하죠.

그런 상황에서 최초의 여성 임원이 된 나는 회사 입장에서 볼 때에는 일종의 실험 대상일지도 몰라요. 그리고 나는 내 후배들에게 역할 모델이 될 수도 있겠죠. 그리고 나나 회사나 나의 경험에서 앞으로의 개선 방향에 대한 아이디어를 얻을 수도 있겠죠. 그러나 아직은 잘 모르겠어요. 그저 최선을 다할 뿐이죠.

하지만 분명한 것은 내가 임원이 되니 더 많은 사람을 도와줄 수 있게 되었다는 것이에요. 연구원으로 있었을 때에는 내가 맡은 일을 잘하는

것만이 최선이었고, 남을 도와서 능력을 북돋아 주는 일은 하기 어려웠죠. 사실 별로 그럴 기회도 없었죠. 그런데 회사에서 지위가 점점 올라가니 연구원으로 있을 때보다 남에게 훨씬 더 잘해 줄 수 있는 기회, 그 사람의 능력을 최대한 발휘하게 해 주고 보조해 줄 수 있는 기회가 많아지더군요.

또 회사 동료들의 활동이나 회사의 사업 방향이 좀 더 옳은 방향으로 나아갈 수 있도록 의사를 표명할 수 있게 되었죠. 고객에 대해서도 조금 더 설득력을 가질 수 있어요. 내 발언이 상대적으로 중요해지고 내가 도움을 줄 수 있는 실질적인 방안도 많아졌죠. 그게 내게 의미가 있는 것 같아요.

현재 삼성 그룹에 상무보 이상의 임원은 김유미 선생님이 유일하다. 그리고 국내 10대 그룹의 여성 임원도 전체 임원 3982명 중 29명에 불과하다.[5] 이것은 100명 중 0.73명으로 1명꼴도 안 되는 것이다. 기업 쪽에서는 임원으로 승진시킬 인재 풀이 부족하다고 말하고, 여성 임원들은 기업 환경이나 기업 문화가 여성이 리더로서 승진하기 힘든 상황이라고 탄식한다. 남성 중심의 기업 문화가 여성 인력을 중도 하차시키고, 이러한 여성의 중도 하차로 여성 인력 풀이 줄어들어 남성 중심 문화가 유지되는 악순환이 계속되는 것이다. 언론 보도에 따르면 여성 임원들이 느끼는 애로 사항으로는 대다수가 사람을 부려 본 경험이 부족하다는 것이나 회사 내에서 이루어지는 비공식 커뮤니케이션에서 배제되는 것이 있다. 그렇다면 김유미 선생님은 어떤 어려움을 겪었을까?

김유미 내가 삼성에 처음 입사했을 당시 여자 간부는 연구소 전체에 세 명 정도 있었어요. 내가 차장과 부장이 되었을 때에는 나 혼자였어요. 사실 나는 한 번도 여자들이 많은 상태에서 일을 해 본 적이 없어요. 그래서 그런 이야기를 들으면 어떻게 답을 해야 하나 고민을 좀 해요.

사람을 부리는 문제에서 남자와 여자가 차이 나는 것은 군대를 갔다 왔느냐 아니냐 하는 것 때문인 것 같아요. 남자들은 군대라는 조직에서 상하 관계를 경험하지요. 졸병으로 윗사람의 부림을 받아 보기도 하고 고참병이 되어 사람들을 부리기도 해 보지요. 그런데 여자는 이런 경험을 할 기회가 거의 없어요. 남자들은 일을 시키면 명료하게 답하고, "해 보겠습니다."라고 하고 최대한의 노력을 다 하지요. 안 되는 것도 되게 하려고 노력하지요.

그러나 여자들은 딱 부러지게 "할 수 있습니다. 하겠습니다."가 아니라 앞뒤에 무엇인가 길게 핑계를 대죠. 이렇게 핑계를 먼저 대면 상사는 그 핑계의 합리성, 타당성을 따지기보다 그 부하 직원이 일에 의욕이 없는 것 같다는 판단을 먼저 하게 되죠. 여자들한테는 상사들의 이런 판단이 자신의 직업적 평가와 장래를 좌우한다는 의식이 약한 것 같아요. 상사가 자신의 목줄을 쥐고 있다는 사실을 남자보다 잘 인식하지 못해요.

여자들은 이런 말을 해서 내가 손해를 보거나 책임을 진다고 해도 이 말은 꼭 하고 죽겠다고 생각하지요. 그러나 남자들은 절대로 그러지 않아요. 이것은 여자와 남자의 기본적인 차이 같아요. 군대 갔다 온 남자들이 그렇지 않은 남자나 여자보다 회사라는 조직에 더 잘 적응하지요.

선생님의 말씀에 따르면 아직 회사라는 조직은 여자보다 남자, 그것도 군대 같은 위계 사회에 익숙한 남자들을 선호한다. 이것은 분명 문제이다. 그것은 선생님이 말씀하신 '지속 가능한 인적 자원 개발'(삼성 SDI의 중심 정책이기도 하다.)을 불가능하게 만들 것이다. 하지만 조직 속에서 여성으로서 살아오신 선생님은 여성 자신의 문제도 지적한다.

물론 군대나 회사라는 조직은 기본적으로 여성을 차별하고 남성을 우대하기 위해 만들어진 것이 아니다. 전쟁의 승리나 이윤의 획득이라는 목표를 실현하기 위한 수단일 뿐이다. 목표를 실현하는 데 있어서 여자든 남자든 상관이 없다. 효율적으로 주어진 업무를 수행하고 창조적으로 새로운 과제를 해결해 나갈 수 있는 인재면 충분하다. 그러나 우리 여자들한테는 조직이 원하는 효율성을 저해하는 품성이 깃들어 있는 것은 아닐까? 김유미 선생님은 그것을 개선하기를 요구하는 것은 아닐까?

물론 여자와 남자의 품성 차이 역시 남성 중심 사회의 영향이라고 이야기하며 모든 문제를 남성 중심주의로 환원시킬 수 있겠지만 승진이나 취직을 고민해야 하는 현실 속에서는 의미가 없다.

이런 생각을 하는 사이 선생님의 답변이 이어졌다.

_{김유미} 그리고 비공식적 커뮤니케이션 문제를 말씀하셨죠? 남자들만의 견고한 네트워크가 있기는 한 것 같습니다만, 비집고 들어갈 틈이 전혀 없는 폐쇄적인 것은 아니라고 생각합니다. 술좌석 등에서의 대화가 중요하다고 판단되는 경우라면 그런 자리에 참석하면 되죠. 여성 스스로가 필요하다고 생각하는 것을 남자들에게 요구하는 게 중요하다고 생각해요.

아, 그리고 이런 것은 있어요. 해외 학회에 참석했는데 내게 '미스터'라고 씌어진 명찰을 주더라고요. 그리고 그룹 행사에 참석했을 때 다른 남자 임원의 부인으로 오해받은 경우도 있지요. 지위가 어느 정도 되면 남자라고 인식하는 건 세계적인 현상인 것 같아요.

삼성 그룹 등 국내 10대 그룹의 여성 임원은 내부 승진보다 '스타'를 영입한 경우가 대부분이라고 합니다. 여성들의 내부 승진이 적은 이유는 어디에 있을까요?

김유미 아직은 내부 승진을 할 정도로 여성 간부 인력이 많지 않기 때문일 거예요. 제조업 분야는 밑바닥에서부터 시작해서 경험을 풍부하게 쌓아야 그 일을 잘할 수 있는데, 그렇게 경력을 관리해 온 여성 인력 자체가 부족하기 때문에 내부 승진한 여성 간부와 임원이 적은 거죠.

삼성에서는 1995년경부터 신입 사원의 20~30퍼센트를 여성으로 채용하는 정책이 시행되고 있어요. 저희 팀에도 대졸 여사원이 20퍼센트 정도 됩니다만, 과장은 한 사람뿐이에요. 차장이나 부장은 한 사람도 없죠. 이 친구가 중도 탈락 안 하고 계속해서 자기 힘을 키워 나가 임원이 되려면 앞으로 10년 정도는 더 걸리겠죠.

이런 것처럼 아직 여성 인력 풀이 상당히 좁아요. 대졸 여사원이 20퍼센트 이상 되는 곳도 아직 삼성밖에 없으니까요. 물론 연구소에서는 좀 더 빨리 여성 임원들이 등장할 수 있겠죠. 그러나 상품을 개발하고 생산하는 제조업 현장은 여성 인력에게 있어서는 전쟁터와 같아요. 방금 이야기한 그 여성 과장과 내가 10년 넘게 땀을 흘려야 간신히 여성 임원층이 두꺼워지겠죠.

　물론 시스템상으로는 거의 완전하게 평등해요. 오히려 삼성 그룹의 경우에는 억지로라도 모셔오라고 하기도 하죠. 남자 간부들은 회사 정책이다 보니 속으로 투덜거리면서 여성 인력을 다수 채용하고 있어요. 이제 중요한 것은 그 사람의 능력이 어떠냐는 것이지요. 가능성은 본인이 만들어 가야 하는 거예요.

그러나 여성들은 중도 하차하는 경우가 많잖아요. 결혼, 출산, 육아 같은 큰일들이 여성들의 발목을 붙잡기도 하고요. 게다가 이런 일들은 본인의 의지만으로 해결할 수도 없는 문제 아닌가요?

김유미 그래요. 중도 하차하는 경우가 많죠. 결혼해서 아이 가질 시기가 되면 고민 많이 하고, 일을 그만두기도 해요. 그러나 나는 무슨 수가 있어도 버티라고 이야기해요. 나의 지론은 언제나, 남아 있는 사람, 잘 버텨 낸 사람이 최후의 승자라는 거죠. 그래서 나는 여자 사원들에게 지금 힘들더라도 살아남아야 할 의무가 있다고 이야기해요. 현재는 최고가 아니어서 스트레스를 받더라도 살아남기만 하면 실력도 붙는 거고 누구나 인정하게 된다고 이야기하죠. 모두 다 죽었는데 그때까지 살아남는다면 그가 바로 최후의 승자인 거죠. 나는 언제나 살아남아야겠다는 마음을 가지라고 말해요. 그게 제일 중요해요. 그러나 사람들은 내 말을 잘 안 듣죠.

그렇지만 여성의 출산, 육아를 제도적으로 지원해 주지 못하기 때문에 여자 사원들이 그만두는 것은 아닐까요?

김유미 그런 면이 있죠. 그러나 삼성 그룹의 일부 사업장에는 탁아소도 있어요. 아직은 시설이나 인력도 부족하고 여성 인력에 대한 지원 시스템도 최적화되어 있는 것은 아니에요. 그래도 현실은 계속 나아지고 있어요.

중도 하차하는 여자 사원들의 더 큰 문제는 두려움을 극복하지 못한다는 거예요. 쉬는 동안 생긴 갭을 메울 수 없다는 두려움 말이에요. 대학에서는 복학생들이 공부를 열심히 해 성적이 좋지요. 군대나 어학 연수를 다녀오면서 생긴 갭이 그렇게 큰 영향을 끼치지 못하죠. 대학이라는 시스템이 그렇게 되어 있으니까요. 그러나 회사에서는 몇 달 쉬다 오면 따라잡기가 정말 어려워요. 동료들은 벌써 저만큼 나가 있거든요. 여자 사원들은 그렇게 갭이 생기는 것은 견디지 못하죠.

물론 내가 쉴 동안 계속 달렸던 사람에게 뒤떨어지지 않아야 한다고 조급하게 생각하면 앞이 캄캄하죠. 그러나 6개월간의 차이를 1년 6개월간 열심히 해서 메워야겠다고 생각하면 적합한 방법을 찾을 수가 있어요. 당장 따라잡으려고 하니까 힘든 거예요. 게다가 남자들은 조직 생활에 익숙하다 보니 일을 더 잘하는 것처럼 보이죠. 그것을 참고 보지 못하는 거예요.

이렇게 흔들리면 그걸 보는 여자 후배들도 도미노 게임처럼 같이 흔들리죠. '저 선배, 잘 나가는 줄 알았더니 아이 낳고 나니 뒤쳐졌구나.' 싶으니까 겁나는 거죠.

결혼, 출산, 육아로 중도 하차할 수밖에 없는 여성들의 어려움에 대하여 이야기하는 대목에서 선생님의 목소리가 살짝 높아졌다. 그 목소리 안에는 능력은 있지만 중도에 가정으로 물러난 여성들에 대한 안타까움이 잔뜩 배어 있었다. '어떻게든 버텨서 자신의 뜻을 자유롭게 펼칠 수 있게 되면 많은 것을 바꿀 수 있을 텐데.' 하고 생각하시는 것 같았다.

그러나 결혼을 안 한 선생님은 결혼, 출산, 육아의 어려움에 처한 여자 사원들의 어려움을 진정으로 이해하기 힘든 것은 아닐까? 결혼, 출산, 육아로 중도 하차한 여자 사원들이 조직에서 성공한 선생님의 안타까움을 이해하지 못하는 것처럼 말이다.

결혼과 관련해서 여쭙자 선생님은 이렇게 말씀하셨다.

김유미 무엇이 가장 중요한가 하고 생각했어요. 결혼도 했으면 좋았겠지만 그게 중요도에서 조금 밀렸나 봐요. 글쎄요, 결혼을 하지 않았다고 후회한 적은 없어요. 특별히 내 인생이 초라해졌다고 생각해 본 적도 없고요. 나름대로 천천히, 재미있게 살고 있다고 생각하고 있어요.

그럼 지금이라도 마음에 맞는 사람이 생긴다면 어떻게 하실 건가요?
김유미 귀찮을 거 같아요. 난 귀찮은 거 딱 질색이거든요. 사람이 많아지면 엔트로피[6]가 올라갈 수밖에 없거든요. 에너지를 많이 소모하고 귀찮아질 수밖에 없어요. 지금 있는 관계들도 많은데.

역시나 선생님다운 대답이 나왔다. "에너지가 많이 소모되는 일을 하지 않으려 화장을 한 번도 한 적이 없다."라는 말을 다른 언론 인터뷰에서 읽은 적이 있는데[7] 결혼마저 '엔트로피'가 증가한다고 거부하시다니!

회사라는 조직 안에서의 대인 관계에서 여성 임원으로서의 활동 그리고 결혼 문제까지 깊은 이야기를 나누면서 들은 이야기들은 정말 신선했다. 기존의 여권 신장 주장과는 조금은 다른 이야기였다. 현재 존재하는 시스템을 인정하고 그것을 활용하는 방법을 찾기를 바라는 김유미 선생님의 방법은 분명 현실적인 어려움을 경험하고 해결해 나간 사람만이 할 수 있는 이야기가 아닐까?

이제 역에서 기차를 기다리며 나눈 인터뷰 시간도 다 끝나 가고 있었다. 이제 이야기도 마무리할 겸 화제를 선생님 개인에 관한 것으로 바꿔 보았다. 먼저 화장을 즐기는 여성을 대표하여 화장을 거부하는 김유미 선생님께 화장을 포함한 여성의 자기 관리법에 관하여 여쭈어 보았다.

평소 에너지가 많이 소모되는 일을 하지 않는다는 원칙을 가지고 살기 때문에 화장을 한 번도 해 본 적이 없다는 말씀이 정말 인상적이었어요. 요즘은 자기 관리의 시대라고 해서 남성들까지도 외모에 신경을 쓰는데요, 여기에 대해서 어떻게 생각하시나요? 상무님의 자기 관리법이라면 어떤 것이 있나요?

김유미 자기 관리에 대해서는 특별한 것이 없어요. 억지로 만들어 이야기하자면, 모든 일을 전부 다 하려고 안 한다는 거겠지요. 화장도 친구들 보니까 부단한 노력이 있어야 어느 수준에 오르는 것 같더군요. 그래서 그런 노력을 내가 아무리 해 보아도 별 도움이 되겠냐 싶어 우선순위를 뒤로 미뤄 놓았죠. 그러니까 에너지가 많이 소모되는 데에도 별로 성과에 관련되지 않는 일은 하지 않는다는 거죠.

우리 어머니는 화장을 안 하는 걸 예의에 어긋난다고 생각하세요. 화장을 특별히 예쁘게 해야 한다고 생각하시는 게 아니라 여자라면 반드시 화장을 해야 하고 옷을 단정히 입어야 한다고 하시죠. 옛날 어른들은 왜 반드시 해야 하는 게 있다고 생각하시잖아요. 나도 화장하는 것을 반대하는 것은 아니에요. (웃음)

결혼을 안 하셨으니 여가 시간이 많으실 것 같은데 상무님의 일상은 어떠한가요?

김유미 기상 시간은 5시 40분, 보통 회사에 7시 20분 정도에 도착해요. 우리 회사는 8시부터 업무 시작하니까요. 퇴근해서는 잠자기 전에 침대에 누워서 책 보는 게 취미예요. 그래야 잠이 잘 오니까요. 재미없는 책을 많이 읽어요. 소설은 너무 재미있어서 밤을 샐지도 모르기 때문에 안 봐요. 심리나 경영 관련 책을 보죠. 보고 있으면 잠이 잘 오거든요. (웃음) 졸다가 깜빡 일어나서 다시 봐야지 이러면서 보다가, 또 졸죠. 이러다 잠들면 잠자는 게 꿀맛 같죠. 아주 재미있는 방법이에요. 그러다 보면 똑같은 책을 여러 번 보게 되지요.

잠이 잘 자기 위해서 독서를 하는 분은 처음이었다. 김유미 선생님 스타일의 농담이겠지.

김유미 주말에는 집에 가요. 어머니가 연세가 많으시거든요. 회사에 일이 있지 않는 한 집에 가죠. 텔레비전을 열심히 보고 주말에 다 섭렵하고 와요.

그런데 드라마는 한 번만 봐도 줄거리를 다 알겠더라고요.

내가 정말 하고 싶은 것을 아느냐 모르느냐가 문제일 뿐

이제 김유미 선생님과의 인터뷰를 마칠 때가 되었다. 때로는 함께 수다 떠는 듯한 느낌도 들었고, 때로는 무서운 상사의 질타를 받는 것 같기도 했고, 때로는 따뜻한 선배 언니와 인생 상담을 하는 것 같기도 했다. 선생님이 이제 우리 숙제를 다 한 것 아니냐고 물어 보시기에 마지막 질문을 드렸다.

성공하려면 학벌, 외국 유학이 중요하다고 대부분의 사람들이 말합니다. 실력으로 성공하신 순수 국내파로서 진로를 고민하는 이공계 여학생들에게 조언 한 말씀해 주세요.

김유미 인생의 변곡점에서 자신에게 제일 중요한 것이 무엇인가를 돌아 볼수 있어야 한다는 말을 하고 싶군요. 내가 뭘 하고 싶은지를 알아야 하는거죠. 대학 교수가 되어 학생들을 가르칠 것인가, 뛰어난 연구자가 될 것인가, 그것도 아니면 산업 현장에서 활약할 것인가 등을 결정할 수 있어야 하죠.

대학 교수가 되거나 연구자가 되려면 그 분야와 관련된 최고의 대학에 진학·유학하는 게 중요하겠죠. 그리고 산업 현장에서 성공하려면 빨리 현장으로 들어와 자신을 갈고 닦아야 해요.

338

학위, 학벌, 자격증, 이런 것은 그렇게 중요하지 않아요. 나도 국책 연구소에서 일할 때에는 유학을 가야 하는 게 아닌가 고민을 많이 했어요. 그러나 내가 어떤 학위를 갖고 있거나, 그것 때문에 사람들이 나를 어떻게 볼 것인가는 실질적으로 중요한 문제가 아니에요. 내가 정말 하고 싶은 것을 아느냐, 모르느냐가 문제일 뿐이죠.

세상은 그렇게 불공평하지 않아요. 그러니 자신이 정말 하고 싶은 걸 찾으려고 노력해야 되요. 그렇게 하면 그것을 실현할 수 있는 방법이 절로 보이죠. '멘토'라는 것을 이야기들 하지만 멘토도 하늘에서 떨어지는 것이 아니에요. 자신이 길을 찾기 위해 노력하다 보니까 그 길 위에서 만나게 되는 사람인 거죠.

이 길로 가면 내 인생이 보장된다. 그런 길은 없어요. 삶이 보장되는 직업을 많이들 이야기하고, 자격증을 따기만 하면 그때부터 즐기면서 살 수 있다고 생각하기도 합니다만, 절대로 오산이에요. 자격증이나 학위를 땄어도 그것은 출발점에 불과해요.

본인이 대학에서 학생들을 가르치겠다면 빨리 좋은 대학에 가서 박사 학위를 해야 하겠죠. 회사로 가서 성공을 해야겠다면, 학부 졸업 후 바로 입사하는 것이 좋다고 봐요. 우리 팀만 봐도 학부만 나와서 온 친구들이 일을 잘하고, 조직 적응력도 뛰어나요. 빨리 입사해 자신의 자질을 계발하고 회사의 인정을 받아 나름의 성공을 거둘 수 있지요.

연구나 개발을 하고 싶으면, 석사 학위를 하고 입사하는 것도 좋죠. 경우에 따라서는 회사에 입사하고 나서 학위를 받을 수도 있지요. 우리 회사에서도 학사 출신 사원들에게 석사 학위를 받을 수 있는 기회를 제공하고 있죠. 하지만 박사 학위까지 하는 건 꼭 필요하지 않아요. 회사 생활에서는 조직 적응력이 무엇보다 중요하거든요.

"숙제는 다 끝났는데 커피를 다 안 마셔서 못 가네?"라는 농담을 건네시는 상무님과 아쉽게도 헤어져야 했다. 실험 시간에 늦지 않기 위해 서둘러 KTX 열차에 올라 학교로 돌아가면서 여러 가지 생각이 떠올랐다. '세계의 여성 과학자를 만나다' 프로그램에 참여하게 되고 미국에서 정상에 이른 과학자들을 만나고, 이렇게 마지막 인터뷰를 마치게 된 모든 과정이 꿈만 같았다.

나는 어릴 때부터 하고 싶은 것 많고 욕심이 많아 굴러온 기회는 꼭 잡아야 직성이 풀렸다. 그렇게 잡은 기회는 몸이 달아나는 일이 있더라도 끝까지 하는 성격인 것이다. 그리고 이 프로젝트에 참여하게 된 것도, 학기 중 시간을 쪼개 인터뷰 마무리를 할 수 있었던 것도 생각지도 않았던 기회를 잡고 끝까지 간 덕이다.

NOTE

1. 국민 포장(國民褒章, Civil Merit Medal)은 정치 · 경제 · 사회 · 교육 · 학술 분야 발전에 기여한 공적이 뚜렷한 자와 공익 시설에 다액의 재산을 기부하였거나 이를 경영한 자 및 기타 공익 사업에 종사하여 국민의 복리증진에 기여한 공적이 뚜렷한 자에게 수여한다.
2. 한정된 에너지를 얼마나 효율적으로 지속적으로 사용할 수 있는가, 하는 문제를 해결할 수 있는 에너지 개발과 자원 관리를 위한 기술이다. 국내에서 소비되는 에너지의 97퍼센트 이상은 완전히 수입에 의존하고 있어 만약의 경우 심각한 사회 경제 문제를 초래할 수 있다. 국가 경제 발전의 원동력인 에너지원과 이를 효율

・ 적으로 관리하는 기술의 확보는 국가 안보 차원에서 고려되어어 할 중대한 과제라고 할 수 있다.(『공학에 빠지면 세상을 얻는다』(동아사이언스, 2005), 228~235쪽)

3. **하이브리드 자동차**(HEV)는 2개의 동력원을 복합적으로 이용해 구동되는 자동차이다. 출발할 때나 저속 주행할 때 전기 모터만을 이용해 불필요한 연료 소모와 유해 배기 가스 배출을 줄이고, 정속 또는 고속 주행할 때는 엔진과 전기 모터를 동시에 사용하며, 감속 시에는 속도를 줄이는 힘을 이용해 배터리를 충전한다. 기존 가솔린 엔진과 비교해 약 2배의 연비를 내고 있으며 유해 물질은 10분의 1 정도이다.

4. **연료 전지**의 기본 원리는 물을 전기 분해하면 산소와 수소가 생성되는 현상을 역으로 이용한 것이다. 양극에 수소와 산소를 공급하면, 수소는 촉매에 의해 이온화된 뒤 전해질을 통과하여 산소와 결합해 물을 생성한다. 이 과정에서 수소는 전자를 잃어버리는데, 이것이 외부 회로에 흘러 들어가면 전기가 된다.

5. 《매일경제》 2006년 6월 13일자

6. **엔트로피**(entropy)란 무질서도를 가리키는 동시에, 물질계에서 일하는 데 쓰일 수 없는 에너지 양을 나타내는 척도이다.

7. 《스탁데일리》 2005년 1월 12일자

긴 여행을 마치고 ─ 에필로그 인터뷰

2006년 9월 23일 | 장소 ─ APCTP

정리 ─ 정재승(APCTP 과학 커뮤니케이션팀 팀장 및 카이스트 바이오시스템학과 교수)

도전과 방황. 그것은 젊은이라면 누구나 한 번쯤 치러야 할 통과의례인 동시에, 젊은이만이 누릴 수 있는 있는 특권이기도 하다. 방황과 고뇌 그리고 도전의 한복판에 서 있기는 과학이라는 학문에 도전해 열심히 연구하는 이공계 학생들도 예외는 아닐 것이다. 학문적 열정으로 젊음을 불사르고 있는 과학도들은 지금 어떤 꿈을 꾸고 무엇에 방황하고 있을까? 그중에서도 '여성'이라는, 우리 사회에 존재하는 또 하나의 편견과 굴레와 맞서 싸워야 하는 이공계 여학생들은 무엇을 고민하고 있을까? 그들에게 만약 열병과도 같았을 젊은 시절을 슬기롭게 보낸 여성 과학자들을 만나게 해 준다면 그들은 제일 먼저 무엇을 물어 볼 것인가?

2005년 1월 이 책의 아이디어는 그렇게 시작됐다. 포항 공과 대학교에 위치한 아시아태평양 이론물리센터(APCTP)는 물리학자들이 모여서 창조적인 아이디어를 주고받을 수 있는 학술 대회를 지원하고, 젊은 물리학자들에게 마음껏 연구할 수 있는 기회를 제공해 온 지 10년이 된 국제 기구다. 노벨상 수상자이자 카이스트 전 총장으로 잘 알려진 로버트 러플린 박사가 2004년 이곳의 소장으로 오면서 새로 과학 커뮤니케이션 사업을 시작하게 됐다. 과학자 스스로 일반인들과 소통할 수 있는 기회를 만들고 과학 기술을 꿈꾸는 젊은 예비 과학자들에게 비전을 심어 주는 사업을 새롭게 시작해 보자는 것이다. '세계의 여성 과학자를 만나다' 프로젝트는 그 과정에서 제일 먼저 떠오른 아이디어 중 하나다.

이 계획을 곧바로 실행하기 위해 (주)사이언스북스와 함께 여대생들을 선발하고, 인터뷰를 할 여성 과학자들을 선정하고, 인터뷰 요청을 하고, 일곱 번의 인터뷰 여행을 마무리할 때까지 21개월이라는 긴 시간이 걸렸다. 그리고 2006년 가을, 연어가 산란기가 되면 자신이 태어난 강으로 거슬러 올라오듯, 저마다 가슴속에 '과학자로서의 인생'에 대한 화두를 안고 출발한 5명의 여행자들이 포항에 있는 아시아태평양 이론물리센터에 다시 모였다. 전 세계를 무대로 활동하는 여성 과학자와 여학생들 간의 야심만만한 인터뷰 프로젝트가 처음 태어난 곳으로 말이다.

그들은 과연 무엇을 듣고, 무엇을 경험하고, 무엇을 깨닫고 돌아온 것일까? '긴 여행은 우리에게 매일 머무는 일상의 의미를 가르쳐 준다.'라는 에스키모 인들의 속담처럼, 그들은 이번 인터뷰 여행에서 우리의 과학 현실에 대해 어떤 것을 배우고 돌아온 것일까? 처음 프로젝트의 아이디어를 낸 사람으로서 궁금한 마음을 주체할 수 없어서, 청명한 가을날 그들을 아시아태평양 이론물리센터로 초대했다. 그리고 한자리에 모인 학생들과 긴 인터뷰를 가졌다. 아마도 나는 '인터뷰를 하고 돌아온 이들을 인터뷰한' 최초의 인터뷰어가 아닐까 싶다.

과학해서 먹고살 수 있을까요?

우선 출발하기 전, 어떤 마음가짐을 가지고 이 프로그램에 참여했고 어떤 준비를 했는지 이야기를 해 보지요. 다들 이번 프로그램을 어떻게 처음 듣게 됐고 어떤 마음으로 참가하게 됐는지요?

안은실 '세계의 여성 과학자를 만나다' 프로젝트가 있다는 것을 알게 된 것

정재승

1994년 카이스트 물리학과를 졸업하고 동 대학원에서 카오스 이론과 대뇌 모델링으로 석사·박사 학위를 받았다. 미국 예일 대학교 의과 대학 정신과에서 박사 후 과정(1999~2001년)을 마치고 고려 대학교 물리학과 연구 교수를 거쳐, 2004년부터 카이스트 바이오시스템학과 조교수로 일하고 있다. 미국 컬럼비아 의과 대학 정신과 조교수를 겸하고 있다. 지은 책으로는 『물리학자는 영화에서 과학을 본다』(1999)와 『정재승의 과학 콘서트』(2001)가 있다.

은 학교 게시판을 보고서였습니다. 저보다 먼저 과학의 길을 간 사람들은 제게 어떤 이야기를 해 줄 수 있는지 궁금했지요. 이 프로젝트에 참여하기 전에도 주위 사람들은 제게 많은 이야기를 해 주었어요. 삶에 관해, 과학에 관해, 커리어에 관해 많은 이야기를 들었지요. 그러나 모두 다 만족스럽지 않았어요. 건방졌던 거죠. 그렇다면 정말로 성공한 사람들은 어떤 이야기를 해 줄 수 있을지 궁금해졌어요. 석사 학위를 받고 취직이냐, 연구냐를 고민하던 나에게는 진로 선택과 관련된 분명한 조언을 해 줄 사람이 필요했어요. 그때 이 프로젝트를 알리는 학교 게시판 공고를 보고 솔깃했던 거죠. 그래서 지원하고 참여하게 되었습니다.

혹시 그동안 그런 조언을 들을 기회가 없었나요? 대학원 실험실의 선배 언니도 있었을 테고, 여성 교수님들처럼 성공한 선배 여성 과학자들이 많았을 텐데요.

안은실 선배들이라고는 하지만 저와 큰 차이는 없다고 생각했어요. 아마도 같은 공간, 같은 시간을 보내고 있기 때문에 이런 건방진 생각이 들었겠죠. 저는 저와 차이가 많이 나는 분들, 나이나 경험이나 지위가 많이 다른 분들의 이야기를 듣고 싶었어요.

실제로 제 주위의 과학을 하는 여성들은 일에 찌든다는 느낌이 들었어요. 일은 잘할지도 모르지만 다른 것은 포기하고 사는 듯한 느낌이 들었어요. 이것은 저만의 느낌은 아닌 것 같아요. 사회 전반적으로도 이런 편견이 퍼져 있는 것 같아요. 예를 들어 고등학교 때의 여자 과학 선생님도 참 좋은 분이었지만 자녀가 없었어요. 그래서 저는 과학을 하지만 티가 안 나는 분들을 만나고 싶었어요.

그리고 이 프로젝트는 저희가 어떤 분을 만날지, 공부하고 선택할 수 있는 기회가 있었어요. 제가 참여해서 프로젝트를 만들 수 있다는 게 무엇보다 매력적이었던 것 같아요.

손혜주 저는 이 프로젝트가 있다는 것을 학과 게시판에서 봤어요. 저는 학부 때부터 글 쓰는 일 또는 작가를 동경해 왔거든요. 신춘문예 같은 것에 응모해 보려고도 했죠. 그러나 습작을 써서 국문학 교수님께 들고 갔다가 "기초부터 다시 해라."라는 핀잔만 들었지요. (웃음) 그래도 글쟁이가 되고 싶다는 꿈이 꺾이지는 않더군요. 픽션에 재능이 없다면 논픽션에서는 가능성을 발견할 수 있지 않을까 싶었죠. 그래서 이 프로젝트를 게시판에서 봤을 때 이것이 논픽션 작가가 되는 데 필요한 경험과 훈련이 되지 않을까 생각했어요. 제가 앞으로 의학도의 길을 걸을지, 아니면 생명과학도의 길을 걸을지 잘 몰라요. 하지만 언젠가는 제 분야를 주제로 해서 책을 쓰고 싶어요.

윤미진 하루는 어머니와 함께 쇼핑을 가고 있는데 핸드폰이 울렸어요. 학부 지도 교수님이신 김승환 교수님께서 전화를 하신 거였죠. 한 학기에 한두 번 볼까 말까 한 분께서 연락을 해 와서 처음엔 놀랐어요. 아시아태평양 이론물리센터의 사무총장이시기도 한 교수님께서는 이 프로젝트에 대해 설명하셨고 제가 참가하면 좋을 것 같다고 하셨어요. 그게 작년 여름의 일이었죠.

그런데 작년 가을 학기부터 영국에 교환 학생으로 가야 했기 때문에 못할 것 같았어요. 그러나 교수님께서 국내에서만 진행하는 게 아니라 해외에서도 진행하고, 영국에서 미국으로 가면 된다고 하셔서 참가하게 되었지요.

개인적으로는, 한 번도 가 보지 못한 곳에 가서, 한 번도 만난 적이 없는 사람들을 만날 수 있다는 것이 재미있을 것 같다는 생각이 들었어요.

그럼 이번에는 요즘 여대생들은 주로 어떤 고민을 많이 하는지 듣고 싶군요. 취직, 유학, 연애, 결혼, 여러 가지가 있을 텐데요. 여러분은 평소에 이공계 여학생으로서 고민을 많이 하는 편인가요?

안여림 제가 속해 있는 카이스트 생명과학부의 경우 학부생의 남녀 비율은 반반이에요. 학과마다 그 비율은 다르지만 여학생의 비중은 상당하죠. 그러나 카이스트에는 단 한 사람의 여성 교수도 없어요. 그렇다면 남자 교수들과 함께 공부한 동년배 여학생들은 다 어디로 갔을까요? 게다가 여자 교수가 한 분도 없으니까, 카이스트의 여학생들이 '역할 모델'로 삼을 만한 선배가 한 사람도 없는 거예요. 이것은 생명과학부뿐만 아니라 다른 과에 있는 친구들도 느끼는 고민거리예요. 이런 현실은 정말 안타까운 것 같아요.

그리고 개인적으로 느끼는 문제도 있어요. 저는 과학 고등학교가 아니라 일반 인문계 고등학교를 졸업하고 카이스트에 왔기 때문에 고등학교를 졸업하자마자 취직한 친구들이 있어요. 만약 제가 공부를 마치고 사회에 처음 발을 들여놓는다면, 사회 생활 경험에 있어 그들과 저는 10년 가까이 차이 나는 셈이 되죠. 그런 걸 생각할 때면 사회 경험 없이 대학이라는 온실 안에서 공부만 하는 게 불안해질 때가 있어요. 이러다가 제가 사회에서 뒤처지거나 하지 않을까 하는 두려움이 드는 거죠. 저는 그게 좀 겁나기도 하고 부럽기도 해요.

윤미진 저는 어릴 때부터 과학이 좋았어요. 과학이 그저 좋아서 대학도 물리학과로 왔죠. 솔직히 말씀드리면 저는 이공계 기피 현상이라는 걸 실감하지 못하고 살아 왔어요. 그래서 '이공계 여학생'으로서의 고민도 많지 않았지요.

사실 제가 고민하는 것은 '과학을 해서 먹고살 수 있을까?' 하는 것이었어요. 물론 과학자로서 '어떻게 하면 궁극적인 질문에 대한 답을 찾을 수 있을 것인가?' 하는 질문의 답을 찾기 위해 노력해야 하겠지만, 졸업하고 학위를 받고도 자리를 잡지 못해 곤란해 하는 선배들의 이야기를 들을 때면 저희가 마주할 수밖에 없는 생활적인 문제가 중요해지는 것 같아요.

손혜주 학부를 졸업할 때가 되면 취직과 공부라는 갈림길에서 선택을 해야 하죠. 어떤 친구들은 졸업하자마자 취직을 하고 사회에서 자리를 잡죠. 사회에서 한 사람 몫의 일도 하고 경제적으로도 자립하죠. 그리고 가족을 만들고 누군가를 책임지며 살아가게 되죠. 제 친구들 중에도 몇 명은

윤미진

내가 물리학을 전공으로 선택하고 배웠던 것은, 깊이 생각하는 태도와 직관력을 강조하는 물리학의 방법론을 배우기 위해서였다. 물리학이 재미있고, 가장 기본이 되는 과학이니, 나중에 다른 길로 가더라도 먼저 배워 두어야 한다고 생각했다. 중·고등학교 때, 나를 친구처럼 대해 주셨던 선생님들의 영향이기도 했다.

반항적인 사춘기를 거치면서 독립적으로 살고 싶었던 나는 집을 떠나 기숙사 학교인 과학 고등학교로 진학했다. 고등학교를 졸업하면서는 새로운 사람들을 만나고 싶어서 포항 공대로 오게 되었다. 이곳에서 다른 이들과 더불어 나의 재능을 꽃피우는 삶이 아름답다는 것을 배웠다. 영국 버밍엄 대학으로 1년간 단기 유학을 다녀온 이후, 현재는 졸업을 앞두고 진로를 고민하고 있다.

이번 인터뷰를 하면서 많은 것을 배웠다. 무엇보다 중요했던 것은 선생님들의 긍정적으로 도전하는 자세였다. 또 그분들도 나와 비슷한 고민을 하면서 선택의 기로를 거쳐 와야 했다는 거이 내게 힘을 주었다. 그리고 이 프로젝트를 여러 사람과 함께하면서 사람들의 다양한 삶의 모습에 관심을 가지기 시작한 나를 만날 수 있어 좋았다.

벌써 교사가 되어 있어요. 공부를 선택해 서른 살이 될 때까지 학생 신분을 벗어나지 못한 채 공부만 하다 보면, 막상 사회에 나갔을 때 제대로 적응할 수 없을 것만 같아요. 그리고 석사 학위, 박사 학위를 받고 나갈 텐데 가방끈이 긴 주제에 일 제대로 못 한다고 주위 사람들의 눈총을 받을까 봐 걱정되기도 하죠.

이공계 여학생들에게 대학 내에 있는 남자들과의 관계는 풀어야 할 또 하나의 중요한 숙제가 아닐까 싶어요. 연애 문제도 있을 테고 남자들에게 차별 대우를 받는 경우도 있을 거고. 혹시 그런 문제를 경험한 게 있으면 들려주세요.

^{윤미진} 이공계의 경우 아직 남학생보다 여학생의 수가 더 적은 경우가 많죠. 제가 있는 물리학과의 경우 여자가 남자보다 특히 적어요. 그리고 숫자가 적다고 해서 절대로 공주 대접을 해 주거나 그러지도 않아요. 오히려 더 안 좋은 대접을 받는 것 같아요. 남학생들은 자신들이 다수라는 이유로 소수인 여학생들에게 희생이나 부담을 강요하고는 해요.

예를 들어 전에 분반 모임을 한 적이 있었는데, 여학생은 출입할 수 없는 남학생 기숙사에서 한다는 거예요. 저희 학교 규칙상 여학생 기숙사에 남학생은 들어갈 수 없고 남학생 기숙사에 여학생은 들어갈 수 없어요. 그런데도 여학생들에게 규칙을 어기고 남학생 기숙사로 오라고 그러는 거죠. 저희는 규칙을 어기기도 싫고 남자들이 득실거리는 데를 가기도 싫었지만 갈 수밖에 없었죠.

차별 대우를 받은 적이 있냐고 물은 것은 이 프로젝트를 기획했을 때에의 문제 의식과 관련이 있어요.

사실 저희가 이 프로젝트를 처음 기획할 때 이런 문제 의식을 가지고 있었어요. 대학에서 보면 이공계 여학생의 수가 늘어나고 있고, 그들이 남학생에 비해 공부와 연구도 잘하고 있지만 막상 사회에서는 교육과 연구에 종사하는 여성 과학자의 수가 크게 늘어나지 않고 있어요. 현재 우리나라의 여성 과학자의 비율은 15퍼센트 정도밖에 되지 않지요. 우리 사회가 여성 과학자를 제대로 키우지 못하고 있는 거죠.

그렇다면 이공계 여학생들은 남학생들보다 미래에 대해 더 불안해할 것이고, 더 많은 고민을 하지 않을까 하는 생각을 하게 됐어요. 게다가 여학생들은 언젠가 남학생이 겪지 못할 출산과 육아 같은 문제도 고민해야 하지요.

만약 여러 가지 고민을 안고 있는 이공계 여학생들에게 그 고민을 먼저 해결한 선배 여성 과학자들을 만나게 해 준다면, 마치 '스파크'가 튀는 것처럼 재미있는 이야기들이 만들어지지 않을까 생각했지요.

그러나 기획을 해 놓고 보니 문득 이런 생각도 들더군요. 일반 사회와 비교할 경우, 대학이라는 공간에서는 여학생이라고 특별히 차별 대우를 받는 경우는 많지 않아요. 그렇다면 이공계 여학생들이 과연 여성 과학자의 문제를 살갑게 느끼고 자신의 것으로 심각하게 고민해 보지 않았을까 하는 우려가 들었어요. 게다가 성공한 여성 과학자들도 성공담 외에 특별한 이야기를 들려주지 못할 것 같다는 생각도 했어요. 결국 굉장히 싱거운 인터뷰가 되지 않을까 걱정이 됐어요.

그래도 과학에 애정이 있는 사람들, 과학을 제대로 해 보고 싶다는 생각을 하고 있는 사람들, 다시 말해 선배 여성 과학자들에게 물어 볼 게 있는 사람들을 모은다면 훌륭한 인터뷰가 되지 않을까 생각했어요.

윤지영 대학 내에서는 여성 과학도로서 느끼는 문제보다 일반적인 여성으로서 느끼는 문제가 더 많은 것 같아요. 학생인 저희는 아직 여성 과학도라는 자의식보다 여학생이라는 자의식이 더 강한 거죠. 예를 들어 교수님들 중에는 성적 모욕감을 주는 발언이나 성차별적인 발언을 아무렇지 않게 하는 분들이 많아요. 또 남자 선배나 동기들도 무의식적으로 성적 모욕감을 느끼게 하는 행동을 보이곤 하죠. 그런 것에 항의하면, 오히려 그렇게 항의하는 여학생이 버릇없고, 위아래 없는 사람이 되곤 하죠. 남자들은 여자들의 정당한 반응을 과민 반응으로 만들어 버리는 것 같아요.

손혜주 저는 '정보의 공유'라는 차원에서 남녀 차별을 느껴요. 수업이나 강의에 관련된 정보는 기본적으로 공개되어 있기 때문에 이것과 관련해서는 특별하게 남녀 차별을 느끼지는 않아요. 그러나 진학, 취업, 유학과 관련된 정보를 주고받을 때 남녀 간에 차이가 있다는 것을 확연하게 느끼죠.

예를 들어 유학 준비를 할 때에는 어느 교수에게 추천서를 받는 게 좋고, 혹은 외국 대학 어느 실험실에 어떤 선배가 있는지 아는 게 굉장히 요긴해요. 그런데 평소에 친하게 지낸다고 생각했던 남자 선배들도 이런 정보를 여자 후배에게는 잘 알려 주지 않아요. 분명 남자 후배에게는 잘 알려 주겠죠.

남자들끼리는 운동 모임이나 술자리 같은 것을 통해 친밀한 관계를 형성하죠. 정말 중요하고 요긴한 정보들을 그런 자리에서 교환해요. 또 그렇게 형성된 관계를 통해 정보뿐만 아니라 많은 도움을 주고받죠. 여학생들이 인터넷 등에 떠다니는 표면적인 정보만 얻을 수 있다면 남학생들은 끈끈한 인간 관계를 통해 깊숙한 정보까지 얻어내는 거죠. 여자 후배는 남자 선배와 연애라도 하지 않는 한, 남학생들이 아는 정보를 얻을 수가 없어요. 그런 게 몇 십 년에 걸쳐 쌓인다고 생각해 보세요. 여학생과 남학생은 차이가 날 수밖에 없는 거죠.

학교를 다니면서 대학원 언니들을 보면 어떤 생각이 드나요?

안여림 좋아하는 걸 열심히 하는 모습이 보기는 좋지만 안됐다는 생각이 들기도 해요. 예를 들어 실험실 남자 선배와 결혼한 여자 선배가 있었는데, 결혼식 전날에도 실험을 하더군요. 결혼식 준비도 하면서 실험도 해야 해서 굉장히 힘들어했던 것 같아요. 물론 신혼 여행 다녀온 뒤에도 바로 돌아와 실험을 계속해야 했죠. 물론 남자 선배도 똑같이 실험해야 했지만 여자 선배가 더 불쌍해 보였어요.

민은실 서는 학부를 졸업할 때에도 공부를 계속할까, 아니면 다른 길을 갈까 고민했어요. 그래도 공부를 좀 더 해 보고 싶어 대학원으로 진학했죠. 대학원에 와서 느낀 게 연구가 정말 노동 집약적이라는 것이었어요. 물론 과학에서는 아이디어가 중요하죠. 그러나 연구 계획을 세운 이후에 아이디어를 실현해 가는 과정이 너무 많은 시간과 단순 반복 노동을 필요로 하는 것 같아요. 그렇게 단순하고 반복적인 일을 하다 보면 '내가 하고 있는 이 일이 얼마나 의미 있는 것일까? 나는 연구 목표를 달성할 수 있을까? 내가 하고 있는 일이 불가능한 것은 아닐까?' 하는 생각이 계속 들죠.

연구 생활은 자신과의 싸움인 것 같아요. 제가 결국 취직한 것도 그 싸움이 두려워서인 부분이 있어요. 다른 일도 마찬가지겠지만, 실험 같은 과학 연구는 사람을 너무 심하게 옭아매잖아요. 프리랜서처럼 자신이 일을 잘할 수 있을 때 일을 하는 것은 과학에서는 불가능한 것 같아요. 꽉 짜여진 시스템 속에서 연구를 할 수밖에 없는 거죠. 그래야 과학자로서 좋은 성과를 얻을 수 있고요. 그런 면에서 여성이 과학을 한다는 것은 힘든 일인 것 같다는 생각이 들 때가 있어요.

여학생들도 모여서 밥을 먹거나 술을 마시는 기회가 많지 않나요? 그런 자리에서는 보통 무슨 이야기를 주로 하나요?

손혜주, 윤미진 남자 이야기를 하겠죠.(웃음)

과학해서 행복할 수 있다는 것을 알게 된 거죠

그럼 이야기를 다시 이 프로젝트와 직접 관련된 것들로 옮겨 봅시다. 이 프로젝트에 지원을 한 다음, 인터뷰 계획이 잡혔을 때 인터뷰의 모양새에 대해 나름대로 상상했을 텐데, 어떤 것을 상상했는지 듣고 싶어요.

손혜주 처음에는 굉장히 화려한 프로젝트라고 생각했어요. 근사한 인터뷰 장소에서 폼 잡으면서 하게 될 거라고 생각했죠. 그러나 소박하게 이루어졌어요. 식사를 함께하면서 잡담을 나누기도 했죠. 선생님들도 친근하게 대해 주셔서 정말 좋았어요.

윤지영 선생님들 사진만 보고 갔는데, 가기 전에는 정말 걱정이 많이 됐어요. 겁이 나기도 했고요. 우리가 만나게 될 선생님들의 화려한 경력에 주눅이 들기도 했고, 일개 학생에 불과한 제가 감히 선생님들과 무슨 이야기를 하나 하는 고민을 했죠. 그러나 선생님들을 직접 만나 보니 모두 다 소녀 같고, 예뻤어요. 지나 콜라타를 처음 봤을 때에는 생각보다 너무 젊어 보여 못 알아봤어요. 그렇게 밝고 예쁠 줄은 상상도 못했죠. 삶에 찌든 느낌이 하나도 없고 스스로 행복하다고 생각하는 사람들, 과학해서 행복한 사람들을 만난 거예요. 저는 평소에는 과학자를 어둡고 어려운 존재로 생각하곤 했어요. 그러나 제가 만난 성공한 여성 과학자들은 마치 득도한 스님처럼 평화롭고 행복한 사람들이었어요. 과학해서 행복할 수 있다는 것을 알게 된 거죠.

안여림 저는 선생님들이 정말 고마웠어요. 다들 중요한 자리에 계신 분들이라 바쁘실 텐데 시간을 내서 만나 주시고 성실하게 답해 주신 게 정말 고마웠어요. 예를 들어 카이스트에 입학하고 싶은 초등학생이 있어 저를

윤지영

예전에 내 소개를 하며 "자기 소개하기가 아직 쑥스러운 사람"이라고 쓴 기억이 있다. 사실, 나에 대해서 난 아직 잘 모르니까 자기 소개가 어색한 게 당연한지도 모른다. 이런 내가 나 자신에 대해서 단언할 수 있는 것은, "나에 대해서 많이 알고 싶다."라는 것이다. 내가 왜 이런 생각을 하고, 이런 행동을 하는 걸까. 이 상황에서, 이 사람과의 관계에서 나는 왜 이런 경험을 하는 걸까.

과학은 이런 갈증을 풀고, 열망을 식힐 수 있는 시원한 샘 중 하나라고 생각한다. 자연 보편의 무엇인가를 통해서, 그런 일반적인 `나`를 발견하는 방식 말이다. 어떻게 보면, 인간이 인간과, 인간이 자연과 관계 맺을 수 있는 통로를 제공하는 것도 과학이지 않을까?

어렸을 때에는 중세 연금술사의 이미지가 나를 사로잡았지만 점점 생물학을 공부하는 데 재미를 붙여 왔다. 동물 행동학 실험실 선배 언니와의 인연으로, 이 프로젝트를 통해 과학과 함께하시는 분들을 만날 수 있었다.

자신의 분야에서 인정받는 사람들을 만나보고 싶었다. 특히 과학이라는 분야에서, 그 사람들의 삶이 나에게 무언가를 보여줄 수 있지 않을까 하는 마음도 있었다. 이 분들 역시 자기만족을 위해 사신다는 것을 알게 되어 한편 뿌듯했다. 과학을 공부하고, 연구를 통해서 재미를 느끼고, 과학과 관련된 일에 종사하면서 행복하게 사는 것. 진리에 대한 탐구 이런 말로 표현하기엔 너무 아까운, 즐겁디 즐거운 일을 하면서 살아가는 행복을 볼 수 있어서 기분 좋았다.

찾아와 이것저것 질문한다면 저는 그렇게 잘 준비해서 대답해 주지 않았을 거예요. 선생님들은 따뜻하게 맞아 주셨고 기대했던 것보다 더 많은 이야기를 해 주셨어요. 그 덕분에 하면 할수록 재미있었죠.

그분들이 사회에서 성공하고 남들이 부러워하는 위치에 올라갈 수 있었던 데에는 여러분이 이야기한 선생님들의 그런 모습, 즉 누구를 만나든 성의 있게 대하고, 자신이 하는 일에서 행복을 발견하고, 항상 긍정적으로 주위에 즐거움을 전파할 수 있는 모습이 큰 역할을 하지 않았을까요? 그분들이 여러분에게 보여 준 태도, 그분들이 가진 그런 '향기'가 그분들의 성공 비결이지 않을까요?

안은실 그 말씀이 맞는 것 같아요. 앞에서 이야기한 것처럼 초등학생이 대학생에게 어느 대학 가고 싶다며 이것저것 묻는다면 저희는 먼저 웃기부터 하겠죠. 무슨 말을 해 줘야 할지도 모르겠고, 이야기를 해 준다고 해도 알아들을지 짐작할 수도 없죠. 그런데 선생님들은 저희를 그런 식으로 대하지 않고 정성껏 대해 주셨어요. 저희를 걱정해 주신 거죠.

선생님들은 자신의 개인적인 문제만을 생각한 게 아니라 저희에게 좋은 말씀을 해 주시면 앞으로 여성 과학도들이 사회에 진출하는 데 도움이 될 것이라고 생각해서 저희를 만나 그렇게 많은 말씀을 해 주신 거라는 생각이 들어요. 그렇게 큰 생각을 가지신 분들인 것 같았어요.

세상 사람들은 남자들은 한 번 모여도 목적의식적으로 무언가를 이루는 데 비해 여자들은 모여서 수다만 떨다가 흩어지고 만다고들 이야기하죠. 그런 면이 없는 것은 아니에요. 그러나 저희가 만난 선생님들은 한 두 시간을 만나더라도 헛되이 보내지 않고 무언가 도움이 되게끔 노력을 하셨어요. 저는 그런 모습들에 감동을 받았어요.

선생님들이 그렇게 열심히 준비를 하셨다면 여러분은 어떤 준비를 했나요?

안여림 열심히 뒤졌어요. 인터넷, 신문, 안 뒤진 게 없죠.

윤미진 인터뷰 기사가 특히 도움이 되었어요. 워낙 유명한 분들이다 보니 인터뷰를 꽤 하셨더라고요. 그 기사들을 통해 선생님들이 어떤 생각을 가지고 계신지 엿볼 수 있었죠.

손혜주 선생님들에 대한 정보를 수집하는 것보다 영어로 인터뷰를 한다는 것 자체가 부담이 되었어요. 게다가 첫 인터뷰가 일본의 가와이 마키 선생님이었죠. 서점에서 언론인이 쓴 인터뷰를 잘하는 법을 소개한 책들을 사서 읽었는데, 막상 인터뷰를 할 때에는 책에서 읽은 것들은 하나도 기억이 안 나고 수다만 떨다 온 것 같았어요.

안은실 가와이 마키 선생님을 처음 만나러 갈 때, 꽃다발을 들고 갔어요. 꽃을 받으시면 좋아하실 것 같다고 생각했죠. 꽃을 받으시면 어떤 반응을 보이실지 정말 궁금했어요. 설레기도 했고요. 꽃을 들고 약속 장소인 호텔 로비에서 기다리는데 가슴이 콩닥콩닥 뛰더라고요. 정문으로 들어오는 사람들을 살피며 주춤거리다가 엉뚱한 사람에게 꽃을 건네기도 했죠. 만나기 직전의 설렘, 두근거림이 좋았던 것 같아요.

손혜주 마치 첫 데이트를 하는 소녀가 된 것 같았어요.

윤미진 인터뷰를 준비할 때에는 정보를 수집하는 것도 어려웠지만 가장 어려웠던 것은 공적인 문제와 사적인 문제를 가려서 질문을 뽑는 일이었어요. 예를 들어 노정혜 선생님 인터뷰를 하기 위해 지하철을 타고 갈 때 마침 황우석 전 교수 지지자들이 황우석 전 교수를 옹호하는 전단지를 돌리고 있었어요. 당시 사회가 그 사건으로 시끄러웠고, 연구처장이셨던 노정혜 선생님은 황우석 전 교수 지지자들에게 봉변을 당하시기까지 했죠. 그런 상황에서 노정혜 선생님께 황우석 전 교수와 관련된 질문들을 드릴 수 있을지 걱정되었죠. '이런 이야기를 꺼내면 실례가 되지 않을까?' 하는 고민을 한 거죠. 또 질문을 던진다고 해도 어느 선까지 여쭤 봐야 할지 고민되었죠.

안은실 맞아요. 인터뷰하면서 가장 힘들었던 것 중 하나가 어느 선까지 여쭤 봐야 할지 잘 모르겠다는 것이었어요.

또 준비하면서 고민했던 문제나 애먹었던 문제가 없었나요?

윤미진 선생님 전공과 관련된 질문을 준비하는 게 어려웠어요. 과학이라는 게 조금만 분야가 달라져도 잘 모르게 되니까요. 예를 들어 김영기 선생님께서 입자 물리학과 관련해서 어떤 설명을 하셨을 때 저희가 알아듣지 못하는 경우가 생길 수 있죠. 그때 아무것도 모르는 저희가 무슨 질문을 할 수 있겠어요. 막막했던 거죠. 선생님들도 비슷한 고민을 하셨을 것 같아요. 이 학생들에게 어떻게 설명해야 할지 어려워하셨겠죠.

안여림 서은숙 선생님께서 자신의 연구 분야와 김영기 선생님의 연구 분야를 비교해 설명해 주셔서 김영기 선생님 인터뷰할 때 좀 더 쉬워졌어요.

손혜주 김명자 선생님의 경우에는 정보가 너무 많아서 준비할 때 애를 먹었어요. 정치인이다 보니 정보가 굉장히 많이 공개되어 있어요. 게다가 미주알고주알 아주 친절하게 소개되어 있죠. 홈페이지를 가면 심지어 백문백답 같은 것도 있을 정도니까요. 인터뷰 준비를 하면서 기존에 나와 있는 정보와 중복되지 않을까 걱정했는데, 아니나 다를까 질문을 할 때 홈페이지와 똑같은 대답을 하시는 거예요. 정치인이시다 보니 대중에게 보일 것과 보이지 않을 것이 나뉘어 있는 거겠죠.

안여림 그러나 다른 선생님들은 정보가 그리 많지 않았어요. 홈페이지가 있다고 해도 그 분야 사람들만 알 수 있도록 구성되어 있었죠. 그래도 계속 파고들어가 보니 이 선생님들이 얼마나 대단한 분인지, 멋진 분인지 알게 되었어요.

그런데 이런 사실을 저희만 알게 된다는 사실이 안타까웠어요. 아무리 유명한 과학자라고 해도 학생들은 잘 몰라요. 안다고 해도 자기 분야가 아니면 잘 모르죠. 게다가 여성 과학자인 경우에는 특히 심해요. 우리가 만난 분들만 해도 정말 대단한 분들이잖아요. 하지만 아는 사람이 거의 없어요. 세계 최대의 연구실에서 1000명 가까운 연구자를 지휘하는 분도 있고 한국 최대의 기업에서 처음으로 여성 임원이 되신 분도 계시죠. 많은 사람들이 연예인의 성형 수술 이력이라든지, 연애사라면 다 꿰고 있으면서 이런 분들이 있다는 사실조차 잘 모른다는 게 정말 아쉬웠지요.

망설임에 소중한 시간을 낭비할 일은 없을 것 같아요.

질문들을 준비하면서 인터뷰할 때 이것은 꼭 물어 봐야겠다고 생각한 게 있었을 것 같습니다. 이 질문에 대한 답만 얻는다면 이번 여행은 성공한 것이라고 생각한 것이 있다면 어떤 것인가요? 그리고 질문에 대해 어떤 답들을 얻었나요?

손혜주 저는 가와이 마키 선생님에게 주량이 얼마나 되시는지 묻고 싶었어요. 단순히 술을 얼마나 잘 마시는지 알고 싶었던 건 아니에요. 남자들과 얼마나 자연스럽게 어울리는지를 알고 싶었던 거죠. 선생님의 리더십의 비밀을 캐고 싶었어요.

그리고 김명자 선생님의 경우에는 '변신'에 대하여 묻고 싶었어요.

김명자 선생님은 연구자에서 교수로, 번역가로, 정치가로 변신을 거듭하셨어요. 미국에서는 이렇게 직업을 자주 바꾸는 사람을 능력 있는 사람이라고 높게 평가하죠. 그러나 우리나라에서는 진득하지 못한 사람으로 낮게 평가하는 것 같아요. 김명자 선생님도 분명 우리 사회의 이러한 편견을 잘 아실 텐데, 어떻게 극복하셨는지 묻고 싶었어요. 우리 세대는 평생 직장이라는 것이 없을 것이기 때문에 변신이 하나의 능력으로서 각광받게 될지도 몰라요. 듣기에 따라서는 불쾌할 수도 있는 문제일 텐데 의외로 선선히 대답하셨어요.

저의 또 한 가지 화두는 '나이'였어요. 드라마에서 20대들은 참 많은 일들을 해요. 연애도 하고, 직장에서 성공하기도 하고, 결혼을 하기도 하고, 살도 빼죠. 정말 많은 일을 해요. 그러나 30대가 되면 결혼 안 한 노처녀는 어떻게든 결혼할 수 없을까 하는 것에만 매달리고, 결혼한 사람은 아이 키우기나 집을 사는 일에 목을 매죠. 40대, 아무것도 없어요. 이것은 아마 우리 사회가 보편적으로 가지고 있는 인생 설계인 것 같아요. 하지만 사람은 드라마에 나온 것 같은 인생 설계만으로는 행복할 수 없을 것 같아요.

그렇다면 성공한 여성 과학자들은 20대, 30대, 40대, 자신의 인생을 어떤 식으로 관리할까? 성공할 때까지의 삶과 성공한 이후에는 삶을 어떻게 관리하는지 알고 싶었던 거죠. 게다가 산을 올라가면 반드시 내려와야 하는 것처럼 성공한 여성 과학자들도 내리막길이 있을 텐데 그것을 어떻게 대비하고 있는지 알고 싶었죠.

이런 질문을 드리려고 했던 것은 선생님들의 20대와 저의 지금을 비

손혜주

과학 고등학교를 수료하고 카이스트에 입학했을 때 참 되고 싶은 것도 많았고 성공에 대한 막연한 동경도 강했다. 하지만 생각만으로, 호기심만으로 일이 되지는 않는다. 물론 운이 좋아, 일시적인 노력을 통해 성공을 거둘 때도 있었지만 그보다 곱절 많은 실패를 경험해 봤고 넘어졌다 일어서기를 반복하면서 '나는 여기까지만 할 수 있어. 그러니까 이 테두리 내에서 생각하자' 하고 스스로 제한해 버리고 말았다.

그러던 중에 여성 과학자 인터뷰 프로젝트에 참여하게 되었다. 인터뷰를 진행하면서 평소에 동경해 왔던 분들의 화려한 이력서 뒤에 숨겨진 눈물과 웃음의 의미를 깨닫게 되었다. 그분들도 한때는 우리와 같은 학생이었다. 성공을 하고 싶기는 한데 어떻게 해야 할지 잘 모르겠고 때때로 마음이 약해지고 마는 그런 학생.

책을 만드는 작업에 참여한다는 것, 성공한 사람들을 만날 수 있다는 것, 이 두 가지가 나를 프로젝트에 참여하게 만든 요인인 것 같다. 내가 가장 좋아하는 일은 여행과 글쓰기. 여성 과학자 인터뷰 프로젝트에 참여하면서 두 가지를 마음껏 할 수 있어서 행복했다.

교해 보고 제가 제대로 가고 있는지 확인하고 싶어서였어요. 그분들의 이야기를 듣다 보면 목표를 정해 놓고 그 목표를 달성하기 위해 매순간 열심히 사는 게 옳은지, 아니면 그저 사회의 흐름에 따라 송사리처럼 적당하게 사는 게 옳은지 확신을 얻을 수 있을 것 같았어요.

그런데 막상 선생님들의 20대 이야기를 들으니 너무 평범한 거예요. 화려하지도 않고. '아, 나와 그렇게 다른 20대를 보낸 것은 아니구나.' 하는 생각이 들더라고요. 그게 저에게 위안이 되었어요. 몇 살까지 무엇을 이루어야 한다는 생각에서 많이 자유로워진 거죠. 나이 자체가 중요한 게 아니라 도전하고 깨지고 또 다시 도전하는 과정에서 한 뼘씩 크는 마음의 키가 더 중요하다는 걸 느꼈어요. 앞으로 정말 마음이 끌리는 목표를 발견하게 되면 '지금 이 나이에 이걸 해도 될까?' 하는 망설임에 소중한 시간을 낭비할 일은 없을 것 같아요.

자신에 대해 용감하고 솔직한 사람이 행복해질 수 있겠지요

윤지영 저는 선생님들께 '행복하세요?' 하는 질문을 드리고 싶었어요. 저는 항상 행복해지려면 어떻게 해야 할까 하는 고민을 하고 있어요. 그런데 선생님들을 만나 보니까 물어 볼 필요가 전혀 없는 거예요. 얼굴 표정과 몸짓과 말투 속에서 선생님들의 행복감이 느껴지더라고요.

현재 제 주위에는 과학을 해서 행복한 사람보다 불행한 사람이 많아요. 그러나 선생님들을 만나면서 언젠가 저도, 제 친구들도 과학해서 행복할 수 있는 자리에 갈 수 있겠구나 하는 생각을 하게 되었어요. 저는 평소에 역할 모델 같은 게 무슨 소용이 있나 생각했지만 선생님들을 보면서 다르게 생각하게 되었어요. 그분들이 있다는 것만으로도 우리에게 힘이 되는 거죠. 그 존재만으로도 우리도 언젠가 저렇게 될 수 있다는 가능성을 제시해 주는 것 같았어요.

물론 선생님들이 저와는 다르게 천성적으로 행복을 잘 느끼실 수 있는 분일지도 몰라요. 그런 분들은 안분지족(安分知足)이라고 할까, 언제 어디서나 어떤 지위에 있나 행복하게 사실 수 있을지도 몰라요. 그러나 과학이라고 하는, 특히 여성에게는 쉽지 않은 분야에서 행복을 찾으신 걸보니까 남다른 느낌을 받은 것 같아요. 여성 과학자로서 사는 게 행복할수 있다는 가능성을 볼 수 있었어요.

그러나 동시에 행복하려면 자기가 뭘 원하는지 잘 알아야 한다는 것을 배웠죠. 그러나 그게 가장 힘든 일인 것 같아요. 서은숙 선생님도 "자신의 목표는 가슴이 안다."라고 하셨지만 자신의 진정한 바람을 알려면 자신을 되돌아 볼 수 있는 용기나 자기가 원하는 것은 원한다고 말할 수있는 솔직함을 가져야 하는 것 같아요. 그래야 자기가 원하는 것을 하고 행복해질 수 있겠지요.

여성 과학자로 성공하기 위해서는 여성성을 버려야만 하는 걸까요?

안여림 사회적으로 여성이 성공하려면 여성성을 버려야 한다는 관념이 넓게 퍼져 있는 것 같아요. 특히 이공계의 경우에는 더한 것 같고요. 화장도 않고, 결혼도 안 하고, 아이도 가지지 않고. 저희가 마지막으로 인터뷰한 김유미 선생님이 대표적인 경우일지도 모르지요.

저희 학교 실험실에 있는 여자 선배들을 보면 실험과 연구에 쫓겨 화장할 시간조차 없어요. 매일 새벽에 연구실에 나가 자정 넘도록 실험만 하니까 그래요. 회사라도 다니는 사람은 출퇴근 시간이 정해져 있어서 화장도 하고 옷도 살 수 있는 시간이 있지만 실험과 연구에 맞춰 살아야 하는 선배 언니들은 힘들어서 자신을 꾸밀 틈을 전혀 못 내는 거죠. 학부 때에는 예뻤던 언니들이 조금씩 찌들어 가는 게 눈에 보여요.

그러나 저는 여성 과학도가 성공하기 위해서 여성성을 포기하거나 희생시키는 게 옳은가 하는 생각에는 회의적이에요. 여자라면 누구나 예뻐 보이고 싶고, 결혼하고 아이를 낳고 싶은 것 아닐까요? 오히려 사회가 그러한 편견을 강화하고 여성에게 그러기를 강요하는 것 같아요. 저는 선생님들과 이런 문제를 이야기하고 싶었어요. 여성 과학자로 성공하기 위해서는 여성성을 버려야만 하는 것일까?

그러나 정작 선생님들을 뵈니까 연구에 찌든 태가 전혀 안 나는 거예요. 다들 무척 예쁘게 살아가고 계셨던 거죠. 분명 옷맵시도 세련되고 화장도 과하지도 않고 부족하지 않게 딱 어울리게 하고 계셨죠. 자신의 스타일을 나름대로 만들어 놓으신 것 같았어요.

그러나 선생님들이 자신의 여성성을 온전하게 지켜 내고 있는가는 잘 모르겠어요. 어떤 분은 화장과 결혼 같은 것을 완전히 잊어버리고 사시고, 어떤 분은 정상적인 가족 생활을 포기한 채 사시죠. 그런 선생님들

안여림

"여림이가 훌륭한 의사가 되게 해 주세요."라는 외할머니의 기도를 들으며 컸지만 "그래 공부 잘하니까 당연히 의대 가겠구나."라던 친구들의 말이 듣기 싫었고, 대학에 오니 의대 준비하는 사람들을 물질주의자로 치부하는 분위기에 방황했다.

바로 의대를 갔다면 훨씬 빠른 길이었겠지만 고2 때 수시 모집에 합격하자 나는 카이스트에 오기로 결정했다. 내 꿈에 대해 깊이 생각할 수 있었고 자연 과학 연구에 학구적인 열정을 발견했기에 후회하지 않는다. 생명을 연구한다면 의학에, 의술을 펼친다면 생명 과학 연구에 깊은 조예와 관심이 필요하다고 생각하기 때문이다. (생명 과학 분야에서는 질병 치료의 기본 바탕이 되는 분자적, 유전적 데이터를 연구한다.) 인지, 두뇌, 심리 등에 관심이 많아 작년 여름부터 가을까지 김대수 교수님의 신경과학 연구실에서 개별 연구를 했다. 같은 실험실에 있던 혜주 언니가 후임자로 나를 추천해 주어 인터뷰 프로젝트에 참여하게 되었다.

여림(如林)은 봄에 여린 새순이 힘차게 솟아올라 세상을 덮듯이 유연하고 부드러운 강인함을 지니라고 아버지께서 붙여 주신 이름이다. 거기에 할아버지께서 숲과 같이 살라는 뜻을 더해 주셨다. 한 순간도 지기 본분을 잊은 적이 없고, 겨울에도 어렵다고 자리를 옮기지 않는 나무처럼 살 수 있을까? 21살, 여림이라는 작은 숲은 아직 자그마하지만, 앞으로 내가 일궈 나갈 숲은 울창할 것이다.

의 모습은 제가 처음 생각했던 문제에 대한 한 가지 해결책이겠지요. 그러나 완전한 답은 아닌 것 같아요. 그 답은 이제 제가 살아가면서 찾고, 만들어 가야 하는 거겠지요. 김유미 선생님께서 말씀하셨던 '꿋꿋하게 살아라.'를 좀 더 생각해 보려고 해요.

인생에서 가장 중요한 것은 자기 삶의 큰 줄기를 잡는 것

안은실 저는 '지금 좋으세요?'라는 질문을 꼭 드리고 싶었어요. 그래서 여쭈어 보았죠. 선생님들의 말씀을 들으면서도 처음에는 '정말 좋으실까?' '마음에서 우러나오는 말씀인 걸까?' 하는 생각을 계속 했어요. 그러나 말씀을 듣다 보니 그분들의 이야기에 푹 빠져들게 되더라고요. 그러면서 제 머릿속의 의심이 다 사라졌어요. 선생님들께서 진심으로 그 이야기를 하시고 있다는 것을 느낄 수 있었어요. 인터뷰가 끝나고도 그 여운이 가슴속에 남아 있었어요. 하지만 1년이 지나니 약발이 떨어지더군요. (웃음)

서울에 돌아와 인터뷰했던 것을 정리하다가 가와이 마키 선생님께 추가로 질문한 게 있어요. 가와이 마키 선생님은 원래 물리학을 좋아하셨는데, 당시 상황이 여성 물리학자를 환영하는 분위기가 아니라서 화학을 택했다고 하신 게 있더군요. 그래서 '만약 그때 물리학을 했다면 어떻게 되었을까요?' 하는 추가 질문을 드렸지요. 그런데 대답은 굉장히 담박했어요. 선생님께서는 "물리학과를 갔다면 다른 인생을 살게 되었을 것이고 그 안에서 나름대로 무언가를 이뤘을 것이라고 생각한다. 하지만 나는 그때 화학을 선택했고 여러 과정을 거쳐 현재의 자리에 와 있다. 그리고 지금 하는 것이 물리하과 화학을 연결하는 물리 화학이라 하고 싶었던 것, 할 수 있었던 것을 모두 하는 것 같아 나름대로 좋다."라고 대답하셨지요.

그 말씀을 들으면서 인생에서 중요한 것이 눈에 보이는 성공이나 지위 같은 게 아니라 자기 삶의 큰 줄기를 잡는 것임을 깨달았어요. 그 후 '내 인생의 줄기는 무엇일까? 어차피 짧은 인생을 살다 가는 건데, 뭔가 다른 사람에게 도움이 되는 일을 하면 좋지 않을까. 과학을 했으니 과학을 통해 할 수 있는 일이 있을 것 같다. 그 일을 하는 데 취직이나 학위가 중요한 것은 아닐 것 같다. 그 일을 찾아보자. 가와이 선생님은 7번 전직했지만 자신의 연구 줄기를 잡으려고 노력했고 결국 그것을 이루지 않았나.'라는 생각을 하게 되었지요.

저 역시 석사 졸업할 때 공부를 계속 할지, 취직을 할지 많이 쟀어요. 하지만 다행히도 줄기는 크게 변하지 않은 것 같아요. 이제 와서 생각하면 줄기만 보고 가면 이렇게 가든 저렇게 가든 차이가 없는 건데 너무 많이 잰 것 같아 그때의 제 모습이 아쉬워요. 저는 인터뷰를 하고 돌아와서 큰 줄기를 잡고 인생을 걸어가는 게 중요하다는 것을 알게 된 게 가장 뿌듯하죠. 이 책은 저의 삶에서 중요한 계기가 될 것 같아요.

단순하면서도 두려움 없는 선택, 그게 최선의 선택이었던 것 같아요.

윤미진 저는 졸업을 앞두고 진로에 대해 고민하고 있어요. 예전에는 과학이 재미있고, 재미있다는 것만으로도 할 만한 가치가 있다고 생각했는데, 지금은 재미만이 아니라 의미도 있어야 한다고 생각하게 되었죠. 생각 없이 학사, 석사, 박사 이어지는 레일을 따라가는 게 아니라 스스로 고민하고 생각하면서 길을 만들어 가고 싶어졌어요. 그래서 선생님들께 어떤 선택을 할 때 가장 큰 영향, 혹은 결정적인 영향을 끼친 게 묻고 싶었어요. 선택의 지표랄까, 가치 같은 것들을 알고 싶었죠.

그런데 막상 그 질문을 드렸더니 선생님들은 너무나도 간단하게 별 고민 없이 선택했다고 말씀하시더군요. 주어진 상황에서 너무 많은 걱정이나 고민하지 않고 자신이 가장 잘할 수 있는 것을 골라 결정하셨던 거죠. 단순하면서도 두려움 없는 선택, 그게 그분들이 할 수 있었던 최선의 선택이었던 같아요.

노정혜 선생님의 경우에는 단순하고 자연스럽게 살자는 신조를 가지고 계셨고, 삶의 기로에서 항상 단순하기 때문에 명쾌한 선택을 하셨죠. 특히 서은숙 선생님은 거의 무모하다 싶을 정도로 거의 아무것도 알아보지 않은 채 선택을 하셨죠. 선생님들의 그런 이야기들을 들으면서 선택하기 전에 모든 조건을 알아보고 선택한다는 것이 애초부터 불가능하고 무의미한 게 아닌가, 오히려 잘 모르고 선택하기 때문에 소망을 가질 수 있는 것이 아닌가 하는 생각을 하게 되었어요.

제 전공이 본래 '사람의 의사 결정 과정' 이에요. 의사 결정 과정을 연구
하다 보면 제한된 조건에서 제한된 정보만 가지고 쉽게 선택한 사람들
의 만족도가 높다는 보고를 많이 접하게 되지요. 사회적으로 성공한 사
람들도 대부분 많이 고민하지 않죠. 그래서 쉽게 선택하고, 결과적으로
인생에 더 만족했다고 답하곤 한다고 하지요.

예를 들어 청바지를 사는 경우, 두 종류의 사람이 있어요. 어떤 사람
들은 자신이 사고 싶은 '제일 좋은 청바지' 를 사기 위해 이화여대 앞의
모든 옷가게를 모두 다 뒤지면서 정보를 수집하고 비교하고 분석하고
정리하고 나서야 사지요. 반대로 어떤 사람은 몇 군데를 돌아보다가 맘
에 드는 옷이 있으면 더 돌아보지 않고 그냥 사 버리지요. 조사 결과에
따르면 후자들의 만족도가 더 높습니다. 아이러니컬하게도 자신의 행복
을 최대화하려고 노력하는 사람이 항상 더 좋은 선택을 하는 것은 아니
라는 것이지요.

어쩌면 여러분이 만난 선생님들이 자신에게 주어진 상황을 일일이
재면서 판단했다면 지금처럼 만족할 수 없었을지도 모르죠. 여러분이
보기에 그분들이 단순하게 사는 것 같고, 별 생각 없이 선택한 것 같지
만 사실은 그것이 삶을 평화롭고 효율적으로 만족도 높게 살아가는 데
꼭 필요한 전략일지도 몰라요. 현대인은 항상 수많은 선택을 해야 하는
상황에 익숙하죠. 그만큼 다양한 선택을 할 수가 있어요. 그러나 다양한
선택 가능성이 행복을 주는 것은 아닌 것 같아요.

안은실 선생님 말씀이 맞아요. 우리 모두 어린 시절에는 아무것도 재지 않고

살았고 나름대로 행복했었잖아요. 지금은 좀 더 좋은 선택을 하겠다고 이것저것 재 보지만 어렸을 때보다 만족감이 덜한 것 같아요.

윤미진 시대가 가면 갈수록 선택의 다양성이 늘어 가고 있고, 이것이 사람을 더 피곤하게 만드는 것 같아요.

삶과 학문에 대한 깊은 이야기를 더 나눠 보았으면 좋겠어요

인터뷰 정리한 원고들을 보니까 윤미진 씨처럼 영국에서 프랑스로 다시 미국으로 오가면서 죽도록 고생한 분도 있고 재미있는 에피소드들이 참 많은 것 같더군요. 그런 고생이 당시로서는 괴로웠겠지만 나중에는 다 좋은 추억을 기억되겠지요. 그런데 결국 인터뷰 여행을 다 마치고 돌아와서 보니까 이 인터뷰가 한마디로 정리하면 무엇이었던 것 같아요?

윤미진 두 번 다시 하고 싶지 않은 실수와 잘못도 많이 하고 펑펑 울 정도로 고생도 많이 했지만 이번 프로젝트는 제게 있어 한마디로 '돈 주고 살 수 없는, 평생 한 번밖에 할 수 없는 경험'이었다고 생각해요.

아쉬웠던 것은 없었나요? '이런 것을 더 준비해 갔다면 더 좋았을 텐데.' 하고 생각한 것은 없었나요?

^{윤지영} 저는 성공한 분들만 만났다는 것이 좀 아쉬웠어요. 너무 훌륭한 분들만 만나서 제가 흉내 낼 수 있는 게 없을지도 모른다는 생각이 들었어요. 예를 들어 김영기 선생님께서는 우리에게 조금 덜 민감해지라고 하셨어요. 물론 약간 둔감해지면 문제를 해결하는 데 도움이 된다는 것은 알죠. 그렇다면 구체적으로 어떻게 해야 덜 민감해질 수 있을까요? 이런 이야기를 좀 더 들을 수 있었으면 좋았을 것 같아요.

^{안은실} 이번 인터뷰는 대개 선생님의 말씀을 일방적으로 듣는 거였죠. 그런 점이 좀 아쉬웠어요. 물론 인터뷰하러 왔다고 해 놓고 논쟁을 벌이려고 한다면 좋아할 사람은 없겠죠. 논쟁이라기보다는 삶과 학문에 대한 깊은 이야기를 더 나눠 보았으면 좋겠어요. 그렇게 되려면 제가 실력을 쌓아야겠지요.

^{손혜주} 김명자 선생님을 만나러 가기 전에 공식적으로 드러난 자료 조사에만 너무 치중했던 게 좀 아쉬워요. 김명자 선생님께서 환경부 장관으로 계실 때 추진했던 환경 정책에 대한 다양한 평가를 정부 보고서만이 아니라 반대편에 섰던 사람들의 이야기 등을 통해 얻은 다음에 선생님을 만났다면 훨씬 입체감 있는 인터뷰를 할 수 있지 않았을까 싶어요.

이 프로젝트를 진행하면 사람마다 만난 사람이 다 다르긴 하지만 원고도 돌려 읽고 했기 때문에 다 어떤 분인지 알고 있을 거예요. 그중에서 나는 이 선생님처럼 살고 싶다, 이분을 나의 역할 모델로 삼고 싶다 하

는 생각이 들던 분이 있었나요? 아니면 나도 노력하면 이렇게 될 수 있을 것 같다고 생각되는 분도 좋고요.

윤지영 저는 서은숙 선생님의 용감한 성격이 부러웠어요. 한 번 정하면 그 목표를 실현하기 위해 과감하게 나아가는 모습이 정말 멋졌어요. 저는 우유부단한 성격이라 그런 면이 부족한 편이지요. 자신의 판단을 믿고 따르며 시원시원하게 일을 처리하는 것을 배우고 싶었어요.

윤미진 저는 노정혜 선생님이 좋았어요. 참으로 많은 배려를 해 주셨지요. 학생들을 귀하게 생각하시는 분인 것 같은 인상을 받았어요. 선생님 연구실에서 연구하는 학생들이 다 좋아하고 닮고 싶어 할 정도로 인망이 좋았지요. 일상 생활과 연구 활동, 그리고 행정 업무에서 항상 서로 부딪히기 때문에 교수와 그 밑의 학생은 사이가 안 좋은 게 현실인데, 노정혜 선생님과 그 학생들은 그렇지 않더라고요. 가까이에서 뵈도 흠이 없어 보이시고. 사람을 귀하게 여기시는 것 같았어요.

안은실 가와이 마키 선생님이 소신 있는 분이라는 생각을 했어요. 그 점을 닮고 싶었지요. 저는 다른 사람이 저를 어떻게 생각할까 많이 고민하는데, 그런 것을 고려하다 보니 에너지가 많이 낭비될 수밖에 없지요. 가와이 마키 선생님처럼 그런 면을 극복할 수 있으면 좋겠어요.

손혜주 김명자 선생님의 당당함과 세련된 매너를 닮고 싶어요. 어느 분야에서 일을 하든지, 다른 사람 앞에서 준비된 모습으로 나설 수 있는 사람이 되어야겠다고 생각했어요. 그리고 저는 언젠가 글을 쓰고 싶기 때문에 지나 콜라타 선생님의 삶과 생각도 많은 도움이 될 것 같아요.

안여림 서은숙 선생님께서는 정말 최선을 다하는 모습을 보여 주셨어요. 이분은 모든 일을 이렇게 성실하게, 제대로 해내시겠구나 하고 생각했어요. 추진력이 있어 보였지요. 밑의 사람들에게 채찍만 주는 게 아니라 친절과 호감을 주며 일을 끝까지 하도록 만드는 능력이 부러웠어요.

이제 제일 중요한 질문을 드리지요. 여성 과학자를 만나고 돌아와서 여러분의 삶은 어떻게 바뀌었나요?

윤미진 가장 두드러지게 바뀐 것은 어떤 일을 볼 때 '사람'을 먼저 보게 되었다는 거죠. 예를 들어 책을 볼 때 저자를 먼저 보게 되었어요. 저자의 일생을 보고 저자는 이런 삶을 살아왔기 때문에 이런 생각을 하고 이런 책을 쓴 거구나 하는 생각을 먼저 하게 되었죠. 강의를 들어도, 다른 사람의 말을 들어도 그 내용만이 아니라 저 사람은 어떻게 살아왔기에 이런 말을 하고 이런 삶을 사는구나 하는 것들을 생각하게 되었죠.

저는 원래 일 중심적인 인간이었어요. 그러나 이제는 일만이 아니라 사람에 대해 관심을 가지게 되었어요. 또 다른 사람들과 같이 일한다는 것이 무엇인지 고민하게 되었지요. 많은 것을 배울 수 있었던 것 같아요. 선생님들이 하신 말씀들 하나하나 귀한 것 같고 하나하나 새겨들어야 하

안은실

자연 현상이 궁금했다. 과학 공식을 통해서가 아니라, 직접 보고 느끼며 자연을 솔직하게 이해하고 싶었다고나 할까? 노벨상을 꿈꾸기도 했다. 그리고 고등학교 시절 짝사랑했던 선생님이 화학 선생님이었던 게 인연이 되어 화학과에 진학했다.

대학 생활과 교환 학생 시절은 내게 스스로 다양한 기회를 찾고, 그 기회를 잡는 방법을 알려 주었으며, 결단력 있게 행동하는 용기를 가지게 해 주었다. 실험실 생활을 통해서는 연구라는 것을 흉내 낼 수 있었고 학교를 떠나 좀 더 실질적인 일을 하며 사회에서 한몫을 하고 싶단 생각을 품게 되었다.

과학도의 길에서 벗어나 취직을 한다는 건, 일종의 일탈 욕구에서 비롯된 결심은 아닐까 하는 두려움이 없지 않았다. 그러나 이번 인터뷰를 통해 여러 다양한 분야에서 능력을 십분 발휘하고 계시는 여성 선배님들을 뵈나 그분들의 존재가 내겐 든든한 힘이 되었고 격려가 되었다. 누구나 긴 인생의 항로에서 방향을 수정할 수도 있으며, 때로는 완전히 다른 방향의 길을 가게 되더라도 절대 과거에 걸어왔던 길이 헛된 실수가 아니라 앞날의 일들에 밑거름이 될 수 있음을 깨닫게 되었다. 그리고 지금은 과학이라는 백그라운드가 더없이 든든하게 느껴진다.

현재 나는 한국 3M에서 고객의 필요에 따라 제품의 품질 및 성능을 개선하는 일을 각종 실험과 분석으로 지원하는 업무를 담당하고 있다.

지 않을까 싶어요. 이런 교훈들을 잊지 않고 간직하고 살다 보면 살릴 수 있는 날이 올 것 같아요.

안여림 선생님들을 만나기 위해 미국으로 나간 게 저에게는 첫 번째 해외 여행이었어요. 서은숙 선생님께서 유학 갔을 때 느끼셨다는 그 느낌, 강물이 바다를 만났을 때처럼 시야가 탁 트이는 느낌을 받았고요. 미국으로 여행 간다는 사실 자체가 그런 느낌을 주기도 했지만 인터뷰를 하면서도 생각의 폭이 넓어지는 느낌이 들었어요. 얼마 전까지만 해도 학점처럼 눈앞에 있는 것만 보고 아등바등 살아왔지만, 선생님들의 삶의 태도를 보고 나니 저의 삶을 되돌아봐야겠다는 생각이 들었어요. 지금 제가 처한 상황이 전부가 아닌 거지요.

재미있는 것은 이 프로젝트가 모두 끝나고 나서도 인터뷰 모드가 완전히 안 풀렸는지 친구들과 대화할 때도 인터뷰하는 것처럼 되는 거예요. 친구가 무슨 이야기를 하면, 왜 그렇게 했는지, 그때 무슨 생각을 했는지 꼬치꼬치 캐묻게 되더라고요. (웃음)

안은실 제 꿈이 정말 뭐고 그것을 구체화하려면 어떻게 해야 할지 생각하게 되었어요. 회사 생활을 하면서도 그 꿈을 실현할 수 있는 방법을 찾고 있어요. 아마 곧 찾게 되겠지요. 그리고 한 가지 더. 작은 야심을 가지게 되었어요. 앞에 이야기한 것처럼 언젠가는 인터뷰를 만난 선생님들을 다시 만나 제가 살아온 삶과 생각에 대해 깊이 있게 대화를 나눠 봤으면 해요. 그리고 그럴 수 있는 사람이 되고 싶어요.

손혜주 지도 교수님께서 예전에 생화학 수업 시간에 하신 말씀이 있어요. "여러분은 시험 기간에 보는 시험만 시험이라고 생각하지만. 학교를 졸업하게 되면 인생의 모든 과정이 시험이고 평가라는 사실을 알게 될 겁니다." 인터뷰를 하고 돌아와서 이 말을 더욱 실감하게 되었어요. 몇 십 년 후, 지금 내 또래의 학생들이 나를 찾아와 그동안 내가 살았던 과정들을 평가하고 어떤 교훈을 얻어 가고자 한다면 무슨 말을 해 줄 수 있을까? 나는 그들이 만나고자 하는 사람이 될 수 있을까? 어떻게 하면 될까? 이런 생각들을 하게 되었고, 이 생각들이 지금 제가 공부를 하는 데 큰 자극이 되고 있어요.

여러분 모두 '과학해서 행복한 사람들'이 되어야지요

이제 마지막 질문입니다. 이 질문으로 길고 길었던 이 프로젝트도 마침표를 찍게 되겠지요. 많은 독자들이 이 책을 볼 텐데, 독자들이 이 책을 어떤 식으로 읽어 주었으면 하나요?

안은실 성공한 여성 과학자들에게는 어떤 공통점이 있는지를 독자들이 발견할 수 있었으면 해요. 또 이 책을 본 학생들이 APCTP 같은 기관에서 마련한 기회가 있을 때 저희처럼 기회를 붙잡았으면 해요.

손혜주 저에게는 초등학교에 다니는 동생이 있어요. 동생이 10년 뒤, 인생의 밑그림을 그리고 진로를 모색할 때에도 여전히 도움이 되는 책이 되었으면 좋겠어요.

윤지영 선생님들의 메시지를 한 문장으로 요약하면 '걱정하지 말고 좋아하는 것을 해라.'가 되겠지요. 여학생뿐만 아니라 모든 학생들이 가진 미래에 대한 불안이나 두려움을 없애 줄 수 있는 책이 되었으면 좋겠어요. 이 인터뷰를 준비하면서 다른 인터뷰를 많이 참고했는데, 이 책이 다른 과학자들 인터뷰에 도움이 되는 책이 되었으면 좋겠고요. 이 책을 읽는 모든 사람들에게 도움이 되는 책이 됐으면 좋겠어요.

윤미진 저희가 인터뷰를 하면서 느낀 것처럼 독자들도 글을 읽으면서 직접 인터뷰하는 것 같은 느낌을 갖게 되면 좋겠어요. 과학자들과 사회의 거리를 좁히는 책이 되면 더 좋고요.

그리고 과학하는 게 어떤 건지 생생하게 알려 주는 책이 되기를 바라요. 그리고 우리 시대가 물질 만능 시대라 사람들이 자기 좋아하는 것보다 돈을 벌 수 있는 일을 선택하는데, 개개인의 재능을 살릴 수 있는 길을 찾아가려는 사람들에게 힘을 줄 수 있는 책이 되었으면 좋겠어요.

안여림 저는 학부생이라서 아직 과학을 깊이 공부하지는 못한 상태예요. 그래서 과학을 해서 즐겁다는 것이 어떤 것인지 잘 몰랐지요. 이것은 이공계 대학생이나 고등학생도 마찬가지일 거예요. 대부분의 학생들은 그저 공부를 잘하니까 이공계를 선택하죠. 그들이 이 책을 보고 자기가 하고 싶어 하는 게 어떤 건지 생각해 볼 수 있는 기회가 되었으면 좋겠어요. 그리고 즐겁게 과학을 한다는 것은 어떤 것인지 생생한 현장감을 느낄 수 있기를 바란다.

저희 부모님은 인문학을 공부하신 분들이지만 교정지를 읽으시면서 신선하고 재미있다고 하셨어요. 저는 좀 어려웠던 서은숙, 김영기 선생님의 이야기를 보고 재미있어 하셨지요. 이런 식으로 이 책이 진로를 고민하는 학생들뿐만 아니라 일반 독자들에게도 여성 과학자에게 가까이 다가갈 수 있는 책이 되기를 바라요.

저희는 이 책을 처음 기획할 때 상당히 행복했어요. 돈은 많이 들겠지만 우리나라의 과학 문화 발전을 위해 굉장히 의미 있는 일이라고 생각했고 APCTP에서도 전폭적인 지원을 해 주었지요. 그리고 출판사에서도 저의 생각에 동참해 주었지요. 이 책이 얼마나 팔릴까, 돈이 얼마나 들까 하는 걱정 없이 아이디어를 구체화할 수 있는 기회가 주어진 거였죠.

무엇보다 성공한 여성 과학자들을 만나고 돌아온 여러분들이 얼마나 성장하고 얼마나 행복해 할지, 그리고 여러분의 글을 읽는 독자들 역시 얼마나 행복해질지 상상하는 것만으로도 좋았지요.

여러분이 긴 인터뷰 여행에서 돌아와 많은 것을 얻었다니 정말 기뻐요. 분명, 선생님들께서 말씀하셨지만 여러분이 인터뷰 중에 놓친 게 있을 거예요. 그것들은 독자들이 발견하게 되겠지요. 자신이 궁금해 왔던 의문들에 대한 대답, 자기 길을 찾기 위한 나침반, 자신만의 건물을 짓기 위한 주춧돌, 자신의 인생 이야기를 시작할 키워드를 발견하기를 바

랍니다. 여러분 모두 '과학해서 행복한 사람들' 이 되어야지요.

그리고 20년 정도 뒤에 대학생들을 다시 모아 여러분을 인터뷰하게 했을 때, 여러분이 그들에게 "나도 과학해서 행복했다."라고 말할 수 있기를, 또 성의 있게 그 학생들을 맞아 주길 진심으로 기원합니다.

윤미진 말씀하신 것처럼 이 책을 읽은 학생들이 저희를 인터뷰하겠다는 날이 왔을 때에는 저희들도 선생님들처럼 친절하고 성실한 태도로 대할 수 있으면 좋겠어요.

손혜주 그때에는 남학생들을 보내 주세요. 꽃미남으로. (웃음)

예, 20년 후에는 남학생들도 보내겠습니다.

도움 주신 분들

햇수로 2년에 걸친 일곱 개의 인터뷰가 무사히 책으로 나오기까지 도움을
주신 많은 분들이 계셨다.

　도쿄에 도착하자마자 장소 섭외에 애먹고 있던 차, 영어에 능숙한 친절
한 직원과 조용하고 깔끔한 방이 딸린 (덤으로 음식까지 맛있었던!) 이케부쿠
로의 식당 GINTO 덕에 첫 인터뷰를 성공적으로 마쳤다. 리켄에서 연구하
고 계신 김유수 박사님께서는 일본에 가기 이틀 전 불쑥 연락을 드렸음에도
아침부터 연구소 구석구석을 안내해 주시고 가와이 마키 선생님 인터뷰에
조언을 아끼지 않으셨다.

리켄에 계신 김유수 박사님

김명자 의원실의 성현숙 씨는 무려 두 달에 걸쳐 인터뷰 약속 시간을 끊임없이 조정하느라 수고해 주셨고 조가현, 이상완 씨는 인터뷰 추가 자료 수집에 도움을 주셨다. 삼성 SDI에 근무 중인 아마추어 사진작가 김의규 씨는 토요일 이른 아침이었음에도 의원 회관까지 달려와 좋은 사진을 찍어 주셨다.

아마추어 사진작가 김의규 씨

뉴욕에 도착해 만난 사진작가 곽민정 씨는 뉴욕, 워싱턴, 시카고를 하루 걸러 비행기로 이동하는 빡빡한 일정에도 현지 가이드 겸 비상 연락망으로서 아주 큰 힘이 되어 주셨다. 보이스 레코더의 갑작스러운 오작동으로 인해 인터뷰 전체가 헛수고가 될 위기에 처했을 때 곽민정 씨의 캠코더가 큰 힘이 되어 주었다. (캠코더를 미처 설치하지 못했던 식당 인터뷰를 마치고 돌아오자마자 깊은 밤까지 수첩에 적은 메모와 기억력에 의존해 인터뷰 복원 작업에 나서지 않았다면 서은숙 선생님의 펭귄 에피소드는 영원히 잊혀졌을 것이다.)

메릴랜드 대학교의 윤영수 씨

한편 서은숙 선생님 실험실에서 박사 과정 중이신 윤영수 씨 안내로 영국에서 출발한 지각생도 우여곡절 끝에 메릴랜드 대학교를 견학할 수 있었다. 한국에 오실 때마다 시간을 쪼개 원고 후반 작업을 도와 주신 서은숙 선생님과 그 가족 분들, 전문 용어를 고쳐 주신 윤영수 씨에게 다시 한번 감사드린다.

그리고 김유미 선생님 일정 조정을 위해 몇 주 동안 전화 연락을 도맡으신 삼성 SDI의 이미정 씨 덕분에 마지막 인터뷰까지 무사히 마칠 수 있었다.

무엇보다 물심양면으로 전폭적인 지원을 해 주신 김승환 APCTP 사무총장님과 김형준 씨, 김지영 씨 외 APCTP 분들, 첫 번째 가와이 마키 선생님 인터뷰에서부터 마지막 김유미 선생님 인터뷰까지 우리의 여행 일정 하

388

나하나를 꼼꼼히 챙겨 주시고 우리의 원고를 책의 형태로 다듬어 주신 (주) 사이언스북스 직원 분들이 계셨기에 이 프로젝트가 실현될 수 있었다.

김승환 사무총장님

김형준 씨(왼쪽)와 김지영 씨(왼쪽에서 두번 째), 그리고 APCTP 사람들

사진 출처

곽민정 102, 106, 115, 120, 127, 143, 150, 153, 154, 161, 167, 179, 180, 191, 199, 204, 216, 229, 235, 253 **김명자 의원실** 85, 89 **김유수** 39 **김의규** 62, 69, 77, 97, 101(왼쪽), 387 **신동원** 12, 148, 149, 214, 256, 257, 308, 309 **윤영수** 388 **임수선** 101(오른쪽) **정재완** 14, 19, 20, 31, 32, 42, 46, 51, 56, 57, 60, 61, 66, 100, 135, 215, 258, 260, 277, 281, 289, 297, 304, 310, 314, 327, 337, 342, 344, 348, 353, 360, 367, 371, 380, 386, 389

http://cosmicray.umd.edu/cream/cream.html 171

http://hep.uchicago.edu/~ykkim/photos 220, 242

과학해서 행복한 사람들

1판 1쇄 펴냄 2006년 10월 31일
1판 8쇄 펴냄 2021년 5월 24일

인터뷰·정리 안여림, 윤지영, 윤미진, 안은실, 손혜주
기획 아시아태평양 이론물리센터 (APCTP)
펴낸이 박상준
펴낸곳 (주)사이언스북스

출판등록 1997. 3. 24.(제16-1444호)
(우)06027 서울특별시 강남구 도산대로1길 62
대표전화 515-2000, 팩시밀리 515-2007
편집부 517-4263, 팩시밀리 514-2329
www.sciencebooks.co.kr

ⓒ 아시아태평양 이론물리센터 (APCTP), 2006. Printed in Seoul, Korea.

ISBN 978-89-8371-186-1 03400